ChatGPT
玩转数据分析
从基础入门到项目实践

李朝成 ◎ 著

清华大学出版社
北京

内容简介

本书系统地讲解了如何利用 ChatGPT 赋能数据分析。全书共 11 章，层层递进，既涵盖理论方法，也注重实践操作：首先讲解 ChatGPT 的使用与高质量提示词的构建，然后探讨如何使用 ChatGPT 学习业务知识、分析方法、分析工具，最后通过多个行业实战案例的讲解，帮助读者真正将 AI 技术融入数据分析，提高分析效率和决策能力，抓住行业变革带来的机遇。

本书适合数据分析师、数据科学家、数据运营人员和商业分析师阅读，也适合所有需要运用数据分析优化工作、学习、研究的职场人士、学生和教研人员阅读。

图书在版编目（CIP）数据

ChatGPT玩转数据分析 ：从基础入门到项目实践 / 李朝成著.
北京 ：清华大学出版社，2025. 8. -- ISBN 978-7-302-69914-9

Ⅰ．TP274

中国国家版本馆CIP数据核字第2025U13R67号

责任编辑：杜　杨
封面设计：郭　鹏
责任校对：徐俊伟
责任印制：沈　露

出版发行：清华大学出版社
　　　　网　　　　　址：https://www.tup.com.cn，https://www.wqxuetang.com
　　　　地　　　　　址：北京清华大学学研大厦A座　　　　邮　　编：100084
　　　　社　　总　　机：010-83470000　　　　　　　　　邮　　购：010-62786544
　　　　投稿与读者服务：010-62776969，c-service@tup.tsinghua.edu.cn
　　　　质　量　反　馈：010-62772015，zhiliang@tup.tsinghua.edu.cn
　　　　课　件　下　载：https://www.tup.com.cn，010-83470236
印　装　者：三河市龙大印装有限公司
经　　　销：全国新华书店
开　　本：185mm×260mm　　　印　　张：21.75　　　字　　数：460千字
版　　次：2025年8月第1版　　　印　　次：2025年8月第1次印刷
定　　价：89.00元

产品编号：108988-01

推荐语

在大模型时代，数据分析师的角色正在从"数据执行者"向"智能决策推动者"跃迁。而这本书正是推动这场转型的实战型武器库。它的独特之处，不在于再教你一个工具，而是帮你用 AI 重构整个数据分析工作流：从业务学习、方法掌握、工具运用，到项目落地和职业提升，构成了一个面向未来的全栈能力闭环。

书中不仅覆盖了电商、金融、社交等多个主流行业的典型项目场景，还教你如何借助 ChatGPT 进行任务拆解、自动化分析、智能汇报，最终让数据真正驱动业务，而非停留在报表层面。更令人欣喜的是，它还涵盖了简历优化、面试准备等求职相关内容，真正做到了从"技术执行"到"职场赋能"的全面跃迁。

这是一本写给 AI 时代数据分析师的"能力新范式"，它不会让你停留在"用工具"，而是引导你成为"定义方法"的那个人。

唐铭，和鲸科技社区合伙人、运营总监

这不是一本传统意义上的数据分析教材，而是一部"数据分析生产力系统"的搭建指南。它将三大关键能力：业务理解、工具掌握与项目落地，通过生成式 AI 这把钥匙串联起来，形成一整套极具时代特征的实战方法。书中既覆盖了数据清洗、探索性分析、建模与可视化的完整流程，又通过 ChatGPT 提升了学习效率和分析速度。对那些希望快速提升数据执行力、降低技术门槛的职场人来说，本书提供的是一条更聪明的"提效路径"。

它在工具教学部分的设计非常出色，不再是教你写代码，而是教你如何与 AI 协作完成分析：从 SQL 查询优化到 Python 自动清洗，从 Prompt 生成到调试思路，每一个环节都贴近真实问题场景，并配有可落地的 Prompt 模板和交互细节。对任何一位想将"AI + 数据"结合为竞争力的从业者来说，这本书都是值得常读常用的参考书。

刘俊豪，高途市场部总监

在如今强调"从数据到决策"的时代背景下，这本书提供了一套真正能落地的、端到端的数据分析学习方案。它全面覆盖了分析工作中所需的三大能力板块：从业务理解出发构建指标框架、用工具完成分析执行、最终在项目中实现闭环输出。同时，通过 ChatGPT 的加持，书中将每一个学习模块都变得更加智能、高效和个性化，让学习者不再止步于技能积累，而是真正实现能力转化。

本书最打动我的，是它对"实战项目"的极致还原。作者挑选了 13 个真实、高频的互联网场景，涵盖电商、社交、金融、出行、教育等多个赛道，不仅讲解分析步骤，还教你如何与 AI 配合完成任务交付。每一个项目都有目标、有路径、有结果，帮助读者沉浸式建立从提问到拆解、从执行到汇报的完整分析节奏。这本书不只是一本"怎么分析"的教程，更是一份"如何胜任分析岗位"的训练手册。对转型者、新手和有志于提升项目交付能力的分析师来说，这是一次实战力的系统打磨。

磊叔，前阿里巴巴高级运营专家，《运营之路》作者

这是一本真正意义上为"数据驱动型人才"量身打造的进阶工具书。从宏观的业务认知，到技术层面的 SQL 与 Python，再到完整的项目演练路径，本书构建了一个多维融合、层层递进的知识体系。 它不仅满足了数据分析从业者对"怎么学、学什么"的系统性期待，更重要的是，通过 ChatGPT 的加入，大幅度降低了学习门槛、提高了思维效率，让数据分析从"靠经验摸索"变为"可复制、可迁移"的路径和方法。

此外，本书在业务知识的讲解上非常扎实。无论是电商的用户转化、教育的转介绍流程，还是金融的风险识别、社交产品的指标体系，本书通过大量行业化 Prompt 和对话式学习设计，帮助读者快速构建业务思维、形成分析骨架。这本书我特别推荐给那些希望从数据中看懂业务、用分析影响决策的成长型分析师。它不仅是一本工具书，更是一套方法论和认知体系。

顾青，DTALK.org 创始人，上海开源信息技术协会金融智能专委会委员

在这个由数据驱动、AI 引领的时代，谁能熟练驾驭生成式 AI，谁就掌握了面向未来的主动权。这本书正是帮助数据分析师升级为"AI+ 战略型人才"的关键钥匙。它系统讲解了如何借助 ChatGPT 完成数据分析的全过程：从业务知识学习、方法掌握、工具操作到项目实战，甚至拓展到求职准备与职业进阶。

全书将传统的数据分析流程"重新解构"并与 AI 重构——用 Prompt 代替烦琐逻辑、用对话生成 SQL 和 Python 代码、用 AI 协助你搭建电商、金融等行业的核心分析模型。你会在书中看到一个数据分析师如何"借助 AI 武装大脑"，提升思维效率、输出质量和业务价值。

这不只是一本教你用 AI"提效"的书，更是一部帮助你重塑分析认知、重构职业路径的实战宝典。强烈推荐每一位身处数据江湖的同仁读一读，拿起 AI 这把利刃，杀出一条属于自己的分析快道！

余永佳，帆软智库数据专家、数据运营专家

这本书是数据分析与 AI 融合的一个重要里程碑。作者用一年半时间，构建了一个完整、系统又实战落地的学习框架：你不仅可以通过 ChatGPT 掌握行业业务知识、分析方法论和主流工具（如 SQL、Python），还可以借助丰富的实战项目，在真实数据中训练分析思维，在 ChatGPT 辅助下快速落地分析流程。

它特别强调如何利用 Prompt 构建业务指标体系、开展数据清洗与建模、实现数据可视化，甚至包含如何借助 AI 完成简历优化、面试准备、职业路径设计等"求职闭环"。在 AI 全面渗透职场的今天，它帮你掌握的不只是技能，而是一整套适应时代变化的数据分析能力模型。

无论你是正在转型的初学者，还是想要提升效率与业务影响力的分析老兵，这本书都值得你深入阅读。它不是跟风的工具介绍，而是引导你在 AI 浪潮中主动进化的实战指南。

姜文哲，《数据分析实践：专业知识和职场技巧》作者

很多人以为数据分析是技术门槛高、业务难、项目复杂的综合挑战，但这本书用 ChatGPT 带来了一个全新的答案：通过与 AI 对话，就能高效完成从学习业务知识、掌握分析方法，到熟练使用 SQL/Python 工具，乃至项目落地与求职准备的完整过程。

作者用极具结构感的方式，设计了由浅入深的学习路径，帮助读者用 Prompt 与 AI 协作，快速理解电商、金融等行业的核心业务逻辑，搭建指标体系，拆解分析任务。不用写一句复杂代码，你就能借助 ChatGPT 生成数据清洗、建模、可视化的完整流程代码。更难得的是，它还贴心地提供了真实行业项目演练与求职阶段的 AI 辅助策略，真正覆盖了"从入门到交付，从分析到就业"的全流程闭环。

这不是一本教你死记硬背工具技巧的书，而是一本能让你用 AI 思维"轻松跃迁"的实战指南。无论你是希望实现 Excel 提效的职场人，还是希望重建能力结构的数据分析新人，这本书都会成为你进入 AI 时代的高效引路人。

张俊红，畅销书《利用 ChatGPT 进行数据分析》作者

---

1. 数据分析的新时代

在数字化转型和智能技术飞速发展的今天，数据早已成为企业竞争的核心资源。它不仅支撑着业务运营，更驱动着市场创新和战略决策。从制造业到金融业，从电商到游戏，数据分析无处不在，它可以帮助企业洞察趋势、优化策略、预测未来。然而，随着数据规模的爆炸式增长、业务场景的日趋复杂，以及对实时决策的高要求，传统数据分析的方式正面临前所未有的挑战。

传统数据分析的困境

传统数据分析是一项需要跨学科能力的工作，要求从业者既懂业务，又精通技术，能熟练运用 Excel、SQL、Python 等工具，同时具备扎实的统计学和数据建模能力。然而，面对当今庞杂的数据环境，这种方法的局限性逐渐暴露——数据来源越来越多样，分析过程越来越复杂，结果要求越来越实时，而学习曲线依然陡峭，让初学者难以快速上手。即便是经验丰富的分析师，也经常感到力不从心，难以高效应对变化迅速的业务需求。

生成式 AI 的崛起：改变数据分析的游戏规则

在这种背景下，生成式 AI 成为数据分析师的新武器。以 ChatGPT 为代表的 AI 工具，极大地降低了技术门槛，让分析师仅凭自然语言交互就能完成 SQL 查询、数据清洗、建模等复杂的任务，从而大幅提升分析效率。不仅如此，AI 还能辅助业务洞察，帮助分析师快速构建指标体系、识别关键趋势，并打破技术壁垒，使更多非技术人员也能轻松参与数据分析。通过精准的提示词（Prompt）设计，数据分析师可以把更多精力放在业务理解和战略决策上，而不是被烦琐的代码和工具操作所束缚。

数据分析师的角色重塑

生成式 AI 的普及，推动数据分析行业迈入智能化时代。AI 的介入，不只是让分析流程更高效，更重要的是，它改变了数据分析师的角色定位。从过去专注于技术执行的"工具操作者"，到如今兼具技术和业务洞察的"战略伙伴"，数据分析师已不再局限于解决特定问题，而是利用 AI 提供深层次的业务洞察，实现从数据到决策的快速转化。未来，懂 AI、会写提示词（Prompt）、善于解读数据并结合业务思考的分析师，将成为最有竞争力的人才。

2. 为什么写这本书？

尽管生成式 AI 已经在数据分析领域展现出巨大的潜力，但市场上的学习资源仍然存在不少短板。许多书籍和教程要么专注于传统数据分析技能（SQL、Python、统计学等），要么只介绍生成式 AI 的基本概念，缺乏对两者结合的系统性指导，尤其是在实际业务应用层面，现有资料往往过于理论化，难以真正帮助分析师将 AI 技术落地到工作中。此外，行业对数据分析师的要求正在快速升级，传统的学习路径已难以满足职场竞争的需要。

本书的写作目的就是填补这一空白，帮助数据分析师真正掌握如何在工作中高效运用生成式 AI，让 AI 成为自己的生产力工具，而不仅仅是"锦上添花"的辅助工具。

打通技术与业务之间的鸿沟

生成式 AI 的价值，不仅在于提高技术效率，更在于帮助分析师更快地理解业务、搭建指标体系、优化数据分析流程。本书将手把手教你如何利用 AI 构建电商、金融等行业的核心分析模型，并结合业务需求做出更科学的决策。

降低学习门槛，缩短上手时间

传统数据分析学习成本高，而生成式 AI 可以让这一过程变得更高效。本书将通过系统化的提示词（Prompt）设计，快速生成 SQL 查询、Python 数据清洗代码、高质量的数据可视化方案，让 AI 成为你的智能导师，减少对传统编码技能的依赖。

提供真实的业务案例，让你学了就能用

本书不是一本纯技术手册，而是一本实战指南。我们将通过电商、金融、互联网等多个行业的典型案例，展示如何利用生成式 AI 辅助完成从数据探索到决策支持的全流程。例如：如何用 AI 优化用户分层分析？如何让 ChatGPT 辅助信用评分建模？这些案例将帮助你在真实场景中学会如何高效应用 AI，而不是"纸上谈兵"。

帮助你在 AI 时代构建职业竞争力

AI 正在重新定义数据分析师的能力模型，本书不仅教授技术，更关注你的职业发展。你将学会如何利用生成式 AI 优化简历、准备技术面试、制定长期职业规划，让自己在求职、跳槽、晋升的过程中脱颖而出，避免被行业变革甩在后面。

AI 不仅是一种工具，更是一种思维方式

生成式 AI 的出现，不仅为数据分析提供了更强大的工具，而且改变了整个数据行业的工作方式。本书的核心理念就是让你掌握如何借助 AI 提升工作效率、优化分析方法、增强业务洞察力，最终让数据分析从单一的技术执行真正升级为业务决策的驱动力。

无论你是刚入门的数据分析师，还是希望在行业变革中保持竞争力的资深从业者，本书都将为你提供最前沿、最实用的 AI 数据分析方法。希望这本书能成为你在 AIGC 时代的得力助手，让你不只是适应变化，更是站在技术变革的前沿，主动塑造自己的职业未来。

3. 本书的核心亮点

这本书不只是一本单纯的技术手册，更是帮你真正用上生成式 AI、提升数据分析效率的"实战指南"。它既教技术，也教你如何在 AI 时代更有竞争力。以下是几个核心亮点。

完整覆盖数据分析全流程

从业务知识、指标体系，到数据清洗、建模、可视化，再到行业案例，本书系统地讲解了数据分析的全过程。例如，电商的用户生命周期分析、金融的信用评分模型，都有实战拆解，让你学得透、用得上。

学会如何让 AI 高效"干活"

生成式 AI 的关键在于提示词（Prompt），本书手把手教你如何精准提问，让 AI 帮忙生成 SQL 查询、优化数据分析、自动化清洗数据，而不是"随便回复"。只有学会高效对话，你才能真正掌控 AI。

真实业务案例，学了就能用

书中覆盖多个行业的实际案例，比如：

- 电商：如何通过数据分析提高转化率？
- 金融：如何构建信用评分模型？
- 互联网：如何发现业务指标异动？

这些案例让你掌握技术的同时，也能在实际工作中灵活运用。

不仅学技能，还帮你职业进阶

AI 正在改变数据分析师的职业路径，本书不仅教你技能，还会帮你用 AI 提升个人竞争力。

- 简历优化：用 ChatGPT 提炼项目亮点，让简历更有吸引力。
- 面试模拟：练习 SQL、Python、数据思维等常见面试问题。
- 职业规划：如何从传统分析师进阶到"数据 +AI 工程师"？

这些内容能帮你在求职、跳槽、职业发展上抢占先机。

实操为主，提供可直接复用的提示词（Prompt）模板

本书不是纯理论，而是"学了就能用"。每章都有可复制的提示词（Prompt）模板，帮你

快速上手，比如：

- 如何优化 SQL 查询？
- 如何让 ChatGPT 生成完整的数据分析报告？
- 如何用 AI 提升数据可视化效果？

你不需要死磕代码，只要跟着练习，就能让 AI 高效地辅助数据分析。

紧跟行业趋势，避免被淘汰

AI 发展太快，今天的"高科技"可能明天就成了行业标配。本书会帮你看清趋势，提前布局，比如：

- 哪些数据分析能力是 AI 替代不了的？
- 未来的数据分析师应该具备什么新技能？
- 如何利用 AI 提升自身价值，而不是被 AI 取代？

通过这些内容，你能更好地应对变化，在 AI 时代稳住脚跟，甚至走在前列。

4. 目标读者群体

这本书适合所有希望提升数据分析能力，并借助生成式 AI 优化工作方式的读者。

对于**在职数据分析师与数据科学家**，本书不仅帮助你掌握 ChatGPT 等 AI 工具，还能提升你的 SQL、Python、统计建模等核心技能，优化数据清洗、分析和可视化的流程，让你把更多精力放在业务洞察和复杂问题的解决上，而不是被烦琐的代码和报表困住。同时，书中还会探讨 AI 在用户增长、A/B 测试、指标监控等领域的应用，帮助你挖掘新的工作思路和技术可行性。

对于**数据运营和商业**分析师，可以借助本书提升数据驱动决策的能力。无论是优化市场营销、用户增长策略，还是构建电商用户分层、分析游戏留存率，ChatGPT 都能帮你快速建立分析框架、生成报告，并提供业务洞察，让你更精准地理解数据背后的逻辑，同时提升跨部门协作能力，让数据真正驱动业务增长。

对于**想进入数据分析行业的转行者**和初学者，本书提供了一条清晰的学习路径。你不需要从零学起 SQL、Python、统计学，而是可以通过 AI 辅助的方式，让 ChatGPT 帮你生成 SQL查询、分析代码和数据可视化方案，降低学习难度，缩短入门时间。此外，书中还包含大量真实业务案例，让你在实际应用中积累经验，而不是停留在理论层面。

对于**教育工作者和研**究人员，也可以在本书中找到新的教学与研究方法。ChatGPT 可以辅助生成教学案例、编写 SQL 练习题、模拟真实业务分析任务，让数据分析的教学变得更高效。同时，科研人员可以借助生成式 AI 快速完成数据清洗、建模和分析任务，把更多的精力投入到核心研究上，而不是被琐碎的技术问题拖累。

　　无论你来自哪个领域，这本书都能帮助你更快、更精准地掌握 AI 时代的数据分析技能，让你在技术变革中抢占先机，而不是被行业发展甩在后面。

5. 本书的结构与内容安排

　　本书从基础概念到实战应用，系统化地讲解如何让生成式 AI 赋能数据分析。全书共 6 个部分，层层递进，既涵盖理论方法，也注重实践操作，确保读者能真正将 AI 融入日常工作，提高分析效率和决策能力。

第一部分：ChatGPT 与 Prompt Engineering（第 1 章、第 2 章）

　　本部分介绍生成式 AI 的基本概念和 ChatGPT 的使用方法，重点讲解 Prompt Engineering 的核心技巧，帮助读者掌握如何设计高质量指令，引导 AI 高效完成数据清洗、指标计算、业务建模等任务。

第二部分：业务基础知识（第 3 章、第 4 章、第 5 章）

　　本部分聚焦数据分析中的业务理解和方法论，涵盖业务知识指标体系、常用数据分析方法（如描述性分析、预测分析、假设检验等）及统计学基础，帮助读者建立系统的业务分析框架和数据思维。

第三部分：工具技能（第 6 章、第 7 章、第 8 章）

　　本部分介绍数据分析中必备的工具技能，包括 SQL 数据查询、Python 数据处理与建模，以及数据可视化与分析，结合 ChatGPT 实现代码自动生成与优化，提升分析效率和表达能力。

第四部分：行业数据分析项目实战（第 9 章）

　　本部分通过电商、金融、互联网等多个行业的真实项目案例，展示从数据获取、处理、分析到结果解读的完整流程，帮助读者将理论知识应用于实际业务场景，提升实战能力。

第五部分：AI 时代的职业发展与未来展望（第 10 章、第 11 章）

　　本部分探讨生成式 AI 对数据分析师职业路径的影响，涵盖简历优化、面试准备、职业规划等内容，展望未来数据分析师应具备的核心能力，帮助读者在 AI 时代保持竞争力。

6. 举一反三

　　尽管本书的内容是基于 ChatGPT 这个强大的工具展开的，但并不意味着只有使用 ChatGPT 才能实现这些功能。如果使用国内的生成式 AI 产品，比如 DeepSeek、文心一言、通义千问、讯飞星火等，这些工具同样能够胜任类似的分析任务。通过调整提示词的设计和结合工具的独特能力，每个人都可以轻松实现高效、智能的数据分析。本书的核心理念是帮助读者掌握如何利用生成式 AI 赋能数据分析，无论选择哪款工具，都可以从中受益。

生成式 AI 正在重塑数据分析的方方面面，它的到来既让人们兴奋，又让人们思考。只有抓住它带来的机会，迎接它的挑战，才能成为这个时代的赢家。

希望这本书能帮助每一位读者在这场技术变革中找到自己的位置，站稳脚跟，大放异彩。

作者
2025 年 3 月

目录
CONTENTS

第 1 章

智识初窥：AIGC与ChatGPT基础认知

1.1 AIGC 的简介与发展

1.1.1 AIGC 的定义与背景

随着数字经济的发展和信息化技术的普及，各行业对内容生产和信息处理的需求越来越高。人工智能生成内容（Artificial Intelligence Generated Content，AIGC）应运而生，成为推动内容创作和数据处理领域变革的核心技术之一。AIGC 技术基于深度学习模型，通过对海量数据的训练与学习，能够自动生成文本、图像、视频、语音等多种形式的内容，打破了传统人工内容生产的局限性。

AIGC 的主要优势体现在以下几个方面。

- 内容生产效率高：AIGC 能够在短时间内生成大量高质量的内容，适用于新闻撰写、文案创作、产品描述等场景，大幅度提升了内容生产的效率。
- 内容生成形式多样：从最初的文本生成到如今的多模态生成（图像、语音、视频），AIGC 能够应对多种内容生成需求，适用于教育、广告、娱乐、数据分析等广泛的应用场景。
- 个性化与互动性强：通过理解用户的输入需求，AIGC 能够进行个性化的内容定制和互动，使其在智能客服、虚拟助理、数据分析中具有广泛的应用前景。

1.1.2 AIGC 的发展历程与技术演进

1. 早期探索阶段（2010 年及以前）

早期的 AIGC 技术主要基于规则驱动的内容生成策略，如模板化的新闻生成、简单的聊天机器人等。这一时期的生成内容具有较高的重复性和机械性，缺乏上下文理解和生成的多样性。

2. 生成模型阶段（2014—2017 年）

2014 年，伊恩·古德费洛（Ian Goodfellow）提出了生成对抗网络（GAN），为图像生成领域带来了革命性的突破。与此同时，基于循环神经网络（RNN）和长短期记忆网络（LSTM）的文本生成技术也逐渐成熟，如自动文本摘要、诗歌生成等应用逐渐兴起。

3. 大规模预训练模型阶段（2018—2020 年）

这一阶段，以 BERT、GPT-2、T5 为代表的大型预训练语言模型相继问世。特别是 GPT-2 凭借其高质量的文本生成能力和丰富的上下文理解，引发了业界对大规模语言模型的广泛关注。这一时期，AIGC 的内容生成能力大幅提升，并在写作辅助、语言翻译、数据分析中展现出了卓越的效果。

4. 大规模模型商业化阶段（2021 年至今）

随着 GPT-3、DALL·E、Codex 等模型的发布，AIGC 逐渐从学术研究走向商业应用。尤其是 2022 年推出的 ChatGPT 模型，通过交互式对话模式，将 AIGC 的应用场景拓展到了内容创作、代码生成、数据分析、商业决策等多个领域。

1.2 主流 AIGC 产品简介及对比

当前市场上的 AIGC 产品主要分为几大类，包括对话生成类、内容创作类、代码生成类及多模态生成类。不同的产品在功能和技术上各具优势，适用于不同的业务场景。下面是几款主流 AIGC 产品的详细介绍和对比分析。

1. ChatGPT（OpenAI）

（1）产品特点

ChatGPT 是目前应用最广泛的大型语言模型之一，基于 GPT-3 和 GPT-4 架构开发。ChatGPT 能够理解并生成自然语言内容，擅长处理复杂的语义理解和内容生成任务。它通过对大量文本数据的训练，能够在多种语言环境中流畅地生成文本，并能够辅助进行内容创作、编写代码、进行商业分析等。

（2）主要优势

- 多场景适用性强：ChatGPT 能够根据不同的 Prompt 生成高质量的内容，适用于编写文案、数据分析、代码生成等多种场景。

- 用户交互体验优秀：其对话生成模式能够进行多轮交互，并根据上下文调整生成策略，提升生成内容的精准度。

- 代码生成与分析能力突出：在数据分析场景中，ChatGPT 能够根据用户的需求生成 Python、SQL 等语言的代码，并提供数据分析思路与结果解读。

（3）适用场景

ChatGPT 适用于文本创作（新闻、文案、产品描述）、数据分析、商业决策辅助、编写代码、内容营销等领域。

（4）不足

由于 ChatGPT 生成内容依赖于输入的 Prompt 的设计水平，可能在专业性较强的领域出现理解偏差。

2. Claude（Anthropic）

（1）产品特点

Claude 由 Anthropic 开发，主要侧重于安全性和可解释性。该产品的设计目标是构建一个在逻辑推理、问答生成中更加安全、可靠的语言模型。

（2）主要优势

- 逻辑推理能力强：在复杂的对话生成中，Claude 能够展示出比其他模型更强的逻辑一致性。
- 更高的安全性和可信度：Claude 在设计时特别关注模型的"有害内容控制"和"误导性内容检测"，降低生成有害信息的概率。

（3）适用场景

Claude 适用于法律咨询、技术支持、智能客服、金融分析等需要高可信度和逻辑性的场景。

（4）不足

在生成内容的多样性和创造力方面，Claude 略逊于 ChatGPT。

3. Google Gemini（Google DeepMind）

（1）产品特点

Google Gemini 由 Google DeepMind 开发，旨在集成多模态（文本、图像、视频）内容生成与理解能力。其模型架构能够同时处理不同模态的输入，并生成复杂的跨模态内容。

（2）主要优势

- 多模态内容生成能力强：能够将文本、图像、视频等多模态内容进行整合与转换，适合用于广告创作、教育场景等。
- 与 Google 生态深度集成：Gemini 能够与 Google 搜索、广告平台等深度融合，在广告营销和商业分析中展现出了极大的应用潜力。

（3）适用场景

Gemini 适用于跨模态内容创作、教育辅导、广告创作和多媒体内容生成等。

（4）不足

Gemini 模型的使用门槛较高，且需要与 Google 生态中的其他工具结合使用才能发挥其全部潜力。

4. DeepSeek（深度求索）

（1）产品特点

DeepSeek 是一款专注于深度思考能力、代码生成和数学推理的 AIGC 产品，致力于提供高质量的逻辑推理、编程辅助和数学计算服务。该模型经过优化，在复杂推理、数学计算和代码生成方面表现优越，同时以较低的使用成本吸引着开发者和企业用户。

（2）主要优势

- 深度思考与逻辑推理能力强：DeepSeek 擅长复杂问题求解，在数学推理、算法分析和逻辑推理等任务中表现优异，适合高阶科研与工程计算。
- 代码生成与优化能力突出：支持 Python、C++、Java 等多种编程语言，能够自动补全代码、优化算法，并提供智能调试建议，提高开发效率。
- 性价比高：相较于市场上的其他 AIGC 产品，DeepSeek 在保持强大能力的同时，提供了更具竞争力的价格，适合个人开发者及企业大规模部署。

（3）适用场景

代码自动生成与优化、数学建模、复杂推理、数据分析、金融建模、科研计算等。

（4）不足

相较于多模态模型，DeepSeek 在图片、音频等跨模态内容生成方面的能力有限，且在通用对话生成上的表现不及其他对话类产品。

5. 文心一言（百度）

（1）产品特点

文心一言是百度推出的中文大型语言模型，主要侧重于中文语义理解和生成。文心一言具备强大的中文内容创作能力，能够在复杂的中文语境中生成高质量的内容。

（2）主要优势

- 中文语义理解深度强：在中文内容生成和语义理解中表现优异，适合中文文本创作和智能问答场景。
- 与百度生态深度结合：在智能客服、企业智能文档和教育等领域具有广泛的应用场景。

（3）适用场景

文心一言适用于中文文本生成、中文智能问答和中文商业文案创作等。

（4）不足

文心一言在多语言处理和跨文化内容生成方面略有欠缺。

6. 通义千问（阿里巴巴）

（1）产品特点

通义千问是阿里巴巴推出的一款多模态大语言模型，具备深度学习与数据分析能力。其设计初衷是为企业提供更智能的商业分析和数据决策支持，能够处理电商、金融、零售等行业的数据分析任务。

（2）主要优势

- 电商场景优化：在电商、物流、供应链等业务场景中表现出色，能够快速搭建商业分析模型。
- 与阿里巴巴大数据平台深度集成：能够在数据密集型行业（如电商、金融）中提供智能数据处理与决策支持。

（3）适用场景

通义千问适用于企业级商业分析、数据决策支持和智能文档管理等。

（4）不足

通义千问在代码生成和非商业场景应用中表现一般。

7. 讯飞星火（科大讯飞）

（1）产品特点

讯飞星火是一款专注于教育和智能助手领域的中文语言模型，具有强大的中文语音识别和语言生成能力。其设计目标是提供互动性更强的教育辅助和语言学习功能。

（2）主要优势

- 语音识别与语言生成集成：能够将语音输入转化为高质量的文本，并生成相应的答案和内容，适合用于教育领域的智能对话。
- 教育场景优化：在教育培训、智能学习辅助中具有丰富的应用场景。

（3）适用场景

讯飞星火适用于语言学习、智能问答、教育辅导和智能语音助手等。

（4）不足

讯飞星火在数据分析和代码生成场景中能力有限。

8. 总结：ChatGPT 在数据分析中的独特优势

相比其他 AIGC 产品，ChatGPT 凭借其强大的语义理解和多语言支持能力，在数据分析场景中表现得尤为突出。它能够生成高质量的代码，解析复杂的数据，并通过多轮交互式对话不断调整分析策略，适合用于各种数据处理和分析场景，如数据清洗、数据可视化、模型优化和结果解读。因此，ChatGPT 在数据分析中的优势体现在其灵活性、广泛的场景适用性及交互式学习体验上，从而成为数据分析师的首选 AIGC 工具。

1.3 ChatGPT 在数据分析中的应用场景

相较于其他 AIGC 产品，ChatGPT 凭借其强大的语义理解、逻辑推理和上下文记忆能力，在数据分析中展现出了极大的灵活性和多样性，尤其是在数据清洗、数据探索、结果解读以及模型设计中，ChatGPT 能够帮助数据分析师以更高效、精准的方式完成任务。

1. ChatGPT 在数据分析中优于其他 AIGC 产品的关键优势

（1）精准的多语言支持与语义理解能力

ChatGPT 能够理解和生成多种语言的文本，特别是对于中英文混杂的技术术语和复杂的表达，它能进行精准的理解和转换。这使得它在跨语言数据分析（如处理国际数据集）和多文化背景的项目中具有显著优势。

（2）高度灵活的 Prompt 设计策略

ChatGPT 的生成效果很大程度上取决于 Prompt 的设计。与其他 AIGC 产品不同，ChatGPT 能够在同一对话中连续接受多种格式（如文本、代码、表格等）的输入，并在上下文中逐步优化生成内容。这种多轮互动式 Prompt 设计策略，让用户能够逐步引导 ChatGPT 生成符合需求的分析思路和结果。

（3）适用于复杂的代码生成与数据操作

在数据分析中，生成代码（如 Python、SQL、R 语言）是一个常见需求。ChatGPT 能够根据用户的描述，自动生成复杂的数据处理和分析代码，并解释每一段代码的功能和逻辑。这对需要快速生成代码但缺乏编程经验的分析师来说非常有帮助。同时，ChatGPT 能够根据不同语言的代码风格进行适配，让数据分析更加高效。

（4）动态生成与验证分析思路

在数据分析项目中，分析思路的设计和验证往往是最具挑战性的环节之一。ChatGPT 能够通过与用户的互动式对话，生成分析假设、设计验证方案，并逐步优化分析流程。这种动态生成与验证机制使得分析师能够在项目进行中灵活调整思路和策略，避免了传统分析模式中烦琐的反复迭代。

2. ChatGPT 在数据分析中的六大应用场景

（1）业务知识学习与业务理解

在数据分析项目中，理解业务背景和搭建有效的业务指标体系是至关重要的。ChatGPT 能够基于输入的业务描述，快速生成业务模型和核心指标体系，帮助分析师在短时间内掌握复杂的行业背景知识。

应用示例：假设用户希望分析一家电商企业的销售数据，可以输入 Prompt："请为我生成一个电商平台的业务模型，并列出核心的业务指标（如 DAU、MAU、客单价、转化率等）

及其定义。" ChatGPT 将生成一个完整的业务模型框架，并解释每个核心指标的定义和计算方式，帮助分析师快速建立对业务的认知。

（2）数据预处理与数据清洗

数据清洗是数据分析流程中最耗时的部分之一。通过设计合理的 Prompt，ChatGPT 能够自动生成数据清洗代码（如 Python、SQL），处理缺失值、重复值、数据转换和标准化等常见问题，并能够根据用户的需求进一步调整数据处理策略。

应用示例：用户可以输入 Prompt："请生成一个 Python 脚本，清洗以下数据集中的缺失值和重复项，并将数据标准化。" ChatGPT 会生成一个包含 Pandas 和 NumPy 的完整代码，并解释每一步的操作逻辑。

（3）探索性数据分析与数据特征挖掘

探索性数据分析（Exploratory Data Analysis，EDA）通常用于了解数据的分布、趋势和异常点。ChatGPT 能够根据用户的需求生成用于数据可视化和统计描述的代码，并能够分析输出结果，生成相应的文本总结。

应用示例：用户可以输入："请生成 Python 代码，对以下销售数据集进行 EDA 分析，并生成数据的分布图、趋势图和描述性统计分析。" ChatGPT 会生成相应的可视化代码（如 matplotlib 或 seaborn）并解释结果。

（4）模型设计与特征工程

ChatGPT 能够根据用户的描述，设计机器学习模型（如分类模型、回归模型等），并生成特征工程和模型评估代码。同时，它还能为模型优化（如超参数调优）提供建议，并通过追加 Prompt 进行模型效果的评估。

应用示例：用户可以输入："请设计一个用于客户流失预测的分类模型，并生成特征工程和模型评估的代码。" ChatGPT 将生成基于 Scikit-learn 的完整建模流程，包括特征选择、数据分割、模型训练与评估。

（5）数据可视化与结果解读

数据可视化是呈现分析结果的关键环节。ChatGPT 能够根据用户的需求生成可视化图表（如条形图、饼图、散点图等）的代码，并提供对图表的详细解读。同时，它能够将分析结果转换为易于人们理解的业务语言，帮助非技术人员理解数据结果。

应用示例：用户可以输入："请为以下数据集生成销售趋势的可视化图表，并解释主要的销售驱动因素。" ChatGPT 将生成相应的可视化代码（如 matplotlib、plotly），并通过自然语言对主要趋势和影响因素进行解释。

（6）分析报告撰写与结果呈现

最终的数据分析报告通常需要整合业务背景、数据结果和策略性建议。ChatGPT 能够根据用户提供的分析内容自动生成报告框架，并通过多轮交互进一步优化报告结构和内容。

应用示例：用户可以输入："请根据以下分析结果生成一份完整的分析报告，包括业务背景、数据处理流程、主要结果和策略性建议。" ChatGPT 将生成一个结构化的报告框架，并根据用户的需求进行个性化的内容修改。

1.4 ChatGPT 账号注册及使用基本流程

ChatGPT 作为 OpenAI 的核心产品之一，其注册和使用流程对中国大陆用户来说可能相对复杂。以下是面向中国大陆用户的详细注册流程和使用指南。

1.4.1 注册 ChatGPT 账号

1. 准备工作

- 在访问 ChatGPT 官方网站（**chat.openai.com**）之前，请确保设备能够正常访问 OpenAI 的网站。
- 准备一个有效的电子邮件地址和一个可以接收国际短信的手机号（可以使用 Google Voice、Skype 号码或虚拟手机号）。

2. 创建 OpenAI 账号

- 打开 ChatGPT 官方网站，单击"Sign Up"按钮进入注册页面。
- 输入邮箱地址，设置密码，单击"Continue"按钮后系统会发送验证邮件至邮箱。
- 单击邮件中的验证链接，完成邮箱的验证。

3. 绑定手机号

- 进入系统后，系统会提示输入手机号码。单击"Send Code"按钮发送验证码至您的手机。
- 输入验证码完成手机验证。

4. 升级至 ChatGPT PLUS

- 登录账号后，单击左侧导航栏中的"Upgrade to PLUS"按钮。
- 选择订阅计划（每月 20 美元），输入信用卡信息或使用 PayPal 完成付款。
- 成功付款后，即可使用 ChatGPT PLUS 版本，体验更高级的 GPT-4 功能。

1.4.2 使用 ChatGPT 的基本流程

成功注册并升级至 ChatGPT PLUS 后，用户可以开始探索其功能。对数据分析从业者和学习者来说，掌握 ChatGPT 的使用流程和最佳实践至关重要。以下是 ChatGPT 在数据分析应用中的使用基本流程与操作步骤。

1. 了解 ChatGPT 的基本界面与功能

在开始使用 ChatGPT 进行数据分析之前，首先要熟悉 ChatGPT 的用户界面和主要功能。以下是 ChatGPT PLUS 版本的基本界面布局介绍。

（1）对话框区域

位于页面中央，是用户与 ChatGPT 进行交互的主要区域。在这里，用户可以输入问题、命令或 Prompt，并观察 ChatGPT 的回应。所有输入和回复将显示在该区域中。

（2）侧边栏

位于页面左侧，用户可以在这里管理当前会话或切换到不同的模式（如标准模式、代码生成模式、商业分析模式等）。同时，用户还可以在侧边栏中访问设置选项、历史对话记录和进行账号管理。

（3）对话模式选择

在开始新的对话时，用户可以选择不同的对话模式。对于数据分析场景，建议选择"高级分析模式"或"代码生成模式"，以获得更好的分析效果和代码支持。

（4）Prompt 输入框

位于页面底部，是用户输入 Prompt 的区域。设计合理的 Prompt 是获得高质量输出的关键。在输入框中，用户可以输入完整的问题、代码片段或需要分析的数据，ChatGPT 会根据输入内容生成相应的回应。

2. 基本使用流程：从输入到生成结果

（1）明确使用目标

在开始使用 ChatGPT 进行数据分析时，首先要明确当前分析任务的目标：是完成数据清洗、特征工程，还是探索性数据分析？根据不同的分析目标，Prompt 的设计和交互方式也有所不同。

（2）示例

- 目标 1：生成用于数据清洗的 Python 代码。
- 目标 2：解释某个数据集的趋势和模式。
- 目标 3：根据分析结果生成策略性建议。

（3）选择合适的 Prompt 模式

在输入 Prompt 之前，用户可以选择适合的 Prompt 模式（如"代码生成模式"或"商业分析模式"）。这将影响 ChatGPT 对输入内容的理解，并优化其生成效果。

（4）构建有效的 Prompt

ChatGPT 的输出质量很大程度上取决于 Prompt 的设计。在数据分析任务中，建议使用明确的输入描述 + 清晰的目标要求的结构来构建 Prompt。例如："请为以下数据集生成用于数据清洗的 Python 代码，并解释每一步的作用"。

（5）有效的 Prompt 示例

- "我有一个 CSV 格式的销售数据集，其中包含销售日期、产品 ID、销售额和折扣率，请生成一个 Python 代码来清洗数据，并去除所有缺失值与重复值。"
- "请为以下数据集进行探索性数据分析（EDA），包括数据分布图、趋势图、缺失值处理及数据描述性统计分析。"

（6）查看生成内容并进行多轮互动

ChatGPT 会根据用户输入的 Prompt 生成内容。对于数据分析任务，ChatGPT 通常会生成 Python 或 SQL 代码，并附上解释。用户可以根据生成内容进行多轮交互，如"修改代码中错误的部分"或"增加数据标准化步骤"。这种多轮交互能够逐步优化生成结果。

多轮交互示例如下。

用户输入："请生成用于处理数据集的 Python 代码，并进行数据标准化。"

ChatGPT 输出：生成包含 pandas 和 scikit-learn 的代码，并解释了标准化步骤。

用户追加："请将标准化的部分更改为基于 Z-score 的标准化方法。"

ChatGPT 更新：修改了代码，并加入 Z-score 的标准化逻辑。

（7）验证结果并进行优化

对于生成的代码或分析结果，用户可以直接在自己的 IDE（如 Jupyter Notebook 或 VS Code）中运行并验证。若结果不符合预期，可以将错误日志或生成结果反馈给 ChatGPT，并让其进行调整，示例如下。

用户输入："在运行生成的代码时遇到错误：ValueError: could not convert string to float，请帮我修改。"

ChatGPT 输出：解析出现错误的原因，并生成修改后的代码。

（8）生成分析报告或总结性内容

在数据分析任务结束后，用户可以要求 ChatGPT 生成完整的分析报告或总结性内容。这些报告通常包括业务背景、数据处理流程、主要发现及策略性建议。Prompt 示例如下。

- "请基于以下分析结果生成一份完整的分析报告，包括数据来源、数据清洗过程、主要趋势、结果解读和策略性建议。"
- "请总结以下数据分析的主要发现，并用简单的语言向非技术人员解释。"

（9）保存对话内容

若当前分析任务较为复杂且需要持续优化，建议用户保存当前对话内容，并在后续对话中继续迭代。这可以通过 ChatGPT 的"Save & Continue"功能来实现。

3. 数据分析中的高级使用技巧

在实际的数据分析任务中，很多操作往往涉及复杂的流程和逻辑设计，简单的 Prompt 很难一次性得到完美的结果。因此，在使用 ChatGPT 进行高级分析时，往往需要借助更复杂的

Prompt 策略、多轮交互及外部工具整合来提高效率和精度。以下是几种高级使用技巧及其操作指南。

（1）复杂 Prompt 的分步拆解策略

对于复杂的数据分析任务，直接输入长篇复杂的指令往往会导致 ChatGPT 无法准确理解用户的意图。因此，采用"分步拆解"的策略将复杂任务逐步分解，可以显著提升生成结果的质量。

操作步骤与应用示例如下。

① 明确任务目标，并将其分解为若干子任务。

在数据分析中，一个完整的分析任务通常包含多个步骤，如数据预处理、特征工程、模型训练与调优、结果解读等。建议在开始时先用一个"总览式"的 Prompt 来说明整体目标，然后逐步细化每个子任务。

② Prompt 示例。

"我有一个电子商务数据集，想要分析影响顾客购买行为的主要因素。请按照以下步骤进行分析。

- 数据清洗（包括去除重复值和处理缺失值）。
- 数据探索性分析（EDA）。
- 构建分类模型预测用户购买的可能性。"

③ 这一总览 Prompt 能够帮助 ChatGPT 理解整体目标，然后逐步拆解每一步。

④ 针对每个子任务，单独输入详细的 Prompt。

- 在进行数据清洗时，可以输入："请根据以下数据集生成 Python 代码，处理缺失值，并去除重复数据。"
- 完成数据清洗后，继续输入："在清洗后的数据的基础上，请进行数据的分布分析，并生成对应的可视化图表。"

⑤ 根据生成结果逐步迭代与调整。

在每个子任务结束后，可以检查生成内容是否符合预期，并根据需要进行调整，如"请将生成的可视化图表更改为散点图格式，并加入趋势线。"

应用场景：分步拆解策略特别适用于分析任务较复杂（如多表数据合并、特征选择与处理、模型评估与调优）时，能够有效提升 ChatGPT 对复杂逻辑的理解能力，并避免生成内容偏离用户的整体目标。

（2）利用上下文记忆进行多轮交互

ChatGPT 能够在同一对话中记住前几轮的输入和输出，并在生成当前内容时参考上下文信息。利用这一特性，用户可以通过多轮交互逐步引导 ChatGPT 优化生成结果。

操作步骤与应用示例如下。

① 在第一轮对话中设定整体背景与目标。

例如："我有一个关于顾客购买行为的数据集，包含年龄、收入、购买次数等变量。请帮助我分析哪些变量对顾客购买行为有显著影响。"

② **在第二轮对话中，逐步引入数据特征和具体分析需求。**

用户可以继续输入："请根据以下描述生成用于数据探索性分析的 Python 代码，并重点分析年龄与购买次数之间的关系。"

③ **在后续对话中加入更多上下文细节。**

当 ChatGPT 生成了初步分析代码后，可以追加指令："请在代码中加入收入与购买次数的交互作用分析，并解释交互作用的结果。"

应用场景：多轮交互策略适用于分析任务需要逐步完善时（如数据特征交互作用分析、模型调优、结果解读与可视化），通过每一轮交互，逐步引导 ChatGPT 生成更符合预期的内容。

（3）多样化 Prompt 模式：从描述到引导

在数据分析中，不同类型的 Prompt 往往会得到不同的生成效果。对于特定任务，使用描述型 Prompt（明确描述任务内容）与引导型 Prompt（引导模型按指定方向生成内容）相结合，能够更好地控制生成结果。

操作步骤与应用示例如下。

① **描述型 Prompt。**

用于明确描述当前任务目标和数据特征，例如："请为以下用户数据集生成数据清洗的 Python 代码，去除所有缺失值，并将年龄列标准化。"

② **引导型 Prompt。**

用于引导 ChatGPT 朝特定方向生成内容。例如："请将生成的代码中的标准化方法从 Min-Max 更改为 Z-score 标准化，并解释两者的区别。"

③ **组合使用。**

在复杂的任务中，可以先用描述型 Prompt 定义整体任务，再用引导型 Prompt 优化生成结果。

应用场景：多样化 Prompt 模式适用于数据分析任务中需要精细控制生成内容的情况（如数据标准化、特征转换、模型调优），通过组合使用不同的 Prompt 类型，可以获得更精确的生成内容。

（4）错误诊断与调试辅助

在生成代码时，ChatGPT 能够根据用户提供的错误日志进行诊断，并给出修复建议。这对于数据分析中的代码调试具有很大的帮助。

操作步骤与应用示例如下。

① **提供详细的错误日志。**

当生成的代码出现运行错误时，可以将错误日志粘贴到 Prompt 中，并请求 ChatGPT 诊断错误。

② **Prompt 示例。**

"我在运行以下代码时遇到 ValueError: could not convert string to float，请帮我找出原因并修复代码。"

③ **生成修复建议并测试。**

ChatGPT 会分析出现错误的原因，并生成可能的修复代码。用户可以根据修复建议测试代码，若仍有错误，可以继续追加上下文并请求进一步修复。

④ **优化调试过程。**

当调试较为复杂时，可以分步进行诊断："请先检查数据标准化部分的代码是否正确。"

应用场景：错误诊断与调试辅助特别适用于数据分析项目中的代码生成与调试，能够帮助用户快速定位并修复代码中的问题，从而提升整体开发效率。

（5）**将 ChatGPT 整合至现有数据分析工具链**

为了更高效地使用 ChatGPT 进行数据分析，可以将其整合到现有的数据分析工具链（如 Jupyter Notebook、VS Code）中，作为代码生成、数据解读与结果优化的辅助工具。

操作步骤与应用示例如下。

① **在 Jupyter Notebook 中集成 ChatGPT API。**

用户可以通过 OpenAI 提供的 API 接口，在 Jupyter Notebook 中直接调用 ChatGPT 进行代码生成与数据分析。例如，通过调用 openai.ChatCompletion.create() 接口，输入分析需求，并将生成的代码片段直接应用于数据处理任务中。

② **在 VS Code 中集成 ChatGPT 插件。**

安装 ChatGPT 插件后，可以直接在 VS Code 中调用 ChatGPT 进行代码补全、错误调试与文档生成。特别是在数据分析中，VS Code 与 ChatGPT 集成能够显著提升开发与调试效率。

③ **使用其他数据分析工具（如 Power BI、Tableau）。**

将 ChatGPT 生成的 SQL 查询、Python 数据处理代码与数据可视化工具（如 Power BI、Tableau）结合，能够快速实现复杂数据分析与可视化任务。

应用场景：工具链整合适用于企业级数据分析项目或个人数据科学研究，通过将 ChatGPT 与现有分析工具深度结合，能够提升整体项目执行效率，并获得更加优质的分析结果。

4. 常见问题与使用策略

在使用 ChatGPT 进行数据分析时，用户可能会遇到一些常见问题，以下是几个典型问题及其解决策略。

（1）生成的代码无法执行或存在错误

- 问题原因：ChatGPT 生成的结果可能在数据格式或变量定义上存在偏差，导致代码无法执行。
- 解决策略：将错误日志或生成的代码粘贴到 Prompt 中，请求 ChatGPT 进行错误诊断与修复，并根据上下文逐步优化。

（2）生成的分析结果与实际需求不符

- 问题原因：Prompt 设计不够清晰或上下文信息不完整，导致 ChatGPT 无法准确理解用户的意图。
- 解决策略：使用分步 Prompt 策略，逐步引导 ChatGPT 生成符合需求的内容，并通过多轮交互进行细化。

（3）对话中出现生成的内容有偏差

- 问题原因：ChatGPT 可能在长时间对话后丢失部分上下文信息，导致生成的内容偏离主题。
- 解决策略：使用"回顾式"Prompt 策略，定期在对话中总结前文内容，并请求 ChatGPT 在后续生成中参照这些总结。

1.5 互动练习题

练习题 1：Prompt 设计策略

问题

在数据分析任务中，设计高效的 Prompt 是提升 ChatGPT 生成效果的关键。请根据以下任务需求，设计一个合适的数据分析 Prompt。

任务需求

请根据以下电商销售数据（包括日期、产品 ID、销售额、地区），分析不同地区的销售趋势，并生成适合的 Python 代码，要求输出每个地区的月度销售额折线图。

参考答案

Prompt："我有一个包含电商销售数据的 CSV 文件，其中包含以下字段：日期、产品 ID、销售额和地区。请为我生成一段 Python 代码，按照每个地区的月度销售额进行汇总，并使用折线图的形式展示每个地区的销售趋势。使用 Pandas 进行数据处理，使用 Matplotlib 或 Seaborn 进行数据可视化。"

解释

在这个 Prompt 中，明确了数据集的字段和数据格式，并指定了分析目标（即按地区和月度进行汇总），同时指出了使用的工具（Pandas 和 Matplotlib）。这种结构化的 Prompt 能够帮助 ChatGPT 理解用户需求，并生成符合要求的代码。

练习题 2：ChatGPT 的高级使用技巧——多轮交互策略的应用

问题

在一个多步骤的数据分析任务中，您有一个销售数据集（包括日期、产品 ID、销售额和地区），希望分析以下问题。

（1）首先进行数据清洗，去除重复值，并处理缺失值。

（2）计算每个地区的年度总销售额，并按降序排列。

（3）将前 3 个销售额最高的地区用条形图进行可视化展示。

（4）最后，请生成分析报告，详细描述数据清洗步骤、主要销售趋势及商业建议。

请设计一个分步式 Prompt 策略，并分四轮交互逐步引导 ChatGPT 完成该任务。在每一轮的 Prompt 中请具体说明希望 ChatGPT 生成的代码或内容。

参考答案

分步式 Prompt 策略与多轮交互示例如下。

（1）第一轮：数据清洗

Prompt："我有一个包含以下字段的销售数据集：日期、产品 ID、销售额和地区。请生成一段 Python 代码，使用 Pandas 库来处理该数据集，去除所有重复值，并将缺失的销售额填充为 0。生成的代码要包括数据的读取、清洗和输出前 5 行等操作。"

生成内容：ChatGPT 将生成用于数据清洗的代码，包括读取 CSV 数据、去除重复值、填充缺失值，并显示处理后的前 5 行数据。

（2）第二轮：计算年度总销售额并排序

Prompt："在上一步数据清洗的基础上，请按地区进行分组，计算每个地区的年度总销售额，并按降序排列。生成的代码要能够输出前 5 个销售额最高的地区。"

生成内容：ChatGPT 会基于清洗后的数据集，使用 groupby 和 sum 函数计算每个地区的总销售额，并使用 sort_values 按降序排列。

（3）第三轮：可视化前 3 个销售额最高的地区

Prompt："请使用 Matplotlib 库生成一个条形图，展示前 3 个销售额最高的地区及其年度总销售额。条形图中要显示每个地区的名称及相应的销售额。生成的代码要包括设置图表标题和轴标签。"

生成内容：ChatGPT 会生成用于可视化的代码，包括设置条形图、标题、X 轴和 Y 轴标签，以及数据标注的逻辑。

（4）第四轮：生成分析报告

Prompt："基于以上生成的代码和结果，请撰写一份完整的分析报告。报告要包含以下内容。

① 数据清洗的步骤和策略（如如何处理缺失值和重复值）。

② 按地区进行分组和计算销售额的逻辑。

③ 可视化分析的主要发现（如哪些地区销售额最高）。

④ 最后，请提供基于数据分析结果的商业策略建议。"

生成内容：ChatGPT 会生成一份完整的分析报告，包括数据清洗步骤、主要分析发现和商业建议。

第 2 章

精要Prompt：构建优质指令策略与应用

2.1 Prompt 的基本概念和作用

Prompt 是与 ChatGPT 等大型语言模型进行交互的核心方式。它是用户输入的一段描述、问题或指令，用以引导 AI 生成所需的文本、代码、解答或分析结果。在数据分析场景中，设计合理的 Prompt 能够帮助 AI 理解用户的需求，从而生成有效的解决方案，涵盖代码生成、数据清洗及报告撰写等多种任务。

1. Prompt 的作用

指引内容生成方向：Prompt 决定了模型生成的输出内容，例如用户是希望生成代码、数据分析结果，还是撰写文案。Prompt 越清晰、具体，生成内容的质量就越高。

减少理解偏差：合理的 Prompt 能够最大限度地减少 AI 对任务意图的误解，确保生成的内容符合用户的期望。

提升效率：通过构建简洁而准确的 Prompt，用户可以减少与 AI 的多轮交互次数，从而提高任务的执行效率。

2. Prompt 的组成元素

通常一个 Prompt 由以下几个核心元素组成。

（1）Role（角色设定）

Role 定义了模型在特定对话中的角色或视角，可以帮助模型更好地理解它应如何回应。通过为模型设定特定角色（如"数据分析师""代码生成助手"），Prompt 可以引导模型从特定的专业角度生成内容。

Prompt 示例："作为一个数据分析师，请生成用于清洗销售数据的 Python 代码。"

（2）Task（任务说明）

Task 是 Prompt 的核心，明确了用户希望模型完成的具体任务。任务描述应尽量简洁、明确，避免模糊的表达。

Prompt 示例："请为下列数据生成代码，去除重复值，并将缺失值处理为平均值。"

（3）Input（输入数据或背景信息）

提供必要的上下文或输入数据，帮助模型更好地理解任务。例如，在数据分析中，可以提供具体的数据集结构或分析目标。

Prompt 示例："数据集包括以下字段：日期、销售额、产品 ID、地区。"

（4）Constraints（约束条件）

如果任务有特定的限制或规则，可以在 Prompt 中明确指出。例如，指定输出的代码格式、使用的库或时间限制等。

Prompt 示例："请使用 Pandas 库处理数据，并输出前 5 行结果。"

（5）Output Format（输出格式）

明确指定希望生成内容的格式，如代码、表格、报告等。清晰的输出格式要求有助于提升生成结果的精确性。

Prompt 示例："请将生成的结果以表格的形式展示，并包含列标题。"

通过这些核心元素的合理组合，可以构建一个结构清晰、易于理解的 Prompt，确保 AI 生成符合预期的内容。

2.2　构建高质量 Prompt 的策略

构建高质量 Prompt 需要遵循一系列策略，以确保模型理解任务需求并生成高质量的输出。以下策略基于 OpenAI 官方建议的最佳实践，并结合数据分析的实际应用场景整理而成。

1. 使用清晰和具体的语言

高质量的 Prompt 应使用清晰、简洁且具体的语言，避免模糊不清或过于广泛的指令。详细说明任务的各个方面，包括希望使用的工具、输入数据的类型、输出格式等。

示例如下。

模糊的 Prompt："请分析我的数据。"

清晰的 Prompt："请使用 Python 生成代码，读取一个包含日期、销售额和地区的 CSV 文件，去除所有缺失值，并生成按月汇总的销售额趋势图。"

2. 尽量缩小任务范围

如果任务过于宽泛，ChatGPT 可能会生成过于一般化或不符合预期的结果。通过缩小任务范围，Prompt 可以更加精确地引导模型生成符合需求的内容。用户可以将任务通过拆分成多个子任务来完成。

示例如下。

宽泛的 Prompt："请生成 Python 代码处理销售数据。"

缩小任务范围的 Prompt："请生成 Python 代码，使用 Pandas 库读取 CSV 文件，去除重复值和缺失值，然后生成数据汇总表。"

3. 提供足够的背景和上下文

让模型了解必要的背景信息或输入数据，能够帮助其更好地理解用户需求。例如，提供数据字段信息或业务场景描述可以提升生成内容的准确性。

示例如下。

没有背景信息的 Prompt："请生成销售数据分析代码。"

有背景信息的 Prompt："我有一个 CSV 文件，其中包含日期、产品 ID、销售额和地区，请生成代码来分析各地区的销售趋势。"

4. 指定输出格式

在 Prompt 中明确希望的输出格式，这可以包括代码、文本报告、表格等。通过指定输出格式，用户可以得到更符合需求的结果。

示例如下。

没有指定格式的 Prompt："请生成销售数据分析。"

指定格式的 Prompt："请生成一个 Python 代码，输出一个按月汇总销售额的折线图，并给图表添加标题和 X 轴、Y 轴标签。"

5. 提供例子

在某些任务中，提供一个期望输出的示例能够让模型更好地理解需求，并生成与示例风格一致的内容。

示例如下。

无示例 Prompt："请生成一份数据分析报告。"

有示例 Prompt："请生成一份数据分析报告，格式类似于以下内容：①数据清洗步骤；②数据描述性统计；③数据分析结论。"

6. 考虑使用分步指令

对于复杂的任务，建议将其拆分为多个子任务，逐步引导模型生成结果。这样可以避免一次性输入过多信息导致模型无法理解或偏离目标。

示例如下。

一次性输入的 Prompt："请为我生成一个机器学习模型，用于预测销售额，并生成数据清洗、特征工程和模型训练的代码。"

分步输入的 Prompt：

"请首先生成一个数据清洗的代码，包括处理缺失值和数据标准化。"

"现在请生成特征工程代码，提取日期和地区相关的特征。"

"最后请生成模型训练代码，并输出模型的准确率。"

7. 使用上下文与多轮交互

通过上下文记忆功能，ChatGPT 可以记住前几轮对话中的内容，并根据这些信息生成后续内容。因此，用户可以通过多轮交互逐步引导模型优化结果。

示例如下。

初始 Prompt："请生成一段用于数据清洗的 Python 代码，处理缺失值和重复值。"

第二轮交互："在代码中加入日期字段的格式化步骤，并生成月度销售额汇总表。"

第三轮交互："请将汇总表中的数据绘制为折线图，并为图表添加标题。"

通过多轮交互，用户可以逐步调整任务，优化生成的代码或分析内容。

8. 尝试不同的 Prompt 风格

不同的 Prompt 风格可能会导致不同的生成效果。如果一种 Prompt 风格没有达到预期效果，尝试重新设计 Prompt，调整其长度、细节或指令方式，可能会获得更好的结果。

示例如下。

原 Prompt："请分析销售数据。"

修改后的 Prompt："请生成 Python 代码，读取日期、销售额、地区字段的 CSV 文件，并生成按地区分组的销售额趋势图。"

9. 多次迭代以优化 Prompt

为了获得最理想的生成结果，通常需要经过多次迭代。用户可以在每次生成后通过反馈和调整 Prompt 的细节来不断优化生成的内容。

2.3 Prompt 在数据分析中的最佳实践

在数据分析中，构建高质量的 Prompt 不仅可以简化复杂的分析过程，还可以极大地提高工作效率。通过合理的 Prompt 设计，用户可以让 ChatGPT 生成从数据清洗、探索性数据分析（EDA）、特征工程到机器学习模型训练和结果展示等一系列任务的代码和分析。以下是几种常见的 Prompt 设计模式及其实际应用。

1. 数据清洗与预处理

清洗数据是分析数据的基础步骤，通常涉及处理缺失值、重复值、数据标准化或类型转换。合理的 Prompt 可以帮助用户生成高效的清洗代码，并提供清晰的解释。

Prompt 示例："我有一个包含日期、产品 ID、销售额和客户 ID 的销售数据集。请生成一段 Python 代码，使用 Pandas 库清洗数据，具体要求如下：

去除所有重复行；

将销售额列的缺失值填充为该列的均值；

将日期列格式化为 'YYYY-MM-DD'。"

重点提醒：

- 在 Prompt 中，明确指出数据字段和格式，让模型清楚地知道要处理哪些具体的列或特征；
- 为每个操作单独列出要求，例如去重、填充缺失值、格式化日期等，这样可以避免模型生成多余或不符合要求的代码。

应用扩展：

可以进一步增加一些更复杂的预处理任务，例如创建衍生变量或将某些字段进行离散化。例如："请在数据清洗的基础上，新增一列，计算每个订单的销售额增幅（相对于前一日）。如果没有前一日的记录，则增幅为 0。"

通过精细设计的 Prompt，用户可以生成更符合具体需求的数据清洗代码，并减少后期调整的工作量。

2. 探索性数据分析

探索性数据分析用于了解数据的基本特征，常见任务包括统计描述、数据分布的可视化，以及变量间的关系分析。通过明确的 Prompt，用户可以让 ChatGPT 生成自动化的 EDA 代码，快速获取数据的总体概况。

Prompt 示例："请为以下电商销售数据生成探索性数据分析的 Python 代码，数据集包括日期、销售额、产品 ID、地区。具体要求如下：

计算销售额的描述性统计量（如均值、标准差、最小值、最大值等）；

使用直方图展示销售额的分布；

分析地区与销售额的关系，并生成箱线图。"

重点提醒：

- 指明需要计算的统计量和生成的图表类型。不同的数据类型（如连续变量与类别变量）需要不同的分析和可视化方式；
- 根据分析目标明确指出要进行的特定变量间的关系分析，并指定图表（如直方图、箱线图、散点图）类型。

应用扩展：

可以进一步增加如相关性分析或多变量交互作用分析。例如："请生成销售额与广告支出之间的散点图，并计算两者的皮尔逊相关系数。"

使用 Prompt 生成的 EDA 代码，数据分析师可以迅速展示数据的分布特征、趋势和异常点，从而更快地做出业务决策。

3. 数据可视化

数据可视化是将分析结果展示给业务决策者的重要步骤。高质量的 Prompt 可以帮助用户生成适合的图表，包括条形图、折线图、散点图、热力图等，以直观地展示数据的主要趋势和关系。

Prompt 示例："我有一个电商数据集，包含日期、销售额和广告支出字段。请生成 Python 代码，使用 Matplotlib 和 Seaborn 库绘制以下图表：

按月度汇总的销售额折线图；

广告支出与销售额的散点图，并添加回归线；

使用热力图展示各月份的销售额与广告支出之间的相关性。"

重点提醒：

- 在 Prompt 中清晰地说明所需图表的类型、数据维度、图表的轴标签和是否需要回归线等细节；

- 指明需要的可视化库（如 Matplotlib、Seaborn），以确保生成代码符合用户的技术栈。

应用扩展：

可以进一步增强交互性，例如："请生成交互式折线图，使用 Plotly 库，用户可以悬停查看每个点的具体数据值。"

对于多维数据，可以要求生成 3D 可视化或组合图表来展示复杂的数据关系。

4. 机器学习模型生成

在数据分析中，构建和训练机器学习模型是常见任务。通过 Prompt，可以快速生成用于训练分类或回归模型的代码，并包含特征选择、模型评估等步骤。

Prompt 示例："我有一个关于客户流失的数据集，包含年龄、收入、购买频率和是否流失。请生成 Python 代码，使用 Scikit-learn 库构建一个用于预测客户是否流失的逻辑回归模型，要求如下：

对特征进行标准化；

划分训练集和测试集；

训练逻辑回归模型；

输出模型的准确率和混淆矩阵。"

重点提醒：

- 明确描述特征变量和目标变量，并说明数据预处理的具体要求，如标准化、编码类别变量等；

- 在 Prompt 中详细列出模型评估的指标（如准确率、混淆矩阵、AUC 等），以便获得全面的模型表现评估。

应用扩展：

可以进一步要求调优模型超参数："请使用网格搜索来调优逻辑回归模型的正则化系数，并输出最优参数。"如果希望对比多个模型，可以增加要求："请同时生成决策树和随机森林的代码，并对比其准确率。"

这种 Prompt 设计方式能够帮助用户快速生成完整的机器学习模型构建和评估代码，极大地减少重复性编程工作。

5. 生成报告与结果解读

在分析完成后，撰写报告和解读数据结果是非常重要的步骤。通过 Prompt，用户可以生成格式化的分析报告，并总结主要结论与业务建议。

Prompt 示例："基于以下分析结果，请生成一份报告，要求包括以下内容：

数据清洗和预处理步骤的概述；

主要数据特征和趋势的描述；

模型评估结果的解释（包括准确率、召回率、混淆矩阵的意义）；

基于分析的业务建议。"

重点提醒：

- 结构化报告要求，明确各个部分的内容，包括数据清洗、趋势分析、模型解读和策略建议；
- 提供数据或分析结果的上下文，让模型能够生成符合实际情况的解读。

应用扩展：

可以进一步增强报告的可读性，如"请将报告格式化为段落，分成小标题，并以简明的语言解释每个部分的结果。"对于业务决策，可以要求："请基于分析结果，生成一个关于如何提升销售额的三点业务建议。"

2.4 Prompt 实践案例

为了帮助用户更好地理解如何在数据分析任务中应用 Prompt，本节提供了两个实际案例，展示如何构建高质量的 Prompt，以及低质量与高质量 Prompt 在生成内容上的对比。

1. 高质量与低质量 Prompt 对比

场景：数据清洗与分析

低质量的 Prompt："请生成用于数据清洗的代码。"

生成结果：ChatGPT 可能会生成一段非常基础的 Python 代码，无法处理具体数据需求。由于缺乏明确的任务描述，模型可能只会进行常见的去重或简单填充缺失值的操作，无法有效满足实际需求。

高质量的 Prompt："我有一个销售数据集，包含日期、销售额、产品 ID 和地区。请生成一段 Python 代码，具体要求如下：

去除所有重复的行；

将销售额列的缺失值填充为该列的均值；

将日期列格式化为 YYYY-MM-DD，并计算每个地区的月度销售额。"

生成结果：ChatGPT 会根据具体要求，生成用于去除重复行、填充缺失值和格式化日期的代码，最终输出按月度汇总的销售额表。生成的代码不仅涵盖了数据清洗，还包含一些简单的数据分析任务，能够更好地满足用户需求。

2. 高质量 Prompt 的实践应用

场景：生成预测销售额的机器学习模型。

Prompt："我有一个销售数据集，包含日期、广告支出、销售额和节假日。请使用 Scikit-learn 库生成一个回归模型，预测未来的销售额，具体要求如下：

对广告支出和节假日进行特征工程处理；

使用随机森林回归模型进行训练；

划分训练集和测试集，使用均方误差（MSE）评估模型；

输出模型的重要特征。"

生成结果：ChatGPT 生成的代码将自动处理数据预处理、特征工程（如将节假日转化为二进制特征）、训练随机森林模型并评估其 MSE。最后，代码还将输出模型中最重要的特征，帮助用户了解哪些因素对销售额的影响最大。

进一步优化：可以根据需要追加一些后续的分析任务，如："请对模型的超参数进行网格搜索，优化其性能。"如果希望对多个模型进行对比，可以追加："请同时生成线性回归和决策树回归的代码，并对比其表现。"

2.5　自动生成 Prompt 的工具及使用示例

在构建复杂的 Prompt 时，借助自动化工具或生成辅助工具，可以显著减少生成时间和提升生成质量。这些工具通过简化 Prompt 构建过程，帮助用户在没有大量技术背景的情况下生成高效的 Prompt。此外，部分工具还支持优化和测试生成的 Prompt，以提升与 AI 模型的匹配度。

1. OpenAI Playground（Prompt Generation Tool）

（1）简介

OpenAI Playground 是一个测试和调试 Prompt 的可视化界面，用户可以在这里与模型进行互动，并通过逐步修改 Prompt 来优化生成效果。Playground 还允许用户在不同的模型（如 GPT-3.5 和 GPT-4）之间切换，查看 Prompt 在不同模型上的生成表现。

工具链接：https://platform.openai.com/playground/。

（2）使用示例

假设需要生成用于分析客户流失数据并构建机器学习模型的 Prompt。

（3）步骤

打开 OpenAI Playground，选择 GPT-4 模型。

在输入框中输入初步 Prompt："我有一个客户流失的数据集，请帮我生成 Python 代码用于数据清洗和模型构建。"

在 Playground 中查看生成的代码，如果不符合预期，可以调整 Prompt。例如："请使用 pandas 库读取客户流失数据，处理缺失值，并使用逻辑回归模型预测客户流失情况。"

逐步调整 Prompt，并在 Playground 中实时查看生成内容的效果，直到输出符合要求。

（4）工具特点

实时测试和调整 Prompt，查看模型生成结果。

支持多种模型和不同的任务（如代码生成、文本总结、数据分析）。

帮助用户探索不同的 Prompt 模式，并找到最佳生成方式。

2. AIPRM for ChatGPT

（1）简介

AIPRM 是一个专门为 ChatGPT 提供 Prompt 模板的浏览器插件。它包含大量预定义的模板，涵盖数据分析、SEO 优化、代码生成等领域。AIPRM 还允许用户根据需求自定义 Prompt，并支持与 ChatGPT 的无缝集成。

工具链接：https://www.aiprm.com/。

（2）使用示例

假设需要生成用于分析销售数据的 Prompt，并希望快速找到合适的模板。

（3）步骤

打开 ChatGPT 并安装 AIPRM 插件。

在 AIPRM 插件中搜索"数据分析"模板。

选择一个合适的模板，例如"销售数据分析"。

根据模板中的示例生成 Prompt，并在 ChatGPT 中进行测试和优化。

（4）工具特点

提供大量预设 Prompt 模板，涵盖多个行业和应用场景。

支持自定义和优化 Prompt，提高生成内容的准确性和一致性。

集成于 ChatGPT 界面中，使用方便、快捷。

3. PromptPerfect

（1）简介

PromptPerfect 是一款专门用于优化和测试 Prompt 的工具。用户可以将初步设计的 Prompt 输入到工具中，PromptPerfect 会自动给出优化建议，并生成多个版本的 Prompt 供用户选择。该工具适用于频繁使用 AI 生成内容的用户，帮助他们提升生成效果。

工具链接：https://promptperfect.jina.ai/。

（2）使用示例

假设需要优化用于构建数据分析报告的 Prompt。

（3）步骤

在 PromptPerfect 中输入初步 Prompt："请生成一份关于电商销售趋势的报告。"

PromptPerfect 会生成多个优化后的 Prompt 版本，例如：

- "请生成一份关于电商平台销售趋势的报告，包含以下部分：数据清洗和处理步骤；销售趋势分析；商业建议。"
- "请撰写一份 500 字左右的电商销售分析报告，按季度汇总销售额，并分析主要驱动因素。"

根据生成的版本选择最合适的 Prompt，或进一步优化后使用。

（4）工具特点

自动优化 Prompt，提供多种版本供用户选择。

支持 Prompt 的多轮迭代优化，提升生成效果。

帮助用户快速找到高效的 Prompt 结构。

以上这些工具通过简化 Prompt 设计流程，帮助用户高效构建符合需求的 Prompt。无论是使用 OpenAI Playground 来生成分析任务的 Prompt，还是通过 PromptPerfect 优化现有的 Prompt，这些工具都能为数据分析师和其他从业者提供高效的帮助。此外，像 AIPRM for ChatGPT 这样的插件，还能将 Prompt 生成与实际应用无缝集成，大大提升了使用效率。

2.6　互动练习题

练习题 1：Prompt 的基本组成元素

问题：请根据下列需求，为构建高效 Prompt 列出应包含的核心元素。

需求：用户需要分析一个电商数据集，按地区汇总销售额，并生成一个折线图来展示各地区的月度销售趋势。

参考答案

Role（角色设定）：数据分析师。

Task（任务说明）：使用 Python 代码汇总并分析电商销售数据。

Input（输入数据）：电商数据集，字段包括日期、地区、销售额。

Constraints（约束条件）：必须使用 Pandas 库进行数据清洗，生成月度汇总表。

Output Format（输出格式）：折线图，带有标题和标签。

练习题 2：优化模糊 Prompt

问题：下面的 Prompt 表述模糊，请修改为更清晰明确的 Prompt。

模糊的 Prompt："请分析销售数据，并给出结论。"

参考答案

请生成 Python 代码，使用 Pandas 库读取 CSV 文件，并按月度汇总销售额字段。生成一个折线图来展示销售趋势，并标明 X 轴（月份）和 Y 轴（销售额）。

第 3 章

行业洞察：用ChatGPT学习业务知识和指标体系

在数据分析领域，业务理解是非常关键的环节。仅凭技术和工具往往不足以解决复杂的业务问题。数据分析师需要掌握领域知识和业务逻辑，才能更准确地构建指标体系并提出合理的分析建议。本章将介绍如何利用 ChatGPT 提升业务理解能力，快速学习行业知识，并帮助搭建科学的指标体系。

3.1　利用 ChatGPT 学习行业知识

数据分析师不仅需要掌握技术和工具，还需要深入了解所服务行业的业务特点。以下是数据分析师应掌握的行业知识的几个关键方面。

1. 各行业的商业模式

商业模式是指企业通过各种方式创造价值并盈利的策略。不同的行业有不同的收入来源和运营方式，这决定了业务的核心关注点。

（1）电商

- B2C（京东、亚马逊）：直接向消费者销售商品。
- C2C（淘宝、eBay）：平台促成个人用户之间的交易，通过收取佣金或广告费盈利。
- 订阅模式（拼多多"会员"）：用户定期支付费用获取专属优惠或权益。

（2）金融

- 银行：通过放贷收取利息，以及收取理财产品的提成、跨境支付的手续费。
- 保险：通过保费积累资金并通过投资实现增值。
- 证券公司：通过交易佣金、承销收入和投资顾问服务获利。

（3）游戏

- 免费游戏 + 内购（F2P）：如《王者荣耀》通过售卖皮肤或道具盈利。
- 订阅制：如《魔兽世界》，玩家需按月支付订阅费。

（4）短视频

- 广告模式：如 YouTube 和抖音通过广告分成。
- 打赏模式：主播通过直播获得观众打赏，平台抽成。

2. 行业趋势与新技术

掌握行业的最新趋势和技术发展，帮助数据分析师预测市场动向、抓住机遇，并做出数据驱动的决策。

（1）电商

- 趋势：直播电商、社交电商兴起，跨境电商高速发展。
- 技术：AR 试妆、AI 客服、仓储自动化提升了用户体验和运营效率。

（2）金融

- 趋势：去中心化金融兴起，金融科技蓬勃发展。
- 技术：区块链技术增强交易的透明度，AI 用于信用评估和欺诈检测。

（3）游戏

- 趋势：云游戏、元宇宙推动娱乐形式的变革。
- 技术：AI 生成内容（NPC 对话）、虚拟现实（VR）提供沉浸式体验。

（4）短视频

- 趋势：短视频内容更加多元，直播与短视频融合趋势明显。
- 技术：AI 推荐算法优化内容推送，识别用户偏好。

3. 产品和服务流程

产品或服务的流程涉及从设计、生产、销售到售后服务的全链路操作。

（1）电商

- 商品上架与审核。
- 用户下单、支付系统确认。
- 仓储与物流配送。
- 售后客服、退换货流程。

（2）金融

- 客户申请贷款或购买理财产品。
- 风险评估和审批。
- 放款或产品交付。
- 后续跟踪与客户关系维护。

（3）游戏

- 游戏策划与开发。

- 内测、压力测试与发布。
- 持续更新内容与维护服务器。
- 玩家社区与客户支持。

（4）短视频

- 用户上传内容。
- 内容审核与推荐算法分发。
- 用户互动（点赞、评论、转发）。
- 广告或打赏结算。

4. 细分赛道及市场竞争格局

行业的细分赛道和市场竞争格局指的是不同领域的子市场，以及主要竞争者和竞争模式。

（1）电商

- 综合电商（淘宝、京东）。
- 垂直电商（唯品会、寺库）。
- 跨境电商（SHEIN、AliExpress）。

（2）金融

- 银行业（工行、建行）。
- 保险（平安、人寿）。
- 证券与基金（中信证券、易方达）。

（3）游戏

- 主机游戏（索尼、任天堂）。
- 移动游戏（腾讯、网易）。
- 电竞（英雄联盟职业联赛）。

（4）短视频

- 国内平台（抖音、快手）。
- 国际平台（YouTube、TikTok）。

5. 目标人群与需求分析

了解目标用户是谁，他们的偏好和需求是什么，是制定营销和产品策略的关键。

（1）电商

- 年轻人注重性价比，追求潮流品牌。
- 高净值用户偏好奢侈品和定制服务。

（2）金融

- 年轻人倾向于选择数字银行和投资理财。
- 中老年人偏好储蓄型产品和长期保障。

（3）游戏

- 休闲玩家喜欢轻度游戏，如《消消乐》。
- 资深玩家追求挑战，如《英雄联盟》。

（4）短视频

- 年轻用户倾向于娱乐和搞笑内容。
- 职场用户关注教育和职业发展类视频。

6. 供应链和运营模式

供应链管理涉及产品从供应商到客户的流转，运营模式决定企业如何高效运行。

（1）电商

- 自营模式（京东自建仓储和物流）。
- 平台模式（淘宝连接商家和消费者）。

（2）金融

通过线上 App 和线下网点提供服务，提升客户体验。

（3）游戏

依赖全球服务器和内容分发网络保障玩家流畅的体验。

（4）短视频

多地部署服务器保障视频流畅，精准算法分发内容。

7. 营销模式及效果评估

营销模式是企业推广产品的策略，效果评估是指通过数据衡量营销活动的成功程度。

（1）电商

通过社交媒体和搜索引擎广告引流，并通过 ROI（投资回报率）评估效果。

（2）金融

推广新产品时使用精准营销，通过转化率分析广告投放效果。

（3）游戏

利用游戏内的活动和广告推广吸引新玩家，使用留存率和付费率衡量效果。

（4）短视频

通过挑战赛、KOL 合作进行推广，分析播放量和互动率。

3.2 各行业 Prompt 示例

1. 电商行业 Prompt 示例

Prompt："请简述电商行业的商业模式，并解释常见的电商平台类型（如 B2B、B2C、C2C）。另外，请分析电商企业如何通过供应链管理提升效率。"

ChatGPT 可能的输出：

- B2B（企业对企业）：企业向其他企业出售商品，如批发和供应链平台。
- B2C（企业对消费者）：企业直接向消费者销售商品，如淘宝、亚马逊。
- C2C（消费者对消费者）：消费者之间交易，如闲鱼、eBay。
- 供应链管理在电商中的作用：通过智能仓储、物流优化和库存管理降低成本，提高订单履约效率。

2. 金融行业 Prompt 示例

Prompt：　"请分析银行业的主要业务模式，并解释风险控制中'不良贷款率（NPL）'的作用。"

ChatGPT 可能的输出：

- 主要业务模式：包括存贷款业务、支付结算、财富管理和投融资服务。
- 不良贷款率（NPL）：表示贷款总额中未按时偿还且可能成为坏账的比例，是银行风险管理的重要指标。

3. 医疗行业 Prompt 示例

Prompt：　"请介绍医院的核心运营模式，并解释如何利用数据分析提高患者留存率。"

ChatGPT 可能的输出：

- 核心运营模式：主要涵盖门诊、住院、手术和随访服务。
- 数据分析提高患者留存率：利用患者行为数据和满意度调查，分析流失的原因，并制订患者关怀计划。

4. 游戏行业 Prompt 示例

Prompt：　"请描述游戏行业的收入模式，并分析如何通过数据分析优化用户留存。"

ChatGPT 可能的输出：

- 收入模式：包括内购、广告、订阅和付费下载等。
- 优化用户留存：分析玩家行为，利用 A/B 测试调整游戏难度和奖励机制。

3.3　构建科学的业务指标体系

在不同的行业中，业务指标体系的构建各有侧重。通过合理的业务指标体系，可以有效衡量运营状况并优化业务流程。本节将详细介绍几个常见行业的业务场景及其关键指标，并通过 Prompt 示例帮助搭建合适的指标体系。

1. 电商行业：销售与运营指标

Prompt："请帮助我搭建一个完整的电商 KPI 体系，用于'双 11'促销活动，包括销售、运营和客户体验相关指标。"

ChatGPT 生成的 KPI 体系：

（1）销售指标

- 总销售额：衡量活动的整体销售表现。
- 转化率：即下单用户 ÷ 总访问用户，反映营销效果。
- 平均订单价值（AOV）：即总销售额 ÷ 订单数量，显示客户购买力。

（2）运营指标

- 库存周转率：即售出商品数量 ÷ 平均库存，衡量库存管理效率。
- 物流及时率：即按时交付订单 ÷ 总订单，反映配送能力。

（3）客户体验指标

- 客户满意度（NPS）：衡量客户推荐意愿。
- 复购率：即多次购买客户 ÷ 总客户，反映客户忠诚度。

2. 金融行业：风险与客户生命周期指标

Prompt："请为一家商业银行搭建一个 KPI 体系，监控客户贷款和风险管理表现。"

ChatGPT 生成的 KPI 体系：

（1）风险管理指标

- 不良贷款率（NPL）：即不良贷款 ÷ 总贷款，衡量贷款质量。
- 贷款逾期率：即逾期贷款 ÷ 总贷款，反映贷款还款情况。

（2）客户生命周期指标

- 客户流失率：即流失客户数 ÷ 总客户数，反映客户忠诚度。
- 客户获取成本（CAC）：获取一个新客户的平均成本。

3. 游戏行业：玩家行为与收入指标

Prompt："请搭建一个用于游戏公司的 KPI 体系，分析玩家行为和收入表现。"

ChatGPT 生成的 KPI 体系：

（1）玩家行为指标

- 日活跃用户（DAU）：每天访问游戏的用户数量。
- 用户留存率：即第二天登录的用户 ÷ 前一天的活跃用户，衡量用户黏性。

（2）收入指标

- 每用户平均收入（ARPU）：即总收入 ÷ 活跃用户数，反映用户的付费能力。
- 内购转化率：即付费用户 ÷ 总用户数，衡量付费用户占比。

4. 短视频行业：用户参与与内容表现

Prompt："请搭建一个短视频平台的 KPI 体系，用于评估内容和用户参与度。"

ChatGPT 生成的 KPI 体系：

（1）用户参与指标

- 观看次数：衡量视频的播放量。

- 互动率：即（点赞、评论和分享次数）÷ 总观看次数，反映内容的吸引力。

（2）内容表现指标

- 视频完播率：即完整观看视频的用户 ÷ 总观看用户，反映视频质量。

- 内容发布频率：衡量创作者的活跃度。

5. 实践案例：电商平台的指标体系搭建

Prompt："请为一个大型电商平台搭建完整的业务指标体系，包括销售、客户体验、运营和营销相关的 KPI，并解释这些指标的定义。"

ChatGPT 生成的电商指标体系：

（1）销售指标

- 总销售额：反映平台整体销售表现。

- 转化率：即订单用户 ÷ 总访问用户，衡量用户转化效率。

- 退货率：即退货订单 ÷ 总订单，反映商品和服务质量。

（2）客户体验指标

- 客户满意度（NPS）：衡量客户对平台的满意度。

- 复购率：即二次购买用户 ÷ 总用户，反映客户忠诚度。

（3）运营指标

- 库存周转率：衡量库存的管理效率。

- 物流及时率：反映配送的准时率。

（4）营销指标

- 广告转化率：即广告带来的订单 ÷ 总订单，衡量广告效果。

- 活动 ROI：即活动带来的收入 ÷ 活动成本，衡量促销活动的有效性。

3.4 ChatGPT 在业务指标优化中的应用

通过不断优化指标体系，企业可以提升业务效率，并快速应对市场变化。ChatGPT 不仅能帮助构建初始的指标体系，还能通过多轮交互优化指标，迭代指标体系，根据指标体系对指标的异常波动进行分析并提出改进建议。

1. 指标监控与预警系统

Prompt 示例："请生成 Python 代码，分析电商平台的销售数据，当销售额低于月平均值的 80% 时发送预警。"

ChatGPT 输出的代码如下，仅供示意参考。

```Python
import pandas as pd

# 读取销售数据
data = pd.read_csv('sales_data.csv')

# 计算月平均销售额
monthly_avg = data['sales'].mean()

# 检查是否低于 80%
alert = data[data['sales'] < 0.8*monthly_avg]

if not alert.empty:print("预警：销售额低于月平均值的 80%")
```

2. 指标体系的动态调整

在市场环境或业务模式发生变化时，企业需要动态调整指标体系。ChatGPT 可以基于输入的市场变化信息，生成新的指标建议。

Prompt 示例："假设电商平台开始增加直播带货业务，请生成一个新的 KPI 体系以适应该业务的变化。"

ChatGPT 可能的输出如下。

直播观看人数：衡量直播活动的影响力。

直播转化率：观看用户中下单用户的占比。

人均观看时长：反映直播的吸引力和用户黏性。

3. 指标异常波动分析

在实际业务中，销售额等关键指标的异常波动可能反映了潜在的运营问题或市场变化。通过合理拆解和分析数据，数据分析师可以快速定位问题产生的根源，并及时采取应对措施。本案例将展示如何利用 ChatGPT 逐步拆解指标，分析出现波动的原因。

以电商平台销售额异常波动分析为例进行讲解。

第一步：判断是否异常

销售额的异常波动可以通过计算其均值和标准差，并判断是否超出均值 ±3 倍标准差的范围来进行判断。

Prompt："请生成 Python 代码，将本月每日销售额与历史销售数据进行对比，并判断本月销售额是否异常。"

ChatGPT 输出的代码如下，仅供示意参考。

```Python
import pandas as pd

# 读取历史和当前月的销售数据
data = pd.read_csv('sales_data.csv')

# 计算历史均值和标准差
mean_sales = data['sales'].mean()
std_sales = data['sales'].std()

# 判断每日销售额是否超出均值 ±3 倍标准差
data['is_anomaly'] = (data['sales'] < mean_sales - 3std_sales) | (data['sales'] >
mean_sales + 3std_sales)

# 输出异常日期及销售额
anomalies = data[data['is_anomaly']]
print("异常销售数据：\n", anomalies)
```

解读：根据上述代码，销售额超出均值 ±3 倍标准差范围的日期将被标记为异常。接下来将进一步分析出现这些异常波动的原因。

第二步：拆解指标层级

为了找出具体问题，可以将销售额按地区、产品分类等层级进行拆解，分析是否有特定区域、产品类别或客户群体导致了异常波动。

Prompt："请按地区和产品分类，分析是否有特定区域或产品销售额出现明显异常，并找出主要贡献者。"

ChatGPT 输出的代码如下，仅供示意参考。

```Python
# 按地区和产品分类销售额
region_product_sales = data.groupby(['region', 'product'])['sales'].sum().reset_
index()

# 检查是否有区域或产品的销售额偏离均值 ±3 倍标准差
mean_sales = region_product_sales['sales'].mean()
std_sales = region_product_sales['sales'].std()
region_product_sales['is_anomaly'] = (region_product_sales['sales'] < mean_sales
- 3std_sales) | (region_product_sales['sales'] > mean_sales + 3std_sales)

# 输出异常的区域和产品
```

```
anomalies = region_product_sales[region_product_sales['is_anomaly']]
print("异常区域和产品: \n", anomalies)
```

解读：上述代码将销售数据按区域和产品分类，并判断是否有区域或产品的销售额超出正常范围。若发现某些区域或产品销售出现异常，可以进一步分析其背后的原因。

第三步：深入分析库存和促销活动的影响

异常波动可能与库存不足、促销活动异常有关。接下来进一步分析这些因素。

Prompt： "请分析库存数据，找出是否有商品库存不足导致订单流失。同时，检查促销活动的折扣力度与销售额的关系。"

ChatGPT 输出的代码如下，仅供示意参考。

```Python
# 读取库存数据
inventory = pd.read_csv('inventory_data.csv')

# 找出库存低于安全库存（10件）的商品
low_inventory = inventory[inventory['stock'] < 10]
print("低库存商品: \n", low_inventory)

# 读取促销活动数据，并分析销售与折扣力度的关系
promotions = pd.read_csv('promotions_data.csv')

# 计算不同折扣力度的平均销售额
discount_sales = promotions.groupby('discount_rate')['sales'].mean().reset_index()
print("折扣力度与销售额的关系: \n", discount_sales)

# 检查是否存在促销异常: 如折扣高销量却低的情况
promotion_anomalies = promotions[(promotions['discount_rate'] > 0.5) & (promotions['sales'] < mean_sales)]
print("促销异常: \n", promotion_anomalies)
```

解读如下。

库存数据分析：若某些热销商品库存不足，可能导致订单流失，影响销售额。

促销活动分析：分析不同折扣力度的销售表现，判断高折扣商品是否未带来预期的销量。

第四步：总结与建议

最后基于上述分析生成一份报告，总结出现异常波动的原因，并提出改进建议。

Prompt： "请基于以上分析生成一份报告，解释销售额出现异常波动的原因，并提出相应的改进建议。"

ChatGPT 输出如下。

问题总结：

某些热销商品的库存不足，导致订单未能及时履约；

部分促销活动的折扣力度虽大，但未能有效提升销量，可能因广告投放不充分或目标客户选择不当。

改进建议：

库存管理优化：实时监控热销商品库存，确保库存充足以支持促销活动。

促销策略调整：精准定位目标客户群体，提高广告投放的覆盖率和效果。

加强数据监控：建立异常预警系统，及时发现并应对指标波动。

本章通过具体的案例展示了如何利用 ChatGPT 学习行业知识、搭建业务指标体系，并在指标出现异常时进行深入分析。这种应用不仅提升了数据分析师的业务敏感度，还能帮助企业及时发现和解决问题，保持业务的稳定增长。

3.5 互动练习题

练习题 1：利用 ChatGPT 学习行业知识

问题

请编写针对短视频行业的 Prompt，帮助您了解以下内容。

- 短视频行业的主要收入模式；
- 如何利用数据分析提升用户参与度。

参考答案

Prompt 示例："请介绍短视频行业的主要收入模式，并解释如何通过数据分析提升用户的参与度和黏性。"

ChatGPT 可能的输出如下。

- 收入模式：包括广告收入、内购（如虚拟礼物）、会员订阅和品牌合作等。
- 提升用户参与度：利用 A/B 测试优化推荐算法，分析用户观看行为，并通过定期活动提升用户黏性。

练习题 2：构建短视频平台的 KPI 体系

问题

您负责分析一个短视频平台（如抖音、快手）的用户运营情况。请试着设计一个用于用户参与度和内容表现的 KPI 体系，并通过 Prompt 向 ChatGPT 提出要求来生成符合需求的指标体系。

参考答案

Prompt 示例："请为一个短视频平台（如抖音、快手）设计一个 KPI 体系，用于衡量用户参与度和内容表现，包括主要指标的定义及其计算公式。"

ChatGPT 可能的输出如下。

（1）用户参与度指标

- 日活跃用户（DAU）：每日访问平台的独立用户数量。
- 互动率：即（点赞、评论、分享次数）÷ 总观看次数，反映用户的互动行为。
- 平均观看时长：用户平均每次观看视频的时长，衡量用户黏性。

（2）内容表现指标

- 视频完播率：即完整观看视频的用户 ÷ 总观看用户，反映视频内容质量。
- 热门视频数量：一定时间内进入热门榜的视频数量，衡量内容受欢迎程度。
- 创作者活跃度：即发布视频的创作者 ÷ 总创作者数，反映平台创作者的活跃度。

练习题 3：设计短视频平台的异常波动分析 Prompt

问题

您发现某短视频平台（如抖音、快手）的日活跃用户数（DAU）发生异常波动，请编写 Prompt，引导 ChatGPT 逐步完成 DAU 的异常波动分析，并查找出现此问题的原因。

参考答案

Prompt 示例："请帮我分析短视频平台的 DAU 波动情况，按以下步骤进行：判断 DAU 是否异常；按视频类别和用户地区拆解 DAU，找出异常的类别或区域；检查是否存在活动或广告投放异常，分析其对 DAU 的影响。"

第一步：判断 DAU 异常

Prompt："请生成 Python 代码，将本月每日 DAU 与历史 DAU 数据进行对比，判断是否异常。"

ChatGPT 输出的代码如下，仅供示意参考。

```Python
import pandas as pd

# 读取 DAU 数据
dau_data = pd.read_csv('dau_data.csv')

# 计算历史均值和标准差
mean_dau = dau_data['dau'].mean()
std_dau = dau_data['dau'].std()

# 判断是否超出均值 ±3 倍标准差
dau_data['is_anomaly'] = (dau_data['dau'] < mean_dau - 3std_dau) | (dau_data['dau'] > mean_dau + 3std_dau)
```

```Python
# 输出异常日期及 DAU
anomalies = dau_data[dau_data['is_anomaly']]
print("异常 DAU 数据：\n", anomalies)
```

第二步：拆解 DAU 数据

Prompt：“请按视频类别和用户地区拆解 DAU 数据，找出是否有特定类别或地区的 DAU 出现异常。”

ChatGPT 输出的代码如下，仅供示意参考。

```Python
# 按视频类别和用户地区拆解 DAU 数据
category_region_dau = dau_data.groupby(['category', 'region'])['dau'].sum().reset_index()

# 判断是否超出均值 ±3 倍标准差
mean_dau = category_region_dau['dau'].mean()
std_dau = category_region_dau['dau'].std()
category_region_dau['is_anomaly'] = (category_region_dau['dau'] < mean_dau - 3std_dau) | (category_region_dau['dau'] > mean_dau + 3std_dau)

# 输出异常类别和地区
anomalies = category_region_dau[category_region_dau['is_anomaly']]
print("异常类别或地区：\n", anomalies)
```

第三步：分析活动和广告投放的影响

Prompt：“请结合平台活动和广告投放数据，分析是否存在异常，导致 DAU 波动。”

ChatGPT 输出的代码如下，仅供示意参考。

```Python
# 读取活动和广告投放数据
events = pd.read_csv('events_data.csv')
ads = pd.read_csv('ads_data.csv')

# 检查活动期间的 DAU
event_dau = events.merge(dau_data, on='date')
print("活动期间 DAU：\n", event_dau)

# 检查广告点击率与 DAU 的关系
ads_analysis = ads.groupby('ad_channel')['clicks'].sum().reset_index()
ads_analysis['click_rate'] = ads_analysis['clicks'] / ads_analysis['impressions']

print("广告渠道的点击率与 DAU：\n", ads_analysis)
```

第四步：总结与改进建议

Prompt："请基于上述分析生成一份报告，解释 DAU 波动的原因，并提出相应的改进建议。"

ChatGPT 输出如下。

问题总结：

某视频类别的 DAU 下降，可能是因为内容更新不及时导致用户流失；

部分广告渠道的投放效果不佳，点击率低，影响了用户增长。

改进建议：

加强内容更新，提高用户对热门类别的兴趣；

重新评估广告投放策略，优化低效广告渠道。

第 4 章

方法研习：用ChatGPT学习数据思维和分析方法

4.1 数据思维

数据思维是一种通过数据与逻辑思考解决问题的方式。数据分析可以帮助人们更有效地拆解问题、选择方法、推理业务逻辑，并得出落地性强的结论。具备数据思维，分析师能够从数据中透视业务现状，而不仅仅是看到表面现象。

1. 数据思维的三大要素

（1）数据概念表述

掌握业务数据的关键在于理解其背后的逻辑与内涵。数据指标可分为以下两种。

定性数据：描述事物属性，如性别（编码：男 =1，女 =2）。

定量数据：量化描述事物的属性，如交易金额、客户评分等。

理解数据的本质和来源，能够增强数据敏感度。例如，在分析营销活动时，若某个活动的转化率提升了 5%，需要明确这背后的驱动因素是什么。

（2）判断分析能力

判断分析能力即识别问题的本质并基于数据找到解决路径的能力，分析过程如下。

明确分析目的：理解需求并设定清晰的分析目标，例如分析用户活跃度波动的原因。

全面掌握信息：挖掘尽可能多的业务事实，避免信息不对称。

选择合适的分析框架：借助分析模型（如杜邦分析法、5W2H 法）进行结构化分析。

确保结果落地：提出切实可行的解决方案，并设计执行路径。

（3）逻辑推理能力

逻辑推理能力是在数据的基础上构建完整论证的过程，如同撰写议论文。

论点：明确分析的核心结论或建议。

论据：使用数据和模型支持论点，例如分析某产品的销售数据及环比趋势。

论证：结合业务场景验证分析的合理性，如某营销策略对付费转化的提升作用。

2. 数据思维的实际应用

（1）明确问题（What）

了解业务背景，并设定分析目标。例如，分析付费用户增长停滞时，需要明确以下两点。

① 数据来源是什么？

② 哪些指标需要重点关注，如用户活跃度或付费转化率？

（2）分析原因（Why）

通过结构化拆解（如 MECE 法），找出影响指标的核心因素。拆解过程如下。

核心指标分解：如将销售额分解为客单价与销售量的乘积。

数据采集与处理：从数据库调取数据或依赖埋点进行跟踪。

（3）落地执行（How）

通过逻辑推理，将分析结果付诸实践。

数据可视化：选择适当的图表（如趋势图），展示不同渠道的转化率。

提出决策建议：结合数据提出具体的运营优化方案，如增加对高转化率渠道的预算投入。

执行与迭代：通过持续监控数据表现，不断优化策略。

（4）案例：广告投放的优化

现在通过渠道选择与预算分配最优的具体广告投放案例，再来简单介绍一下数据思维的应用。

在制订渠道投放计划时，如何有效地筛选广告投放渠道？如何合理地分配投放的预算？对于这两个问题，需要从数据思维的基本思路开始着手。

下面来以一个 App 的新增渠道投放为例，如下表所示，假设现在有小米、华为、苹果等 5 个应用市场拉新投放渠道，经过一段时间的广告投放后，获取了各个渠道的新增数据、下载量、消耗费用及单个获客成本等数据。

渠道	消耗费用	付费下载量	自然下载量	总下载量	总激活量	总注册量	创建企业数	企业获客成本	用户获客成本
小米	9144.87	3147	1109	6519	3725	1369	98	177.50	10.63
华为	10402.19	3229	1101	6318	3786	1693	166	111.85	6.40
苹果	15827.69	4717	1314	6362	3751	1619	164	121.75	7.54
oppo	15622.84	4653	984	12330	5569	2231	222	152.39	9.28
vivo	19723.64	5174	746	7793	4268	1707	162	111.67	12.45
总计	70721.23	20920	5254	39322	21099	8619	812	87.10	8.21

首先，在对这几个渠道的数据有了基本的认知之后，明确其分析目标，根据广告投放的实际情况进行预算的控制和调整。例如，在缩减预算的情况下，应该如何优化投放费用的最优分配呢？

其次，了解数据，从 5 个渠道中可以看出，小米和 oppo 的单个企业获客成本最高，是做预算控制的首选渠道，应该削减这两个渠道的预算，这样能够快速产生成本压缩的效果。

再次，通过各个渠道的转化漏斗分析，看看各个渠道的转化率，与往期数据环比，来优化新增渠道。目的是测试不同策略和素材的效果，还可以横向对比不同投放方式的渠道拉新成本，择优选择。以小米渠道的各环节转化为例，转化环节可以简单地分为下载→激活→注册→创建企业，如下图所示。

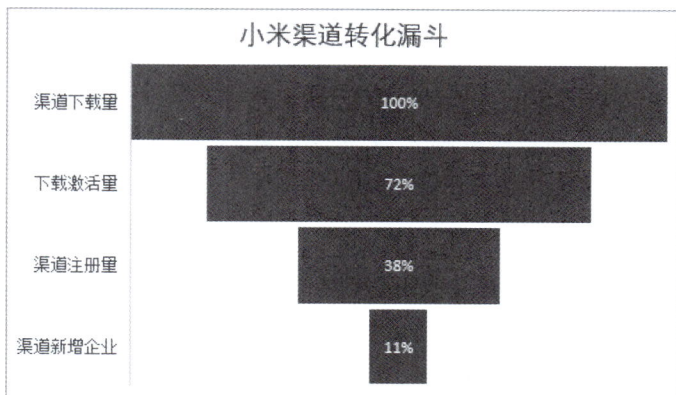

小米渠道转化漏斗

小米渠道人群受众、广告页面、落地页及注册方式等这些实际内容都可以作为测试数据，从而对其进行调整优化。衡量优化效果的核心指标是漏斗对应层级的转化率是否得到提高。

在增加投放费用时，在需要快速增加拉新量的情况下，又应该如何优化预算分配呢？这时，从数据上看，将预算全都使用到单个企业获客成本最低的 vivo 渠道。但从实际的广告投放经验及过往数据来看，vivo 渠道的新增用户数相对最低，用户精准度不高，无法快速扩量。

最后，输出结论。根据往期数据，以及用户质量和企业转化来看，苹果和华为渠道的用户精准度较高，是扩大预算投放的首选渠道。因为从拉新量来看，这两个渠道是大流量渠道，在平均拉新量较低的情况下，可以轻松扩量。

当然，在实际做用户拉新的广告投放时，数据比上述例子复杂得多，考虑的因素也较多，大家需要能够通过实际数据对比，不断地优化预算分配，以获得性价比更高的渠道投放策略。

3. 如何培养数据思维

数据思维的培养需要结合日常工作与生活中的刻意练习，不断通过发现问题、解决问题、总结经验来提升。在数据分析中，掌握概念、判断能力和逻辑推理，是培养数据思维的三大核心方向。

（1）提升对数据的敏感度和认知

① 了解数据来源与业务逻辑。

深入了解数据是如何产生的，明确数据背后所代表的业务场景。例如：某营销活动的转化率上升 5%，需要追溯到具体的活动页面、时间节点和参与用户行为的变化。

判断数据的可靠性，了解数据质量的波动可能会带来什么样的业务风险。

② 梳理和拆解业务指标体系。

利用思维导图构建指标体系，将关键业务指标分解为更小的维度。如可将销售额拆分为：销售量 × 客单价。

通过频繁对比环比、同比数据，判断不同时间段波动的原因。

③ 养成拆解复杂问题的习惯。

使用 MECE 法则进行拆解：确保各指标之间"相互独立、完全穷尽"，避免遗漏关键因素。例如，在分析用户留存时，需要关注首日留存、7 日留存和 30 日留存等多维度数据。

（2）**强化判断能力**

① 借助分析模型提升判断力。

熟悉并运用分析模型，如杜邦分析法、4P 分析模型、AARRR 模型等，将复杂的业务问题转化为可以操作的数据分析任务。例如：在用户增长分析中，通过 AARRR 模型拆解用户获取、活跃、留存、收入及推荐的各环节表现。

② 通过案例与数据积累经验。

多读专业分析报告，关注不同行业的关键指标；了解不同行业的运营模式，培养对常见问题的判断能力；主动对日常业务数据进行复盘，积累对波动数据的敏锐度，如每日监控用户活跃数据，分析是否存在异常。

③ 模拟分析不同场景中的业务问题。

假设不同的业务场景，提出假设并验证其合理性。例如：分析新上线的功能是否可以提升用户黏性，尝试用 A/B 测试来验证不同版本的效果。

（3）**提升逻辑推理和"讲数据故事"的能力**

① 学会用数据讲述完整的逻辑故事。

分析过程应符合论点、论据、论证这一结构。

论点：明确分析结论，例如"缩减高获客成本渠道预算"。

论据：展示数据支持，如分析各渠道的获客成本、转化率。

论证：结合实际业务场景，说明为何该渠道值得削减预算。

② 客观分析数据而非主观判断。

避免主观臆断，用事实和数据作为判断依据。例如：在分析市场份额时，基于实际数据，而非个人感受或行业新闻进行判断。

③ 借助三段论进行逻辑推理。

使用三段论：大前提、小前提、结论。

大前提：高获客成本影响整体 ROI。

小前提：小米和 OPPO 的获客成本最高。

结论：应优先缩减小米和 OPPO 渠道预算。

④ 培养好奇心与数据探索的习惯。

主动思考数据背后的业务逻辑，多问"为什么"。例如，在看到滴滴打车价格上涨时，思考是否因高峰时段或用户量激增所致。

⑤ 多看、多练、多总结。

经常查看专业的数据分析报告，了解分析思路和结论。

多尝试用已有分析框架分析不同的业务数据，如复用 A/B 测试方法研究新产品的上线效果。

记录和总结每日的分析经验，形成系统化的分析逻辑。

（4）小结

数据思维不仅是一种技术，更是一种思维方式。它结合了业务理解与数据分析，通过持续练习和积累经验，人们能精准洞察问题、提出解决方案并推动业务优化。在工作和生活中，只要掌握了这种思维，就能通过数据创造更高的价值。

在实际的业务中，有很多常用的数据分析方法，这些都是数据分析师的工具箱。在遇到特定的问题时，数据分析师需要很快想到对应的一种或者若干种分析方法，能够在掌握这些方法原理的同时，做到活学活用。接下来从实际业务场景的问题出发，介绍各种分析方法的原理，借助 ChatGPT 的能力，帮助大家快速地形成分析思路。

4.2　指标异动分析

一般来讲，数据指标都有固定的波动周期，而且每个周期内数据的变化应该趋于稳定。如果发现某数据指标出现不符合预期的变化，这就是人们所说的指标异常波动，此时需要分析指标出现异常的原因，指标异常波动也是数据分析工作中最常见的分析场景之一。

1. 指标波动的几种类型

先来明确指标波动的几种类型。

一次性波动：只在某个时间节点发生波动。一次性上升／下跌背后一般都是短期／突发事件，例如系统更新导致数据统计错误，突发的渠道投放冻结等。

周期性波动：即周期性发生上升／下跌，例如"双 11"、周末、节假日等因素。一般业务开展都有周期性，例如考勤工具类 App，工作日和周末就是有明显差异。

持续性波动：从某时间点开始，一直出现上升／下降趋势。持续上升／下跌的原因往往都是深层次的，例如用户需求转移、渠道投放长期暂停、大环境等。

以上 3 种波动对应着不同的严重程度和处理方式。周期性下跌一般都不需要做特殊处理；一次性下跌往往来比较突然，要关注事件的持续性；持续性下跌，特别是不见好转的，持续的时间越长问题越严重，需要重点关注，后两种情况也是人们通常所说的指标异常波动或者指标异动，是需要进一步分析的。

2. 指标异动分析的基本思路

下面以"某 App 的日活显著下降"为例，进行指标异动分析。

第一步：确认数据源的准确性

数据真实是根基。在实际工作中，很多指标异常都是因为数据源出了问题，如客户端埋点出错、服务接口报错请求失败等。因此，开始分析前，要先和产品研发部门确认数据源是否有问题。

第二步：评估指标异常程度及影响

明确以下问题。

① 日活究竟下跌了多少？波动幅度是否在合理的范围内？持续的时间是多久？

② 相比昨天、上周同一天情况如何？

③ 确认日活下跌对相关业务方 KPI 影响的程度？

明确了指标下跌是否是真正的异常，并且有了轻重缓急的判断，下一步就可以进行指标的拆解，建立假设逐个验证，进一步逼近真实原因。

第三步：拆解数据指标

例如，日活 = 新增用户 + 老用户留存 + 流失用户回流，将这些指标进一步拆解如下。

① 按新增用户来源渠道拆解：如应用市场、百度搜索等。

② 按老用户留存渠道拆解：华为、vivo 应用商店等。

③ 按新老用户登录平台拆解：Android、iOS 等。

④ 按新老用户的区域拆解：天津、北京等。

⑤ 按新老用户使用版本拆解：新老版本。

⑥ 按新老用户活跃时间拆解：节假日、周期性等。

⑦ 按回流用户类型拆解：自然回流、回访干预回流等。

第四步：做出假设，分析验证

初步确定异常发生的问题点后，接下来可以分别考虑"内部—外部"事件因素进行假设和验证。内部—外部事件在一定时间内可能会同时存在，万变不离其宗，我们主要关注数据指标的起点、拐点、终点。

数据指标的起点：数据指标刚下跌时，发生了什么事件，往往起点事件是发生问题的直接原因。

数据指标的拐点：在指标持续下跌过程中，是否某个事件的出现让问题变得更严重，或者开始改善。拐点意味着可以通过运营手段改善指标。

数据指标的终点：当某个事件结束后，指标恢复正常。或当开始某个事件后，指标下跌结束。终点事件的两种形态代表着两种改善指标的方法：等问题自己过去或者主动出击解决问题。

内部事件因素分为用户获取渠道（渠道转化率降低）、产品功能迭代（功能迭代等引起某类用户不满）、运营策略调整（最近新上的运营活动没达成目标）、突发技术故障（突发的产品技术问题导致产品使用故障）。

遵循短期变化找内因、长期异动找外因的原则。结合业务经验确定几个最可能的假设，并给出假设的优先级，通过数据逐一排查验证，最终定位到原因。

第五步：预测趋势

定位到原因后，还要预测指标接下来的走势，下跌会持续到什么时间，最坏能下跌到何种程度。将以上分析结论反馈给业务方后，探讨解决方案，并落地执行，最终解决该问题。

3. 指标异动分析案例：用 ChatGPT 分析某 App 的日活异常下降

以下是使用 ChatGPT Prompt 来逐步完成某 App 日活（DAU）异常下降分析的案例。根据上面的指标异动分析思路，我们将一步步通过 Prompt，生成每个环节的 Python 分析代码示例。注意：ChatGPT 输出的代码仅为示例，重在展示该分析方法的实操过程，以加深大家对该方法的理解，大家可根据实际的业务场景修改后使用。

案例：某 App 的日活用户（DAU）在过去一周出现了显著下降，需要通过数据分析确认问题的根源，评估影响，并提出解决方案。

第一步：确认数据源的准确性

Prompt 示例："请检查以下日志和数据源，确认是否存在数据埋点错误或接口请求失败的情况。"

ChatGPT 输出的代码如下，仅供示意参考。

```Python
# 读取数据日志 import pandas as pd
log_data = pd.read_csv('log_data.csv')

# 检查是否有接口请求失败的记录
failed_requests = log_data[log_data['status_code'] != 200]
print(" 失败的接口请求：\n", failed_requests)

# 检查埋点错误
```

```
missing_events = log_data[log_data['event'].isnull()]
print("缺失的事件记录: \n", missing_events)
```

解释：通过此步骤，确认是否有指标异动是由技术层面（如埋点错误或接口失败）导致的。若数据源无误，进入下一步分析。

第二步：评估指标异常程度及影响

Prompt 示例："请生成 Python 代码，计算本周与上周同期的日活下降幅度，并检查日活下降的持续时间。"

ChatGPT 输出的代码如下，仅供示意参考。

```Python
# 读取日活数据
dau_data = pd.read_csv('dau_data.csv')

# 计算环比下降幅度
dau_data['dau_change'] = dau_data['dau'].pct_change() * 100      # 找出持续下降的天数
dau_data['is_decline'] = dau_data['dau_change'] < 0
continuous_decline_days = dau_data['is_decline'].cumsum().max()

print(f"持续下降天数: {continuous_decline_days} 天")
print("每日环比变化: \n", dau_data[['date', 'dau_change']])
```

解释：通过计算环比变化和持续下降天数，初步判断指标下降是否超出了合理范围，并明确其严重程度。

第三步：拆解数据指标

Prompt 示例："请将日活用户数据按新增用户、老用户留存和流失用户回流拆解，并分别按渠道、平台和地区进一步细化。"

ChatGPT 输出的代码如下，仅供示意参考。

```Python
# 读取用户数据
user_data = pd.read_csv('user_data.csv')

# 拆解用户数据
new_users = user_data[user_data['user_type'] == 'new']
retained_users = user_data[user_data['user_type'] == 'retained']
returned_users = user_data[user_data['user_type'] == 'returned']

# 分别按渠道、平台和地区拆解
channel_analysis = new_users.groupby('channel')['user_id'].count()
platform_analysis = retained_users.groupby('platform')['user_id'].count()
```

```
region_analysis = returned_users.groupby('region')['user_id'].count()

print(" 按渠道拆解：\n", channel_analysis)
print(" 按平台拆解：\n", platform_analysis)
print(" 按地区拆解：\n", region_analysis)
```

解释：通过拆解指标，能够明确是哪一部分用户（新增、老用户、回流用户）导致了日活下降，并进一步分析问题的来源。

第四步：做出假设，分析验证

Prompt 示例："请生成 Python 代码，结合运营活动、产品功能和渠道数据，验证以下假设：'是否某运营活动或渠道的变动导致了日活下降'。"

ChatGPT 输出的代码如下，仅供示意参考。

```
Python
# 读取运营活动数据
events_data = pd.read_csv('events_data.csv')

# 检查活动期间的 DAU
event_dau = events_data.merge(dau_data, on='date')
print(" 活动期间的 DAU：\n", event_dau)

# 读取渠道转化数据
channel_data = pd.read_csv('channel_data.csv')
channel_performance = channel_data.groupby('channel')['conversion_rate'].mean()

# 检查转化率的变化
conversion_drop = channel_performance[channel_performance < 0.05]
print(" 转化率下降的渠道：\n", conversion_drop)
```

解释：通过分析运营活动数据和渠道转化率，验证是否有活动或渠道的变动导致了日活下降。

第五步：预测趋势，提出解决方案

Prompt 示例："请基于当前数据预测未来一周的日活趋势，并生成 Python 代码进行预测分析。"

ChatGPT 输出的代码如下，仅供示意参考。

```
Python
from statsmodels.tsa.holtwinters import ExponentialSmoothing

# 使用霍尔特 – 温特斯法进行趋势预测
model = ExponentialSmoothing(dau_data['dau'], trend='add', seasonal=None)
```

```
fit_model = modelfit()

# 预测未来 7 天的 DAU
forecast = fit_modelforecast(7)
print(" 未来 7 天的 DAU 预测：\n", forecast)
```

解释：通过趋势预测，可以判断指标的下降是否会持续，并提出应对策略。

4. 小结

数据指标异常波动的分析框架如下。

第一步：确认数据源的准确性；

第二步：评估指标异常程度及影响；

第三步：拆解数据指标；

第四步：做出假设，分析验证；

第五步：预测趋势。

在实际业务中，指标异常波动类问题比较常见，而且原因可能是多方面的，这就需要大家在平时工作中多留意数据变化，随着对业务的熟悉和数据敏感度的提升，对数据的异常分析也会越来越熟练，更快地找到问题所在。

4.3 描述性分析

在开始数据分析之前，首先要了解数据的大致情况，对数据进行一些统计性描述，这样不仅可以了解数据的整体概况，还能观察到数据的分布特征和异常问题等，这个过程就是描述性分析。

1. 什么是描述性分析

先来看描述性分析的一些指标。常用的描述性统计分析指标如下，这里重点讲解各个指标的优缺点和使用场景。

①平均值。

顾名思义，平均值就是数据的平均数，通过平均值可以了解数据的整体水平。

平均值计算简单，容易理解，方便人们快速了解整体平均水平。但当数据差距很大，存在极端值时，就可能会出现平均值陷阱。例如，有人觉得自己的收入拉低了城市人均工资的水平。

②众数。

众数是指统计分布上具有明显集中趋势的数值，代表数据的一般水平。

③ 中位数。

④ 方差、标准差、标准分。

样本中各数据与样本平均数之差的平方值的平均数即方差，方差的算术平方根即标准差，标准分是基于方差和标准差对原始数据进行标准化处理后得到的。方差和标准差都是衡量一个样本波动大小的量，方差或标准差越大，数据的波动就越大。

⑤ 四分位数。

四分位数是指在把所有数值由小到大排列并分成 4 等份，处于 3 个分割点位置的数值，分割后人们会通过 5 个数值来描述数据的整体分布情况，还可以识别出可能的异常值。

下限：最小值，即第 0% 位置的数值；

下四分位数：Q1，即第 25% 位置的数值；

中位数：Q2，即第 50% 位置的数值；

上四分位数：Q3，即第 75% 位置的数值；

上限：最大值，即第 100% 位置的数值。

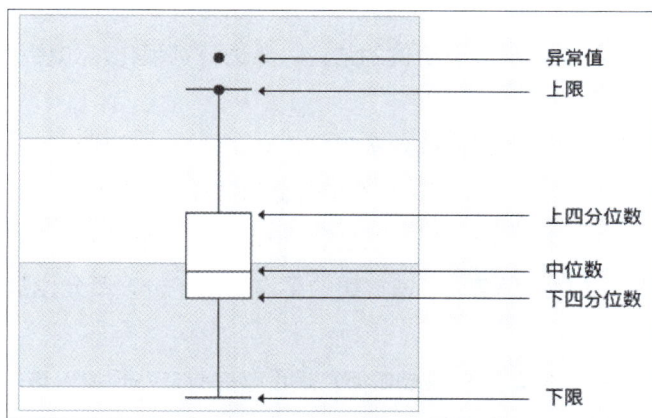

⑥ 极差。

极差 = 最大值 – 最小值，是描述数据分散程度的量，极差描述了数据的范围，但无法描述其分布状态，且对异常值敏感，异常值的出现使得数据集的极差有很强的误导性。

⑦ 偏度。

用来评估一组数据分布的对称程度，即以正态分布为标准描述数据对称性的指标。

当偏度 =0 时，分布是对称的；当偏度 >0 时，分布呈正偏态；当偏度 <0 时，分布呈负偏态。

⑧ 峰度。

用来评估一组数据分布形状的高低程度，即描述正态分布中曲线峰顶尖哨程度的指标。

峰度：当峰度 =0 时，分布和正态分布基本一直；当峰度 >0 时，分布形态高狭；当峰度 <0 时，分布形态低阔。

在日常的数据分析中，人们经常使用以上指标对数据的集中趋势、离散程度、分布特点进行分析。

- 均值、中位数、众数体现了数据的集中趋势。
- 极差、方差、标准差体现了数据的离散程度。
- 偏度、峰度体现了数据的分布形状。

描述性分析即对数据样本所有变量做统计性描述，主要包括数据的频数分析、集中趋势分析、离散程度分析、分布和一些基本的统计图形等。

2. 描述性分析的基本思路

首先，描述业务概况，即根据分析目的，计算关键字段的描述性指标，如平均数、标准差、方差、分位值等

其次，描述分布规律，如正态分布、长尾分布等。

然后，制定参考标准，即根据业务经验或之前制定的标准，制定参考标准。

最后，综合现状和标准，输出有价值的结论，并进行可视化，如柱状图、条形图、散点图、饼状图。

结合业务概况和分布规律可以明确业务现状，有了参考标准作为对比的对象，才能得出"是什么"及"怎么样"的结论，最后一个准确合适的可视化图表可以方便地呈现结论。

例如，对于一个线下零售门店，通过描述性分析评估近一个月的业务情况。

从整体上看，该门店每天销售量 / 销售额的平均值是多少？四分位数是多少？标准差是多少？

该门店客单价的分布如何？用户组成如何？是否存在着二八现象？该门店每天客流量趋势怎么样？哪个商品销量最高，卖得最好？细分的品类中卖得最好的是什么？一天中哪个时间段购买最集中，卖得最好？

3. 描述性分析案例：用 ChatGPT 进行某零售门店的销售数据描述性分析

描述性分析用于对数据进行全面的统计描述，帮助分析师了解数据的整体状况、分布特征和异常点。结合平均值、方差、中位数等统计指标，以及图表可视化，可以为业务决策提供重要的参考。

以下是使用 ChatGPT Prompt 来逐步完成某零售门店的销售数据描述性分析的案例。根据上面的描述性分析思路，我们将一步步通过 Prompt，生成每个环节的 Python 分析代码示例。注意：ChatGPT 输出的代码仅为示例，重在展示该分析方法的实操过程，以加深大家对该方法的理解，大家可根据实际的业务场景修改后使用。

案例：某零售门店的销售数据描述性分析

业务背景：某线下零售门店希望通过描述性分析了解过去一个月的销售表现，找出业务的整体趋势、销量最好的商品，以及销售额的分布规律。需要从多维度描述销售数据，为下一步的经营策略提供支持。

第一步：描述业务概况

Prompt 示例："请生成 Python 代码，计算某零售门店销售额的平均值、标准差、四分位数、极差等描述性统计指标。"

ChatGPT 输出的代码如下，仅供示意参考。

```Python
import pandas as pd

# 读取销售数据
sales_data = pd.read_csv('sales_data.csv')

# 计算描述性统计指标
summary_stats = sales_data['sales'].describe()
range_value = sales_data['sales'].max() - sales_data['sales'].min()

print(" 描述性统计指标：\n", summary_stats)
print(f" 极差：{range_value}")

# 四分位数
Q1 = sales_data['sales'].quantile(0.25)
Q2 = sales_data['sales'].quantile(0.50)    中位数
Q3 = sales_data['sales'].quantile(0.75)

print(f"Q1（下四分位数）：{Q1}")
print(f"Q2（中位数）：{Q2}")
print(f"Q3（上四分位数）：{Q3}")
```

解释：上述代码通过 .describe() 方法生成了平均值、标准差、最大值、最小值等常见的描述性统计指标，并计算了极差和四分位数。

第二步：描述分布规律

Prompt 示例："请分析该门店销售额的分布形态，包括偏度、峰度，并判断是否符合正态分布。"

ChatGPT 输出的代码如下，仅供示意参考。

```Python
from scipy.stats import skew, kurtosis
```

```
# 计算偏度和峰度
sales_skewness = skew(sales_data['sales'])
sales_kurtosis = kurtosis(sales_data['sales'])

print(f" 偏度: {sales_skewness}")
print(f" 峰度: {sales_kurtosis}")

# 判断是否接近正态分布
if abs(sales_skewness) < 0.5 and abs(sales_kurtosis) < 3:
    print(" 销售额接近正态分布 ")
else:
    print(" 销售额不符合正态分布 ")
```

解释如下。

偏度（Skewness）：判断分布的对称性。

峰度（Kurtosis）：判断分布的尖峰程度。

通过分析偏度和峰度，可以判断销售额的分布形态是否接近正态分布。

第三步：可视化销售数据

Prompt 示例："请生成 Python 代码，绘制销售额的柱状图和销售额的累积分布图，以直观地呈现销售数据的分布情况。"

ChatGPT 输出的代码如下，仅供示意参考。

```
Python
import matplotlib.pyplot as plt

# 绘制销售额的柱状图
plt.figure(figsize=(10, 6))
sales_data['sales'].plot(kind='hist', bins=20, alpha=0.7)
plt.title(' 销售额分布柱状图 ')
plt.xlabel(' 销售额 ')
plt.ylabel(' 频数 ')
plt.show()

# 绘制销售额的累积分布图
sales_data['sales'].plot(kind='hist', bins=20, cumulative=True, alpha=0.7)
plt.title(' 销售额累积分布图 ')
plt.xlabel(' 销售额 ')
plt.ylabel(' 累积频数 ')
plt.show()
```

解释：通过柱状图和累积分布图，直观地展示了销售数据的分布和累积频率，帮助数据分析师快速了解销售额的分布状态。

第四步：输出有价值的结论

Prompt 示例："请基于销售数据的描述性分析，生成一份业务报告，总结关键发现，并给出优化建议。"

ChatGPT 输出如下。

关键发现：

- 平均销售额为 500 元，标准差为 150 元，表明销售额的波动较大。
- 销售额的分布呈正偏态，说明大部分销售额集中在较低的区间。
- 销售额的极差较大，表明存在部分商品销售额非常高。

优化建议：

- 针对销售额较低的商品，考虑促销活动以提升销量。
- 针对高价商品，加大广告投放，吸引更多高消费客户。
- 监测销售额的波动趋势，及时调整营销策略。

4.4　对比分析

"对比、细分、溯源"可以说是数据分析的"六字真言"，"对比"虽然是最简单的数据分析方法，却是数据分析中非常重要的一环。

1. 什么是对比分析

对比无处不在，它已经成了人们一种潜在的思维，以至于有时候人们忽略了它的存在。就像在编写这本书之前，笔者会对比很多类似的书籍，然后才知道应该怎么系统而全面地把这本书写好。

一般情况下，对比分析并不是单独存在的，而是与其他思维搭配使用的，例如细分拆解、象限分析、漏斗分析等，交叉对比以达到数据分析的目的。

常见的对比对象如下图所示。

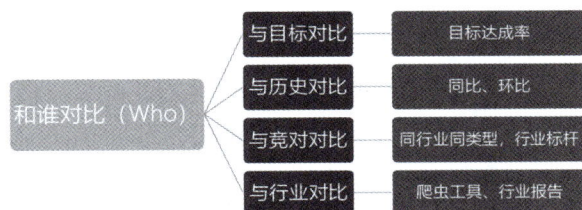

对于业务问题的评估，人们一般都基于指标体系。所谓指标体系，就是一些相互之间有逻

辑关系的指标构成的一个系统的整体，通过指标体系中的宏观指标去监控业务的发展趋势，同时也可以通过拆解宏观指标挖掘当前业务存在的问题。常见的对比指标如下图所示。

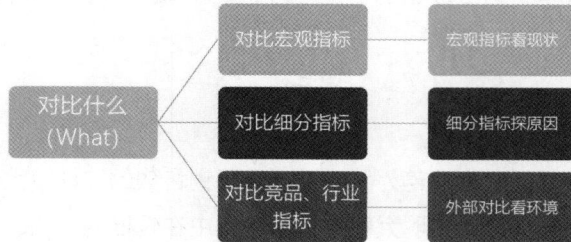

确定了上面这些要对比的指标后，要采用哪些统计值进行对比呢？也就是说，用哪些统计量来表征高低好坏？一般来说，涉及的统计量如下图所示。

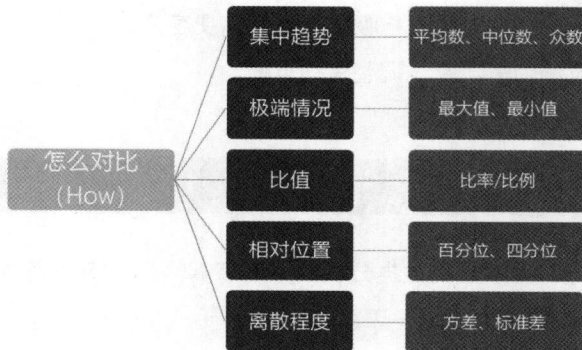

2. 对比分析遵循的原则

对比分析要遵循的原则：对比对象要一致；对比时间属性要一致；对比指标的定义和计算方法要一致；对比数据源要一致。

3. 对比分析案例：用 ChatGPT 对某电商平台销售额进行对比分析

以下是使用 ChatGPT Prompt 逐步完成某电商平台销售额对比分析的案例。根据上面的对比分析思路，我们将一步步通过 Prompt，生成每个环节的 Python 分析代码示例。注意：ChatGPT 输出的代码仅为示例，重在展示该分析方法的实操过程，以便加深大家对该方法的理解，大家可根据实际的业务场景修改后使用。

业务背景：某电商平台的运营团队发现，2023 年 8 月 1 日的日销售额比去年同期（2022年 8 月 1 日）下降了 30%。需要通过对比分析确定销售额下降的原因，并判断是正常波动，还是业务问题。

第一步：定义对比分析的原则

在进行对比分析时，需要确保对比的数据具有可比性。

时间属性保持一致：对比 2022 年 8 月 1 日和 2023 年 8 月 1 日的销售额。

排除季节性因素：确认日期是否处于相同的业务场景（如是否为节假日）。

指标定义一致：采用相同的销售额计算公式。

第二步：生成对比分析代码

Prompt 示例："请生成 Python 代码，对比 2022 年 8 月 1 日和 2023 年 8 月 1 日的日销售额，分析是否为同一业务场景，并计算同比变化百分比。"

ChatGPT 输出的代码如下，仅供示意参考。

```Python
import pandas as pd

# 读取销售数据
sales_data = pd.read_csv('sales_data.csv')

# 提取 2022 年 8 月 1 日和 2023 年 8 月 1 日的销售数据
sales_2022 = sales_data[(sales_data['date'] == '2022-08-01')]['sales'].sum()
sales_2023 = sales_data[(sales_data['date'] == '2023-08-01')]['sales'].sum()

# 计算同比变化百分比
change_percentage = (sales_2023 - sales_2022) / sales_2022 * 100print(f"2022 年 8 月 1 日销售额: {sales_2022}")
print(f"2023 年 8 月 1 日销售额: {sales_2023}")
print(f" 同比变化百分比: {change_percentage:.2f}%")
```

第三步：检查业务场景的相似性

Prompt 示例："请生成 Python 代码，判断 2022 年 8 月 1 日和 2023 年 8 月 1 日是否为同一类型的工作日（如是否为周末或节假日）。"

ChatGPT 输出的代码如下，仅供示意参考。

```Python
from datetime import datetime

# 检查日期是否为周末或节假日
def check_business_day(date_str):
    date_obj = datetime.strptime(date_str, '%Y-%m-%d')
    is_weekend = date_obj.weekday() >= 5    周六、周日为周末 return " 周末 " if is_weekend else " 工作日 "
status_2022 = check_business_day('2022-08-01')
status_2023 = check_business_day('2023-08-01')

print(f"2022 年 8 月 1 日是: {status_2022}")
```

```
print(f"2023 年 8 月 1 日是：{status_2023}")
```

解释：如果两个日期属于不同类型的工作日或节假日，则销售额的对比不具备可比性。这时，需要选择更加合理的日期进行对比。

第四步：进一步拆解数据并分析原因

Prompt 示例："请生成 Python 代码，将 2022 年 8 月 1 日和 2023 年 8 月 1 日的销售额按商品类别进行拆解，并找出销售额下降的主要类别。"

ChatGPT 输出的代码如下，仅供示意参考。

```Python
# 按商品类别拆解销售额
category_sales_2022 = sales_data[sales_data['date'] == '2022-08-01'].groupby('category')['sales'].sum()
category_sales_2023 = sales_data[sales_data['date'] == '2023-08-01'].groupby('category')['sales'].sum()

计算每个类别的销售额变化
category_change = (category_sales_2023 - category_sales_2022) / category_sales_2022 * 100
print(" 按类别的销售额同比变化：\n", category_change)
```

解释：通过按类别拆解销售额，我们可以发现具体是哪一类商品的销售额下降较多，并进一步分析原因。

第五步：输出业务报告并提出优化建议

Prompt 示例："请基于销售数据的对比分析生成一份业务报告，详细总结发现的关键问题，并提出优化建议。"

ChatGPT 输出如下。

关键发现：

- 2023 年 8 月 1 日的销售额比 2022 年同期下降了 30%。
- 两个日期均为工作日，但 2023 年 8 月 1 日没有特别的促销活动，而 2022 年 8 月 1 日有一次限时促销活动。
- 部分高单价商品的销售额在 2023 年 8 月 1 日下降明显，可能与促销缺失有关。

优化建议：

- 为 8 月 1 日或类似日期安排促销活动，以提高销售额。
- 针对销售额下降的高单价商品，制定特定的推广策略。
- 在下次销售下降趋势出现时，提前安排营销活动以避免进一步下滑。

4. 小结

本案例通过 ChatGPT 的多轮 Prompt 交互，完成了对比分析的全流程。具体包括：逐步计算了两个日期的销售额变化，检查了业务场景的相似性，并按商品类别进一步拆解销售额，找到了销售下降的关键原因。最后，生成了业务报告，并提出了切实可行的优化建议。

另外，对比分析作为一种基础的分析方法，通过与其他分析方法（如细分拆解）结合使用，能够为企业提供更深入的业务洞察。

4.5 细分分析

1. 什么是细分分析

数据分析很重要的一项工作就是基于数据对当前的业务现状进行诊断，业务是在良性扩张还是处于低迷萎缩？当前的业务发展是否与预期一致？

有了完善的业务指标体系，就可以清晰地知道业务的现状，做到知其然。当前业务到底是好还是不好？好的话到底有多好？不好的话到底有多差？发展的趋势怎样？

这个过程中最重要的一个环节就是对指标的细分拆解。只有对关键指标进行拆解后才能找到问题的症结，进而制定对应的方案，才能完成从业务中发现问题，再回到业务中解决问题的完整闭环。

因此，细分分析是一个非常重要的分析思维，多问一些为什么，才是得到结论的关键，而一步一步拆分，就是在不断问为什么的过程。

当然，对于常见行业，有一些非常经典的指标细分拆解案例。例如，电商领域的 GMV 拆解，社交类产品的 DAU 拆解，都是非常典型的指标拆解案例，其他行业指标细分拆解的方法和思路类似，在此不赘述。

如收入指标 GMV 可以按照下图的方式进行拆解，**GMV**= 流量 × 付费转化率 × 客单价。

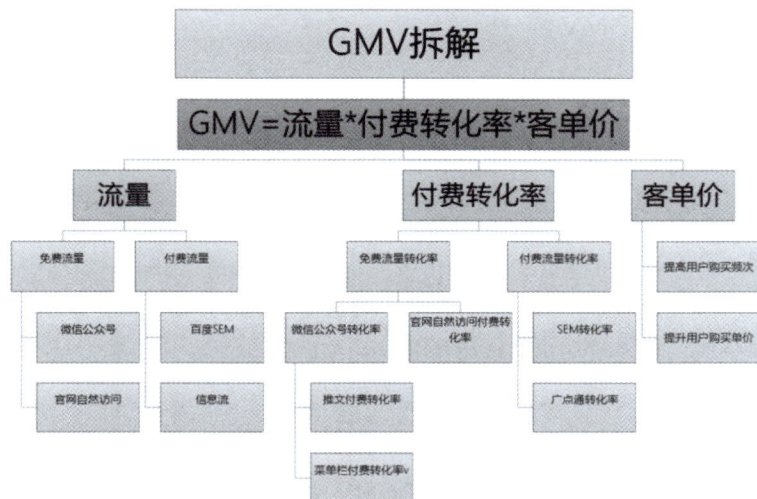

对于社交类 / 工具类产品的 DAU，也可以按照下图中的不同方式进行拆解。

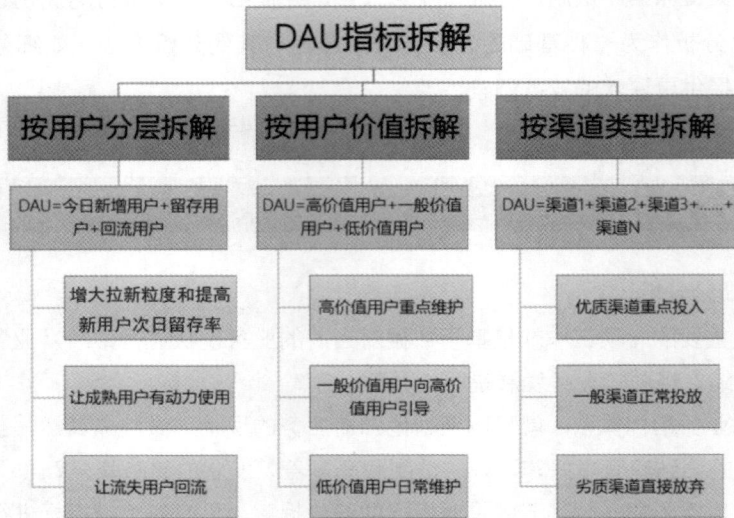

2. 细分分析案例：用 ChatGPT 进行电商平台的 GMV 分析

细分分析是一种重要的分析方法，它将关键指标逐层拆解，帮助人们找到问题的根源，并制定具有针对性的解决方案。通过细分拆解，可以实现从发现问题、分析问题到解决问题的完整业务闭环。

以下是使用 ChatGPT Prompt 来逐步完成某电商平台的 GMV 细分拆解分析的案例。根据上面的细分分析思路，一步步通过 Prompt，生成每个环节的 Python 分析代码示例。注意：ChatGPT 输出的代码仅为示例，重在展示该分析方法的实操过程，以加深大家对该方法的理解，大家可根据实际的业务场景修改后使用。

案例：某电商平台的 GMV 细分拆解分析

业务背景：某电商平台希望通过细分分析找出导致最近一个月 GMV 下降的原因，并制定提升策略。GMV 的计算公式为：GMV = 流量 × 付费转化率 × 客单价。

通过拆解，我们需要从流量、付费转化率和客单价这 3 部分入手，找到关键问题所在。

第一步：定义细分分析拆解思路

在本案例中，将 GMV 拆解为 3 部分。

流量分析：拆解流量来源，如搜索、广告、社交等渠道。

付费转化率分析：按渠道和用户类型拆解转化率。

客单价分析：按产品类别、促销活动等维度拆解客单价。

第二步：生成细分拆解代码

Prompt 示例："请生成 Python 代码，将 GMV 拆解为流量、转化率和客单价，并分别按渠道和产品类别细分每个指标。"

ChatGPT 输出的代码如下，仅供示意参考。

```Python
import pandas as pd

# 读取数据
data = pd.read_csv('gmv_data.csv')

# 1. 按渠道拆解流量
traffic_by_channel = data.groupby('channel')['traffic'].sum()
print("按渠道的流量：\n", traffic_by_channel)

# 2. 按渠道和用户类型拆解转化率
conversion_rate = data.groupby(['channel', 'user_type'])['conversions'].sum() / data.groupby(['channel', 'user_type'])['traffic'].sum()
print("按渠道和用户类型的转化率：\n", conversion_rate)

# 3. 按产品类别拆解客单价
avg_order_value = data.groupby('product_category')['order_value'].mean()
print("按产品类别的平均客单价：\n", avg_order_value)
```

解释：上述代码将 GMV 拆解为流量、转化率和客单价，并分别按渠道、用户类型和产品类别进行细分，帮助人们找出各个环节的表现差异。

第三步：发现问题并深入分析

Prompt 示例："请进一步分析流量、转化率和客单价的变化趋势，找出导致 GMV 下降的主要原因。"

ChatGPT 输出的代码如下，仅供示意参考。

```Python
# 计算环比变化
data['traffic_change'] = data.groupby('channel')['traffic'].pct_change() * 100
data['conversion_change'] = data.groupby('channel')['conversions'].pct_change() * 100
data['order_value_change'] = data.groupby('product_category')['order_value'].pct_change() * 100

# 找出下降最多的部分
max_traffic_drop = data['traffic_change'].idxmin()
max_conversion_drop = data['conversion_change'].idxmin()
max_order_value_drop = data['order_value_change'].idxmin()

print(f"流量下降最多的渠道：{data.iloc[max_traffic_drop]['channel']}")
```

```
print(f" 转化率下降最多的渠道：{data.iloc[max_conversion_drop]['channel']}")
print(f" 客单价下降最多的品类：{data.iloc[max_order_value_drop]['product_category']}")
```

解释：通过计算流量、转化率和客单价的变化趋势，我们可以快速定位 GMV 下降的原因。进一步分析表明，某些渠道的流量和转化率下降是主要原因。

第四步：生成业务报告并提出优化建议

Prompt 示例："请基于 GMV 拆解分析的结果生成一份业务报告，明确 GMV 下降的原因，并给出优化建议。"

ChatGPT 输出如下。

关键发现：

- 流量下降最多的渠道为社交渠道，环比下降 15%。
- 转化率下降最多的用户类型为新用户，环比下降 10%。
- 高客单价商品的销量下降，导致平均客单价降低。

优化建议：

- 加强社交渠道的广告投放，吸引更多流量。
- 提供新用户专属优惠，提高新用户的转化率。
- 为高客单价商品设计促销活动，提升销量。

第五步：可视化分析结果

Prompt 示例："请生成 Python 代码，绘制 GMV 拆解结果的柱状图和折线图，以便直观地展示分析结果。"

ChatGPT 输出的代码如下，仅供示意参考。

```Python
import matplotlib.pyplot as plt

# 绘制流量、转化率和客单价的变化趋势
fig, ax = plt.subplots(3, 1, figsize=(10, 15))

# 流量柱状图
traffic_by_channel.plot(kind='bar', ax=ax[0], title=' 按渠道的流量 ')
ax[0].set_xlabel(' 渠道 ')
ax[0].set_ylabel(' 流量 ')

# 转化率折线图
conversion_rate.plot(kind='line', ax=ax[1], title=' 按渠道和用户类型的转化率 ')
ax[1].set_xlabel(' 渠道和用户类型 ')
ax[1].set_ylabel(' 转化率 ')
```

```
# 客单价柱状图
avg_order_value.plot(kind='bar', ax=ax[2], title=' 按产品类别的平均客单价 ')
ax[2].set_xlabel(' 产品类别 ')
ax[2].set_ylabel(' 平均客单价 ')

plt.tight_layout()
plt.show()
```

3. 小结

在本案例中，我们通过 ChatGPT 的多轮交互，完成了 GMV 的细分拆解分析。首先将 GMV 拆解为流量、转化率和客单价，并进一步按渠道、用户类型和产品类别进行细分，找出问题的根源。随后，生成了业务报告，并提出了优化建议。

对比、细分、溯源基本包含了数据分析最基础的思维方式。无论是数据处理、数据可视化、数据分析等，都需要具备不断地去对比、做细分、找趋势（溯源），才能得到最终有效的结论。

4.6　预测分析

数据分析师作为公司业务的策略官，这类预测工作一般都是由数据分析师完成的，因此，对数据分析师而言，掌握科学的预测方法，无疑是非常重要的。

1. 什么是预测

时间序列数据通常是随时间推移而收集的数据，它的变量是时间。例如，下图是某国每年接纳入境游客数量的时间序列数据。

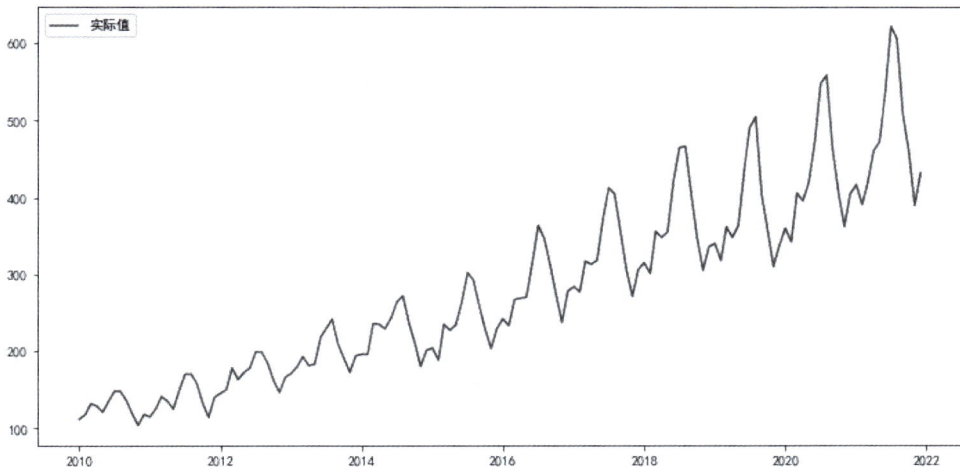

时间序列数据中包含一些重要的组成部分，我们需要将这些组成部分拆解。

趋势性：趋势是事物发展或变化的总体方向。在上面的例子中，时间序列呈增长趋势，这意味着游客数量整体上是呈上升趋势的。如下图中第一张图所示。

季节性：在上述时间序列中可以看到另一个清晰的模式，而且该模式以固定的时间周期重复出现，即具有季节性。这里的季节性不一定是春夏秋冬的季节，在特定时间周期内重复出现的模式都可以说具有季节性。如下图中第二张图所示。

随机性：去除趋势性和季节性后，剩下的就是一些随机的、无任何规律的白噪声。如下图中第三张图所示。

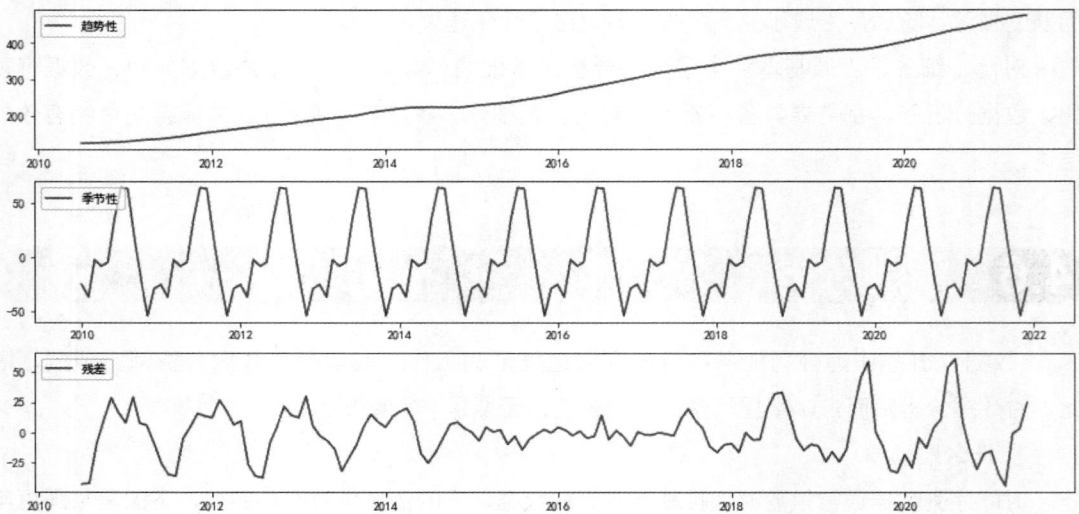

因此，预测分析用于使用企业数据来预测组织所在业务领域中的变化，即将统计建模、预测和机器学习等技术应用于描述性和诊断性分析输出结果，以对未来的结果进行预测的一种分析思维。

2. 预测分析案例：用 ChatGPT 进行电商销售额预测

预测分析是一种利用历史数据和统计模型对未来趋势进行预测的方法。时间序列数据是预测分析的重要基础，数据分析师需要拆解趋势、季节性和随机性等因素，以科学的方式为业务决策提供参考。

案例：某电商平台未来一周销售额预测

业务背景：某电商平台希望对未来一周的销售额进行预测，以提前制订库存计划和促销策略。平台提供了过去一年的每日销售额数据。通过时间序列分析，我们需要预测接下来 7 天的销售额。

第一步：定义预测分析思路

预测分析的过程可以分为以下几个步骤。

时间序列分解：将销售数据分解为趋势、季节性和随机性部分。

模型选择：使用霍尔特 - 温特斯法、ARIMA 模型等时间序列模型进行预测。

预测结果可视化：生成未来 7 天的销售额预测图。

业务策略建议：根据预测结果，制订库存计划和营销策略。

第二步：生成时间序列分解代码

Prompt 示例："请生成 Python 代码，将每日销售额数据分解为趋势、季节性和随机部分，并绘制分解结果。"

ChatGPT 输出的代码如下，仅供示意参考。

```Python
import pandas as pd
import matplotlib.pyplot as plt
from statsmodels.tsa.seasonal import seasonal_decompose

# 读取销售数据
data = pd.read_csv('daily_sales.csv', index_col='date', parse_dates=True)

# 分解时间序列数据
result = seasonal_decompose(data['sales'], model='additive', period=7)

# 绘制分解结果
result.plot()
plt.show()
```

解释如下。

趋势（Trend）：销售额的长期变化方向。

季节性（Seasonality）：反映周期性波动，如周末或节假日的高峰。

随机性（Residual）：除去趋势和季节性后剩余的随机波动。

第三步：使用霍尔特 - 温特斯法进行销售预测

Prompt 示例："请生成 Python 代码，使用霍尔特 - 温特斯法对未来 7 天的销售额进行预测。"

ChatGPT 输出的代码如下，仅供示意参考。

```Python
from statsmodels.tsa.holtwinters import ExponentialSmoothing

# 使用霍尔特 - 温特斯法进行预测
```

```
model = ExponentialSmoothing(data['sales'], trend='add', seasonal='add',
seasonal_periods=7)
fit_model = model.fit()

# 预测未来 7 天的销售额
forecast = fit_model.forecast(7)

print(" 未来 7 天的销售额预测：\n", forecast)

# 绘制预测结果
plt.figure(figsize=(10, 6))
data['sales'].plot(label=' 历史销售额 ', legend=True)
forecast.plot(label=' 预测销售额 ', legend=True)
plt.title(' 未来 7 天销售额预测 ')
plt.show()
```

解释：霍尔特 - 温特斯法适用于包含趋势和季节性的时间序列数据，预测结果直观地展示了未来 7 天的销售额趋势。

第四步：分析预测结果并制订库存计划与营销策略

Prompt 示例："请生成业务报告，基于预测结果提出库存和促销策略建议。"

ChatGPT 输出如下。

预测结果分析：

- 销售额在未来 7 天内有小幅上升，周末预计达到高峰。
- 预测的随机性较低，销售额基本遵循历史趋势。

库存计划：

- 针对周末销售高峰，提前补充库存，确保热销商品不断货。
- 对于平日销售稳定的商品，保持正常库存水平。

促销策略：

- 在预测的销售高峰期间推出限时优惠活动，进一步刺激消费。
- 针对库存充足的商品，设置捆绑销售或满减活动，提高库存周转率。

第五步：生成误差评估代码

Prompt 示例："请生成 Python 代码，使用均方根误差（RMSE）评估预测模型的准确性。"

ChatGPT 输出的代码如下，仅供示意参考。

```Python
from sklearn.metrics import mean_squared_error
import numpy as np
```

```python
# 计算均方根误差（RMSE）
y_true = data['sales'][-7:]        # 实际销售额（最近 7 天）
y_pred = forecast                  # 预测值

rmse = np.sqrt(mean_squared_error(y_true, y_pred))
print(f" 预测模型的 RMSE: {rmse}")
```

解释：RMSE 用于衡量预测模型的误差，数值越小表示模型的预测效果越好。评估模型的准确性可以帮助我们选择合适的预测模型。

第六步：预测分析可视化

Prompt 示例："请生成 Python 代码，将预测结果与实际数据进行对比，并绘制误差图。"

ChatGPT 输出的代码如下，仅供示意参考。

```python
Python
plt.figure(figsize=(10, 6))

# 绘制历史销售额和预测销售额
data['sales'][-30:].plot(label=' 实际销售额 ', legend=True)   # 最近 30 天的销售额
forecast.plot(label=' 预测销售额 ', legend=True)

plt.title(' 实际销售额与预测销售额对比 ')
plt.show()
```

3. 小结

在本案例中，使用 ChatGPT 完成了某电商平台未来 7 天销售额的预测分析。具体包括：逐步进行了时间序列分解，使用霍尔特 - 温特斯法完成了销售预测，并通过业务报告提出了库存和促销策略。最后，评估了模型的准确性，并将预测结果与实际数据进行对比。

预测分析为企业的库存管理和促销策略提供了重要的支持，帮助企业更高效地应对市场需求变化。

4.7　相关性分析

1. 什么是相关性分析

（1）相关性定义

相关性是描述两个变量之间相互关系强弱和方向的度量。它不仅能够研究两个变量之间相互影响的强弱，还能表征影响的方向（正负），是数据分析中较为常见的研究变量关系的方法。

例如，摄入的卡路里数量和体重存在着正相关，即卡路里摄入越多，体重也会随之增加，此长彼长。外界温度与暖气费也存在着相关性，只是两者是负相关，即外界温度越低，暖气费用就会越高，此长彼消。

（2）皮尔逊相关系数

在相关性分析中，会根据使用的不同数据类型选择不同的相关系数，如皮尔逊相关系数、斯皮尔曼相关系数、肯德尔相关系数等，这里将重点介绍最常见的一个。

皮尔逊相关系数用于评估一个变量的变化与另一个变量是否成比例变化的线性关系。注意，这里着重强调用来评估是否具有"线性"关系。简单来说，皮尔逊相关系数可以回答以下问题：相关性可以通过直线展示吗？

因此，相关性分析主要解决以下两个问题：判断两个或多个变量之间的统计学关联；如果存在关联，进一步分析关联强度和方向。

即分析两组数据之间是否相互影响，彼此是否独立变动的思维方式。

下面是皮尔逊相关系数 r 的公式：

$$r = \frac{\sum(x_i - x_{\text{average}})(y_i - y_{\text{average}})}{\sqrt{\sum(x_i - x_{\text{average}})^2 * (y_i - y_{\text{average}})^2}} \tag{4-1}$$

虽然公式看起来很复杂，但借助 ChatGPT 就可以进行相关性分析。

2. 相关性分析案例：用 ChatGPT 进行广告支出与销售额的相关性分析

相关性分析是一种衡量两个或多个变量之间关系强弱和方向的方法。通过相关性分析，数据分析师能够判断变量之间是否存在关联，以及这种关联是正相关、负相关还是无相关。

案例：广告支出与销售额之间的相关性分析

业务背景：某电商平台的营销团队希望了解广告支出与销售额之间的关系，以评估广告投放的效果。如果广告支出与销售额之间存在正相关关系，那么增加广告预算可能会提升销售额。

第一步：定义分析思路

选择合适的相关系数：使用皮尔逊相关系数来分析广告支出与销售额之间的线性关系。

判断关联方向：如果皮尔逊相关系数 >0，则为正相关；如果皮尔逊相关系数 <0，则为负相关；如果皮尔逊相关系数接近 0，表示无明显关联。

可视化分析：使用散点图来直观地展示变量之间的关系。

第二步：生成相关性分析代码

Prompt 示例："请生成 Python 代码，计算广告支出与销售额之间的皮尔逊相关系数，并绘制散点图展示两者之间的关系。"

ChatGPT 输出的代码如下，仅供示意参考。

```Python
import pandas as pd
import matplotlib.pyplot as plt
from scipy.stats import pearsonr

# 读取广告和销售数据
data = pd.read_csv('ads_sales.csv')

# 计算皮尔逊相关系数
corr, p_value = pearsonr(data['ad_spend'], data['sales'])

print(f" 皮尔逊相关系数：{corr:.2f}")
print(f"p 值：{p_value:.4f}")

# 绘制广告支出与销售额的散点图
plt.figure(figsize=(8, 6))
plt.scatter(data['ad_spend'], data['sales'], alpha=0.7)
plt.title(' 广告支出与销售额的关系 ')
plt.xlabel(' 广告支出 ')
plt.ylabel(' 销售额 ')
plt.show()
```

解释如下。

皮尔逊相关系数：反映广告支出与销售额之间的线性关系。如果皮尔逊相关系数接近 1，则说明两者正相关；如果皮尔逊相关系数接近 –1 则为负相关；如果皮尔逊相关系数接近 0 则说明无明显关系。

p 值：用于检验相关性是否显著。如果 p 值 < 0.05，则说明相关性显著。

第三步：解释相关性分析结果

Prompt 示例："请基于广告支出与销售额的相关性分析结果，生成一份业务报告。"

ChatGPT 输出如下。

分析结果：

● 皮尔逊相关系数为 0.85，p 值为 0.0001，说明广告支出与销售额之间存在显著的正相关关系。

● 增加广告预算有可能进一步提高销售额，但需要结合 ROI（投资回报率）进行综合评估。

业务建议：

● 增加广告预算的同时，优化广告投放策略，提高投资回报率。

- 对不同渠道的广告支出与销售额的关系进行进一步细分分析，找出效果最好的广告渠道。

第四步：进一步分析广告渠道的细分相关性

Prompt 示例："请生成 Python 代码，按广告渠道细分计算广告支出与销售额的相关性，并找出效果最好的广告渠道。"

ChatGPT 输出的代码如下，仅供示意参考。

```Python
# 按广告渠道拆解相关性
channels = data['channel'].unique()

for channel in channels:
    channel_data = data[data['channel'] == channel]
    corr, p_value = pearsonr(channel_data['ad_spend'], channel_data['sales'])
    print(f" 渠道：{channel}，相关系数：{corr:.2f}，p 值：{p_value:.4f}")
```

解释：上述代码按广告渠道计算了广告支出与销售额之间的相关性，可以帮助数据分析师找出效果最好的渠道。

第五步：可视化不同广告渠道的相关性

Prompt 示例："请生成 Python 代码，绘制不同广告渠道的广告支出与销售额的散点图。"
ChatGPT 输出的代码如下，仅供示意参考。

```Python
import seaborn as sns

# 绘制广告支出与销售额的散点图（按渠道拆分）
plt.figure(figsize=(12, 8))
sns.scatterplot(data=data, x='ad_spend', y='sales', hue='channel', alpha=0.7)
plt.title(' 不同广告渠道的广告支出与销售额关系 ')
plt.xlabel(' 广告支出 ')
plt.ylabel(' 销售额 ')
plt.legend(title=' 渠道 ')
plt.show()
```

解释：通过按渠道拆解的散点图，我们可以更直观地展示不同广告渠道的表现，找出对销售额影响最大的渠道。

第六步：生成预测分析代码

Prompt 示例："基于广告支出与销售额的关系，生成 Python 代码预测未来的销售额。"
ChatGPT 输出的代码如下，仅供示意参考。

```
Python
from sklearn.linear_model import LinearRegression
import numpy as np

# 建立线性回归模型
X = data[['ad_spend']]
y = data['sales']
model = LinearRegression().fit(X, y)

# 预测未来广告支出对应的销售额
future_ad_spend = np.array([[50000], [60000], [70000]])  # 未来的广告支出
predicted_sales = model.predict(future_ad_spend)

print("未来广告支出对应的销售额预测: ", predicted_sales)
```

解释：使用线性回归模型根据广告支出的变化预测未来的销售额，可以帮助营销团队制定广告预算。

3. 小结

在本案例中，使用 ChatGPT 完成了广告支出与销售额的相关性分析。通过计算皮尔逊相关系数，判断了两者之间的线性关系，并使用散点图进行了可视化。同时，按广告渠道细分了相关性，并使用线性回归模型预测未来的销售额，为营销团队提供了优化广告投放策略的参考。

相关性分析作为一种基础的数据分析方法，在营销、金融、运营等领域应用广泛。借助 ChatGPT 和 Python 代码，数据分析师可以更高效地完成相关性分析，为业务决策提供数据支持。

4.8 漏斗分析

1. 什么是漏斗分析

漏斗分析是基于业务流程的一种数据分析方法。它能够科学地反映用户行为状态，以及从起点到终点各阶段的用户转化情况，进而定位用户流失的环节和原因。

在实际业务中，每个业务都有独特的流程，也就有对应的漏斗，常见的漏斗模型主要有以下几种。

AARRR 用户漏斗模型如下图所示。

AARRR用户漏斗

Acquisition: 用户获取

Activation: 用户激活

Retention: 用户留存

Revenue: 用户产生收入

Refer: 自传播

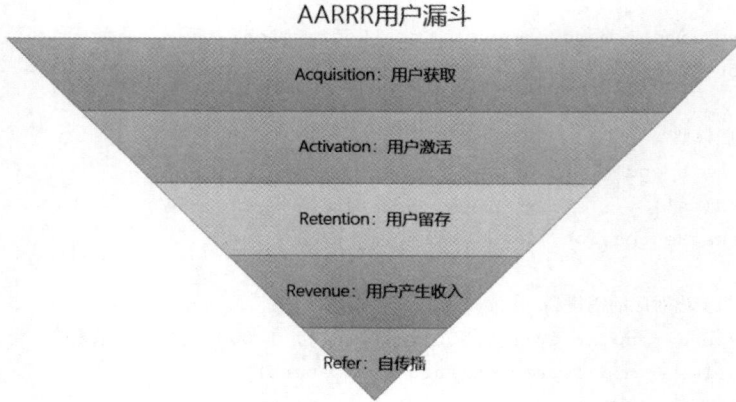

电商漏斗模型如下图所示。

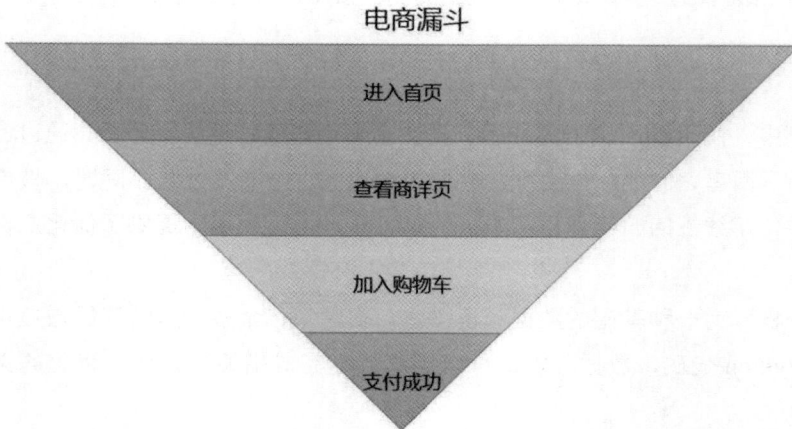

电商漏斗

进入首页

查看商详页

加入购物车

支付成功

AIDMA 漏斗模型如下图所示。

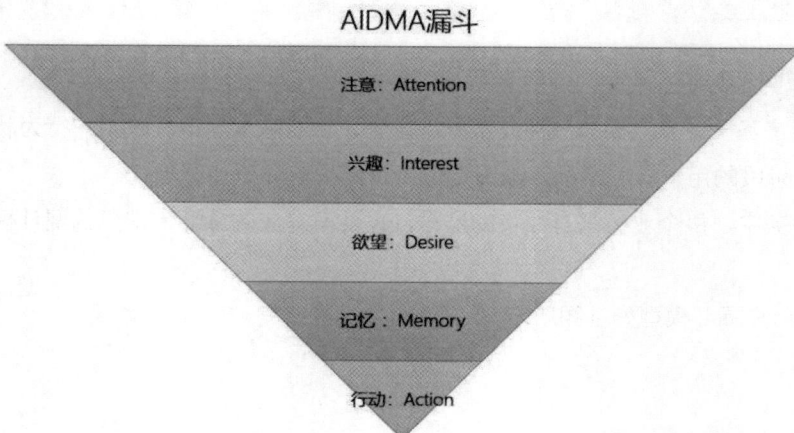

AIDMA漏斗

注意: Attention

兴趣: Interest

欲望: Desire

记忆：Memory

行动: Action

2. 漏斗分析应用的基本思路

上面介绍了各种业务场景下常见的漏斗，那么在实际的数据分析工作中，具体的过程和步骤是怎样的呢？会带来什么样的价值呢？漏斗分析大致分为以下 3 步。

① 快速定位问题环节。

② 多维度切分分析问题出现的原因。

③ 监控漏斗转化趋势并进行优化。

3. 漏斗分析案例：用 ChatGPT 进行电商平台用户漏斗分析

漏斗分析是一种基于业务流程的数据分析方法。它能够科学地反映用户在各阶段的转化情况，并帮助企业定位用户流失的关键环节。在营销、产品和电商领域，漏斗分析被广泛应用于用户转化路径优化和业务流程管理。

案例：某电商平台的用户转化漏斗分析

业务背景：某电商平台希望通过漏斗分析找出用户在从访问商品页面到完成购买的过程中，在哪些环节流失最严重，并针对这些环节进行优化。本次分析的转化路径包括：访问商品页面、加入购物车、进入结算页面、支付完成（订单完成）。

第一步：定义漏斗分析思路

将用户转化路径拆解为以下关键步骤：访问商品页面 → 加入购物车 → 进入结算页面 → 支付完成（订单完成）。

对每一个环节都需要计算用户的转化率和流失率，找出转化最低的环节并进行优化。

第二步：生成漏斗分析代码

Prompt 示例："请生成 Python 代码，分析电商平台用户在各转化环节的用户数量和转化率，并找出转化率最低的环节。"

ChatGPT 输出的代码如下，仅供示意参考。

```Python
import pandas as pd

# 读取用户转化数据
data = pd.read_csv('funnel_data.csv')

# 计算各环节的用户数量
steps = ['view', 'add_to_cart', 'checkout', 'purchase']
funnel = data.groupby('step')['user_id'].nunique().reindex(steps)

# 计算各步骤的转化率
funnel['conversion_rate'] = funnel['user_id'] / funnel['user_id'].shift(1) * 100
funnel['dropout_rate'] = 100 - funnel['conversion_rate']
```

```
print(" 漏斗分析结果：\n", funnel)

# 找出转化率最低的环节
lowest_conversion_step = funnel['conversion_rate'].idxmin()
print(f" 转化率最低的环节：{lowest_conversion_step}")
```

解释：该代码按用户的行为步骤计算了各环节的用户数量，并计算了转化率和流失率。通过识别转化率最低的环节，我们可以有针对性地找出需要优化的步骤。

第三步：进一步细分问题出现的原因

Prompt 示例："请生成 Python 代码，将用户转化数据按设备类型（PC 和移动端）进行拆解，分析不同设备的转化表现。"

ChatGPT 输出的代码如下，仅供示意参考。

```
Python
# 按设备类型拆解转化率
device_funnel = data.groupby(['step', 'device'])['user_id'].nunique().unstack()

# 计算不同设备的转化率
device_funnel['PC_conversion_rate'] = device_funnel['PC'] / device_funnel['PC'].shift(1) * 100
device_funnel['Mobile_conversion_rate'] = device_funnel['Mobile'] / device_funnel['Mobile'].shift(1) * 100

print(" 按设备类型拆解的转化率：\n", device_funnel)
```

解释：通过按设备类型拆解转化率，发现 PC 端和移动端的用户行为差异，为进一步优化跨设备用户体验提供参考。

第四步：监控漏斗转化趋势

Prompt 示例："请生成 Python 代码，监控过去 7 天的漏斗转化趋势，并绘制折线图展示转化率变化。"

ChatGPT 输出的代码如下，仅供示意参考。

```
Python
import matplotlib.pyplot as plt

# 读取过去 7 天的转化数据
daily_data = pd.read_csv('daily_funnel_data.csv')

# 按日期计算每日的转化率
daily_funnel = daily_data.groupby(['date', 'step'])['user_id'].nunique().
```

```
unstack()
    daily_funnel['conversion_rate'] = daily_funnel['purchase'] / daily_funnel['view']
* 100

    # 绘制转化率趋势图
    plt.figure(figsize=(10, 6))
    plt.plot(daily_funnel.index, daily_funnel['conversion_rate'], marker='o')
    plt.title(' 过去 7 天的漏斗转化率趋势 ')
    plt.xlabel(' 日期 ')
    plt.ylabel(' 转化率 (%)')
    plt.show()
```

解释：通过监控漏斗转化率趋势，我们可以及时发现转化率的波动，并采取相应的应对措施。

第五步：生成业务报告并提出优化建议

Prompt 示例："请基于漏斗分析的结果生成一份业务报告，明确用户流失的主要环节，并提出优化建议。"

ChatGPT 输出如下。

分析结果：

- 转化率最低的环节：加入购物车 → 进入结算页面，转化率为 35%。
- 移动端的转化率低于 PC 端：主要体现在结算环节，可能与移动端支付体验不佳有关。

优化建议：

- 优化结算页面的用户体验，简化移动端的支付流程，提高移动端转化率。
- 在加入购物车后推送提醒通知，鼓励用户完成下单。
- 针对 PC 端用户，增加限时优惠，提高转化率。

4. 小结

在本案例中，我们使用 ChatGPT 完成了电商平台的漏斗分析。具体包括：逐步计算了各环节的用户数量和转化率，找出了用户流失最严重的环节，并通过设备类型的拆解分析找到了影响转化率的环节。通过监控转化率趋势，我们可以及时发现问题，并采取相应的优化措施。

漏斗分析作为一种常用的数据分析方法，在电商、营销和产品领域应用广泛。借助 ChatGPT 和 Python 代码，我们能够更高效地完成漏斗分析，为业务优化提供数据支持。

4.9　RFM 用户分层分析

1. RFM 原理

下面是一张经典的 RFM 客户细分模型图，R 分值、F 分值和 M 分值 3 个指标构成了一个三维立方图，在各自维度上，根据得分值又可以分为高、低两个分类。

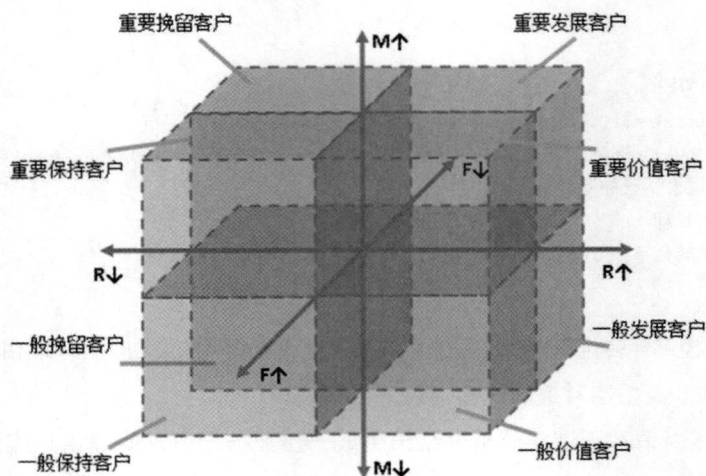

对每个用户群体进行定性分析，并针对每个不同的客户群制定对应的策略。例如，R、F、M 这 3 个分值高的客户为重要价值客户，R、F、M 这 3 个分值都低的客户为潜在客户，其他类型的客户可以此类推解读。

2. RFM 应用的基本思路

RFM 的原理并不复杂，下面用一个实际案例讲解如何应用 RFM 进行用户分层。整体来说，RFM 模型实施需要以下几个关键的步骤。

（1）数据准备

有如下图所示的客户购买明细数据，记录了包括付款时间、付款金额、订单状态的订单信息。下面将基于每个用户的历史订单信息进行 RFM 计算，进而进行用户分层。

序号	卖家名称	买家ID	付款时间	订单状态	付款金额	支付邮费	省份	城市	购买数量
0	数据分析星球	A11358	2021-01-01 00:17:59	交易成功	465	6	上海	上海市	1
1	数据分析星球	A11187	2021-01-01 00:59:54	交易成功	363	0	广东省	广州市	1
2	数据分析星球	A13204	2021-01-01 07:48:48	交易成功	485	8	山东省	东营市	1
3	数据分析星球	A12018	2021-01-01 09:15:49	退款成功	210	0	江苏省	镇江市	1
4	数据分析星球	A12855	2021-01-01 09:59:33	退款成功	185	0	上海	上海市	1

（2）计算 R、F、M 实际值

首先基于上面的明细数据计算每个用户的 R、F、M 实际值。

R（Recency）交易间隔：每个客户最近一次购买距今（20210701）的间隔天数。

F（Frequency）交易频度：每个客户的总购买次数。

M（Monetary）交易金额：每个客户的总购买金额。

基于上面的定义，首先计算出每个用户的最近一次购买时间。然后计算出最近一次购买距今（20210701）的时间间隔，也就是 R。用户的总购买次数 F 即总的订单数，总购买金额 M 即付款金额的汇总，计算完成后，再和 R 汇总到一起。

（3）计算 R、F、M 分值

R、F、M 的实际值已经计算完成，但由于量纲不同，难以在一起进行对比，因此，一般情况下，分别对 R、F、M 的实际值进行分组打分，将实际值映射为 1 ～ 5 的数字，这个数字数即 R、F、M 的分值，分值越高，说明在这一个维度上表现越好。

对每个客户，根据 R、F、M 的实际值计算的 R、F、M 分值，如下图所示。

序号	买家ID	R	F	M	R-SCORE	F-SCORE	M-SCORE
0	A10000	14	2	340	5	2	2
1	A10001	88	1	123	3	1	2
2	A10002	53	1	578	3	1	3
3	A10003	37	2	516	3	2	3
4	A10004	24	5	1834	4	5	5

（4）用户分层

对每个分值进行判断，判断其是否大于均值，大于则置为 1，反之置为 0，如下图所示。

序号	买家ID	R	F	M	R-SCORE	F-SCORE	M-SCORE	R是否大于均值	F是否大于均值	M是否大于均值	分类标签	用户类型
0	A10000	14	2	340	5	2	2	1	0	0	100	一般发展客户
1	A10001	88	1	123	3	1	2	0	0	0	000	一般挽留客户
2	A10002	53	1	578	3	1	3	0	0	0	000	一般挽留客户
3	A10003	37	2	516	3	2	3	0	0	0	000	一般挽留客户
4	A10004	24	5	1834	4	5	5	1	1	1	111	重要价值客户

3. RFM 用户分层分析案例：用 ChatGPT 进行 RFM 用户分层分析

RFM 模型是一种经典的用户分层模型，它根据用户的购买行为，将用户划分为不同的群体。RFM 模型通过最近一次消费（Recency）、消费频率（Frequency）、消费金额（Monetary）3 个指标，帮助企业了解不同用户的价值，并制定具有针对性的营销策略。

案例：某电商平台的 RFM 用户分层分析

业务背景：某电商平台希望通过 RFM 模型识别出不同类型的客户群体，如重要价值客户、潜力客户和沉默客户等，并为每类客户制定个性化的营销策略。

第一步：数据准备

需要以下客户的购买明细数据，包括：用户 ID、订单 ID、订单日期、订单金额。

第二步：生成 RFM 分析代码

Prompt 示例："请生成 Python 代码，计算每位客户的 R（最近一次购买时间间隔）、F

（总购买次数）、M（总消费金额）值，并汇总结果。"

ChatGPT 输出的代码如下，仅供示意参考。

```Python
import pandas as pd

# 读取客户购买数据
data = pd.read_csv('purchase_data.csv')

# 设置分析日期
analysis_date = pd.to_datetime('2021-07-01')

# 计算 R 值：最近一次购买距分析日期的天数
data['order_date'] = pd.to_datetime(data['order_date'])
rfm = data.groupby('user_id').agg({
    'order_date': lambda x: (analysis_date - x.max()).days,     # R 值
    'order_id': 'count',                                        # F 值
    'amount': 'sum'                                             # M 值
}).reset_index()

# 重命名列
rfm.columns = ['user_id', 'Recency', 'Frequency', 'Monetary']

print("RFM 计算结果：\n", rfm.head())
```

解释如下。

R（Recency）：最近一次购买距今的天数。

F（Frequency）：用户的总购买次数。

M（Monetary）：用户的总购买金额。

第三步：计算 R、F、M 的分值

Prompt 示例："请生成 Python 代码，将 R、F、M 的实际值转换为分值（大于均值置为 1，否则置为 0）。"

ChatGPT 输出的代码如下，仅供示意参考。

```Python
# 计算 R、F、M 的均值
r_mean = rfm['Recency'].mean()
f_mean = rfm['Frequency'].mean()
m_mean = rfm['Monetary'].mean()

# 计算 R、F、M 的分值
rfm['R_score'] = rfm['Recency'].apply(lambda x: 1 if x <= r_mean else 0)  # R 值越
```

小越好

```python
rfm['F_score'] = rfm['Frequency'].apply(lambda x: 1 if x > f_mean else 0)
rfm['M_score'] = rfm['Monetary'].apply(lambda x: 1 if x > m_mean else 0)

print("RFM 分值结果：\n", rfm.head())
```

解释：将 R、F、M 值与均值对比，转换为 0 或 1 的分值。R 值越小越好，F 值和 M 值越大越好。

第四步：用户分层

Prompt 示例："请生成 Python 代码，根据 R、F、M 的分值对用户进行分层，并输出每类用户的数量。"

ChatGPT 输出的代码如下，仅供示意参考。

```python
Python
# 根据 R、F、M 的分值为用户分层
rfm['Segment'] = rfm.apply(lambda x: f"{x['R_score']}{x['F_score']}{x['M_score']}", axis=1)

# 输出每类用户的数量
segment_counts = rfm['Segment'].value_counts()
print(" 各用户分层数量：\n", segment_counts)
```

解释如下。

111：重要价值客户（R、F、M 值均高）。

000：沉默客户（R、F、M 值均低）。

其他组合如 101、110 等表示不同类型的用户。

第五步：制定有针对性的营销策略

Prompt 示例："请基于 RFM 用户分层结果，生成业务报告并提出针对每类用户的营销策略。"

ChatGPT 输出如下。

重要价值客户（111）：

● 提供 VIP 专属折扣和优先服务，增加用户忠诚度。

● 针对性地推出高价商品推荐，提升客单价。

潜力客户（011）：

● 通过促销活动或限时折扣，激励用户产生更多消费行为。

● 提供个性化推荐，提高转化率。

沉默客户（000）：

- 发送优惠券或礼品卡，鼓励用户重新消费。
- 通过电子邮件或短信营销保持用户联系。

4. 小结

在本案例中，我们使用 ChatGPT 完成了电商平台的 RFM 用户分层分析。我们通过计算每位用户的 R、F、M 值，将其转换为分值，并对用户进行分层。随后，针对不同类型的用户提出了个性化的营销策略，并通过可视化图表展示了分析结果。

RFM 分析能够帮助企业精细化管理用户，提高营销效率和用户忠诚度。借助 ChatGPT 和 Python 代码，数据分析师可以快速完成 RFM 分析，并为业务决策提供支持。

4.10 同期群分析

1. 什么是同期群分析

同期群是一种划分用户群的方法，就是将用户按首次行为的发生时间划分为不同群组（即同期群），进而对同期群进行分析，常用于产品迭代、运营策略的效果评估。

下面通过一个例子进一步解释同期群。对于某个 App，定义首次行为为"首次登录"。1 月份首次登录有 1000 人，其中只有 3% 的人第二天还在继续登录，即次日留存率仅为 3%。

经过对产品功能的优化迭代，2 月份首次登录用户有 2000 人，次日留存率提升到了 15%。

所谓同期群分析，就是将用户按首次行为的发生时间划分为不同的同期群后，对不同群组的用户进行纵向比较，可以看出随着优化迭代，新用户的表现是否越来越好了，从而验证业务迭代是否取得了效果。

2. 同期群分析案例：用 ChatGPT 进行社区团购 App 的同期群分析

同期群分析是一种将用户按首次行为发生时间划分为不同群组的分析方法。通过分析不同时间段内的同期群表现，可以发现产品优化和运营策略的效果是否显著，帮助企业评估业务策略和产品迭代的有效性。

案例：社区团购 App 的同期群分析

业务背景：某社区团购 App 希望通过同期群分析，了解不同时间段新增用户的留存表现。首次行为定义为第一次购买，留存行为定义为再次购买。分析结果将帮助企业评估促销活动和产品优化是否提升了用户的回购率。

第一步：定义同期群分析思路

在本案例中，将用户按首次购买的月份划分为不同的同期群，计算每个同期群在未来数月的留存率，分析不同同期群的纵向和横向留存表现，找出留存率变化趋势。

第二步：生成同期群分析代码

Prompt 示例："请生成 Python 代码，将用户按首次购买月份划分为同期群，并计算每个同期群在未来几个月的留存率。"

ChatGPT 输出的代码如下，仅供示意参考。

```python
Python
import pandas as pd

# 读取用户购买数据
data = pd.read_csv('purchase_data.csv')

# 将购买日期转换为日期格式，并提取首次购买的月份
data['purchase_date'] = pd.to_datetime(data['purchase_date'])
data['cohort_month'] = data.groupby('user_id')['purchase_date'].transform('min').dt.to_period('M')

# 计算每月留存情况
data['purchase_month'] = data['purchase_date'].dt.to_period('M')
cohort_data = data.groupby(['cohort_month', 'purchase_month'])['user_id'].nunique().reset_index()

# 计算每个同期群的留存率
cohort_pivot = cohort_data.pivot_table(
    index='cohort_month', columns='purchase_month', values='user_id'
)

# 将用户数量转化为留存率
cohort_size = cohort_pivot.iloc[:, 0]      # 同期群的新增用户数
retention_rate = cohort_pivot.divide(cohort_size, axis=0) * 100

print("用户留存表：\n", retention_rate)
```

解释：上述代码将用户按首次购买月份划分为同期群，并计算每个月的用户留存率，生成了用户留存表。

第三步：可视化留存趋势

Prompt 示例："请生成 Python 代码，绘制用户留存率的热力图，以直观地展示各同期群的留存表现。"

ChatGPT 输出的代码如下，仅供示意参考。

```python
Python
import seaborn as sns
import matplotlib.pyplot as plt
```

```
# 绘制留存率的热力图
plt.figure(figsize=(12, 8))
sns.heatmap(retention_rate, annot=True, fmt='.1f', cmap='YlGnBu')
plt.title('用户留存率热力图')
plt.xlabel('购买月份')
plt.ylabel('同期群月份')
plt.show()
```

解释：通过热力图，可以直观地展示不同同期群的留存表现，并观察留存率随时间变化的趋势。

第四步：分析同期群表现并找出问题

Prompt 示例："请基于用户留存率表，生成一份业务报告，分析不同同期群的表现，并找出留存率下降的主要问题。"

ChatGPT 输出如下。

分析结果：

- 2021 年 6 月至 8 月的用户留存率较高，次月留存率稳定在 62% 左右，最终稳定在 30%。
- 从 2021 年 9 月开始，新增用户数显著增加，但次月留存率下降至 15%。
- 留存率的急剧下滑可能与促销活动结束和用户体验问题有关。

业务建议：

- 针对 9 月新增的用户，设计回购激励措施，提高用户的次月留存率。
- 优化用户体验，提升用户对产品的长期黏性。
- 在促销活动后延续一定的优惠力度，避免用户大规模流失。

第五步：监控未来同期群的表现

Prompt 示例："请生成 Python 代码，监控未来新增用户的同期群留存表现，并生成动态趋势图。"

ChatGPT 输出的代码如下，仅供示意参考。

```
Python
# 生成同期群的留存趋势图
plt.figure(figsize=(12, 6))
for cohort in retention_rate.index:
        plt.plot(retention_rate.columns, retention_rate.loc[cohort], marker='o',
label=str(cohort))

plt.title('同期群留存率趋势')
plt.xlabel('月份')
plt.ylabel('留存率 (%)')
```

```
plt.legend(title=' 同期群 ')
plt.show()
```

解释：通过动态趋势图，可以观察未来新增用户的留存表现，发现并应对留存率的变化。

第六步：总结与优化策略

Prompt 示例："请根据同期群分析结果，生成一份业务优化方案，提出提升用户留存率的策略。"

ChatGPT 输出如下。

总结：

- 用户在促销活动后的回购率显著下降，表明促销活动对用户的黏性有限。
- 新增用户的留存率随时间下降，反映出产品对用户的长期吸引力不足。

优化策略：

- 设计长期激励措施，提高用户持续购买的意愿。
- 加强用户运营，通过定期推送优惠信息和会员专属福利，提升用户参与度。
- 针对不同同期群的表现，制定个性化的回购激励政策，提升留存率。

3. 小结

在本案例中，我们使用 ChatGPT 完成了社区团购 App 的同期群分析。首先将用户按首次购买月份划分为同期群，并计算了各同期群的留存率。其次通过热力图和趋势图，清晰地展示了用户的留存情况，并针对留存率的变化提出了优化策略。

同期群分析可以帮助企业评估运营策略的效果，并为长期用户留存提供了数据支持。借助 ChatGPT 和 Python 代码，数据分析师可以高效地完成同期群分析，为企业提供精准的业务洞察。

4.11　假设检验

假设检验是一种统计方法，用于判断样本之间的差异是否具有统计学意义。通过假设检验，数据分析师可以验证不同组别之间是否存在显著差异，在数据的基础上帮助做出业务决策。

1. 什么是假设检验

假设检验的基本步骤如下。

（1）提出假设

零假设（H_0）：两个（或多个）组别之间没有显著差异。

备择假设（H_1）：组别之间存在显著差异。

（2）选择检验方法：根据数据的类型和分布特点，选择合适的假设检验方法。

（3）计算 p 值：如果 p 值 <0.05，则拒绝零假设，认为差异显著。

（4）得出结论：根据检验结果判断差异是否显著，并给出业务建议。

2. 常用假设检验方法

（1）t 检验（t-Test）

用于两个组别之间的均值比较，如 A/B 测试中两个版本之间的用户转化率差异。

（2）卡方检验（Chi-Square Test）

用于分类变量之间的关系检验，如性别和购买行为之间是否有关联。

（3）方差分析（ANOVA）

用于三个或更多组别之间的均值差异检验，如分析不同市场区域的平均销售额差异。

3. 假设检验案例 1：用 ChatGPT 进行两个广告渠道的转化率差异分析

Prompt 示例："请生成 Python 代码，使用 t 检验分析两个广告渠道的转化率是否存在显著差异。"

ChatGPT 输出的代码如下，仅供示意参考。

```Python
import pandas as pd
from scipy.stats import ttest_ind

# 读取转化率数据
data = pd.read_csv('conversion_data.csv')

# 分组数据：渠道 A 和渠道 B
channel_A = data[data['channel'] == 'A']['conversion_rate']
channel_B = data[data['channel'] == 'B']['conversion_rate']

# 进行 t 检验
t_stat, p_value = ttest_ind(channel_A, channel_B)

print(f"t 统计量：{t_stat:.2f}, p 值：{p_value:.4f}")

# 判断显著性
if p_value < 0.05:
    print(" 两个广告渠道的转化率差异显著 ")
else:
    print(" 两个广告渠道的转化率差异不显著 ")
```

解释：如果 p 值 <0.05，则认为广告渠道 A 和 B 之间的转化率存在显著差异，否则认为没有显著差异。

4. 假设检验案例 2：用 ChatGPT 进行性别与购买行为的关系

Prompt 示例："请生成 Python 代码，使用卡方检验分析性别与购买行为之间是否存在关联。"

ChatGPT 输出的代码如下，仅供示意参考。

```Python
import pandas as pd
from scipy.stats import chi2_contingency

# 读取购买行为数据
data = pd.read_csv('purchase_data.csv')

# 创建列联表
contingency_table = pd.crosstab(data['gender'], data['purchase'])

# 进行卡方检验
chi2, p_value, dof, expected = chi2_contingency(contingency_table)

print(f" 卡方统计量: {chi2:.2f}, p 值: {p_value:.4f}")

# 判断显著性
if p_value < 0.05:
    print(" 性别与购买行为之间存在显著关联 ")
else:
    print(" 性别与购买行为之间不存在显著关联 ")
```

解释：卡方检验用于判断分类变量之间是否存在显著关联，如性别和购买行为之间的关系。

5. 假设检验案例 3：用 ChatGPT 进行不同区域的平均销售额差异

Prompt 示例："请生成 Python 代码，使用方差分析（ANOVA）比较 3 个市场区域的平均销售额是否存在显著差异。"

ChatGPT 输出的代码如下，仅供示意参考。

```Python
import pandas as pd
from scipy.stats import f_oneway

# 读取销售额数据
data = pd.read_csv('sales_data.csv')

# 按区域分组数据
region_A = data[data['region'] == 'A']['sales']
region_B = data[data['region'] == 'B']['sales']
region_C = data[data['region'] == 'C']['sales']
```

```
# 进行 ANOVA 方差分析
f_stat, p_value = f_oneway(region_A, region_B, region_C)

print(f"F 统计量: {f_stat:.2f}, p 值: {p_value:.4f}")

# 判断显著性
if p_value < 0.05:
    print(" 不同市场区域的平均销售额存在显著差异 ")
else:
    print(" 不同市场区域的平均销售额不存在显著差异 ")
```

解释：ANOVA 用于比较多个组之间的均值差异。如果 p 值 <0.05，则认为不同区域之间的平均销售额存在显著差异。

6. 小结

在本案例中，我们使用 ChatGPT 完成了 3 种常用的假设检验方法的代码实现。

t 检验：用于两个组别之间的均值差异分析。

卡方检验：用于判断分类变量之间是否存在关联。

方差分析（ANOVA）：用于 3 个或更多组之间的均值差异分析。

假设检验是数据分析的重要工具，帮助企业在营销、运营和产品优化等方面做出基于数据的科学决策。借助 ChatGPT，数据分析师可以快速完成假设检验的分析和结果解释。

4.12　互动练习题

以下是与第 4 章的分析方法（如 t 检验、卡方检验、ANOVA、相关性分析等）相关的互动练习题及相应的参考答案。这些练习将帮助大家巩固对数据分析方法的理解与应用。

练习题 1：t 检验

问题

某公司使用了两个不同版本的广告页面 A 和 B，收集了用户的转化率数据。请使用 t 检验判断这两个广告页面的转化率是否存在显著差异。

数据集如下。

页面 A 转化率：[0.10, 0.12, 0.15, 0.11, 0.09, 0.14, 0.13]

页面 B 转化率：[0.08, 0.09, 0.07, 0.10, 0.09, 0.08, 0.07]

ChatGPT 输出的代码如下，仅供示意参考。

```
Python
```

```python
from scipy.stats import ttest_ind

# 页面 A 和 B 的转化率数据
page_A = [0.10, 0.12, 0.15, 0.11, 0.09, 0.14, 0.13]
page_B = [0.08, 0.09, 0.07, 0.10, 0.09, 0.08, 0.07]

# 进行 t 检验
t_stat, p_value = ttest_ind(page_A, page_B)

print(f"t 统计量: {t_stat:.2f}, p 值: {p_value:.4f}")

# 判断显著性
if p_value < 0.05:
    print(" 页面 A 和 B 的转化率存在显著差异 ")
else:
    print(" 页面 A 和 B 的转化率没有显著差异 ")
```

练习题 2：卡方检验

问题

某零售商希望了解用户的性别与购买决策之间是否存在关联。已收集的数据如下：

性　别	购　买	未　购　买
男性	30	70
女性	50	50

请使用卡方检验判断性别与购买决策之间是否存在显著关联。

ChatGPT 输出的代码如下，仅供示意参考。

```python
Python
import pandas as pd
from scipy.stats import chi2_contingency

# 创建列联表
data = [[30, 70], [50, 50]]
contingency_table = pd.DataFrame(data, columns=[' 购买 ', ' 未购买 '], index=[' 男性 ',
' 女性 '])

# 进行卡方检验
chi2, p_value, dof, expected = chi2_contingency(contingency_table)

print(f" 卡方统计量: {chi2:.2f}, p 值: {p_value:.4f}")

# 判断显著性
if p_value < 0.05:
```

```
    print(" 性别与购买行为之间存在显著关联 ")
else:
    print(" 性别与购买行为之间不存在显著关联 ")
```

练习题 3：方差分析（ANOVA）

问题

某电商平台想要比较 3 个市场区域的销售额是否存在显著差异，收集的数据如下。

区域 A 销售额：[100, 110, 105, 115, 108]

区域 B 销售额：[90, 95, 85, 92, 88]

区域 C 销售额：[120, 125, 130, 135, 128]

请使用 ANOVA 分析判断这些区域的销售额是否存在显著差异。

ChatGPT 输出的代码如下，仅供示意参考。

```Python
from scipy.stats import f_oneway

# 各区域的销售额数据
region_A = [100, 110, 105, 115, 108]
region_B = [90, 95, 85, 92, 88]
region_C = [120, 125, 130, 135, 128]

# 进行 ANOVA 方差分析
f_stat, p_value = f_oneway(region_A, region_B, region_C)

print(f"F 统计量: {f_stat:.2f}, p 值: {p_value:.4f}")

# 判断显著性
if p_value < 0.05:
    print(" 不同市场区域的销售额存在显著差异 ")
else:
    print(" 不同市场区域的销售额不存在显著差异 ")
```

练习题 4：相关性分析

问题

某企业收集了广告支出和销售额数据，想要了解这两者之间是否存在显著的正相关关系，数据如下。

广告支出：[1000, 1500, 2000, 2500, 3000]

销售额：[50, 60, 65, 70, 80]

请使用皮尔逊相关系数分析广告支出与销售额之间的关系。

ChatGPT 输出的代码如下，仅供示意参考。

```Python
from scipy.stats import pearsonr

# 广告支出和销售额数据
ad_spend = [1000, 1500, 2000, 2500, 3000]
sales = [50, 60, 65, 70, 80]

# 计算皮尔逊相关系数
corr, p_value = pearsonr(ad_spend, sales)

print(f"皮尔逊相关系数：{corr:.2f}, p 值：{p_value:.4f}")

# 判断显著性
if p_value < 0.05:
    print("广告支出与销售额之间存在显著的正相关关系")
else:
    print("广告支出与销售额之间不存在显著的正相关关系")
```

练习题 5：RFM 用户分层分析

问题

某电商平台想通过 RFM 模型识别用户的价值。以下是部分用户的购买数据。

用户 A：最近一次购买 10 天前，共购买 5 次，总金额 500 元。

用户 B：最近一次购买 50 天前，共购买 3 次，总金额 300 元。

用户 C：最近一次购买 30 天前，共购买 2 次，总金额 200 元。

请计算每位用户的 R、F、M 值，并给出用户的分层标签（如 111、000）。

ChatGPT 输出的代码如下，仅供示意参考。

```Python
import pandas as pd

# 创建用户数据
data = pd.DataFrame({
    'user_id': ['A', 'B', 'C'],
    'Recency': [10, 50, 30],
    'Frequency': [5, 3, 2],
    'Monetary': [500, 300, 200]
})

# 计算均值
r_mean = data['Recency'].mean()
```

```
f_mean = data['Frequency'].mean()
m_mean = data['Monetary'].mean()

# 计算 R、F、M 分值
data['R_score'] = data['Recency'].apply(lambda x: 1 if x <= r_mean else 0)
data['F_score'] = data['Frequency'].apply(lambda x: 1 if x > f_mean else 0)
data['M_score'] = data['Monetary'].apply(lambda x: 1 if x > m_mean else 0)

# 生成分层标签
data['Segment'] = data.apply(lambda x: f"{x['R_score']}{x['F_score']}{x['M_
score']}", axis=1)

print("RFM用户分层结果：\n", data[['user_id', 'Segment']])
```

第 5 章

统计进阶：用ChatGPT探索统计学知识

本章全面介绍数据分析师需要掌握的统计学基础知识，帮助数据分析师理解并分析数据背后的特征、关系与趋势。针对每个统计概念，我们将详细解释其原理、优缺点、适用场景，并结合 ChatGPT Prompt 提供代码示例，帮助数据分析师在实际工作中应用这些方法。

5.1 描述性统计

5.1.1 描述性统计的概念

描述性统计用于对数据进行总结和描述，帮助人们直观地了解数据的基本特征。通过描述性统计，人们能够对数据的集中趋势、分散程度、分布特性等方面有更清晰的认识。

描述性统计的分类如下。

集中趋势（Measures of Central Tendency）：衡量数据的中心位置，包括均值、中位数和众数。

离散程度（Measures of Dispersion）：衡量数据的分散情况，包括极差、方差、标准差、四分位距等。

分布特性（Distribution Characteristics）：反映数据的分布形态，如偏度和峰度。

数据可视化：使用图表展示数据分布，包括直方图、箱线图和散点图等。

5.1.2 集中趋势

集中趋势反映数据的中心或典型值，即数据的核心水平。

均值（Mean）：所有数据的总和除以数据个数。均值适合用于大部分数据集，但容易被极端值（离群值）影响。

优点：直观、易懂，反映数据的整体水平。

缺点：对极端值敏感。

示例：某班学生的数学平均分。

中位数（Median）：将数据按大小排序后的中间值，不受极端值影响。

优点：适用于偏态分布的数据，如房价。

适用场景：分析收入分布时使用中位数比均值更可靠。

众数（Mode）：数据集中出现频率最高的值，通常用于分析离散型数据。

适用场景：分析市场上最畅销的商品。

5.1.3　离散程度

离散程度描述数据的分散性，即数据点如何分布在均值附近。

方差（Variance）：衡量数据与均值之间的离散程度。数值越大，数据波动越大。

优点：反映数据的波动性。

缺点：单位与原始数据不同，难以直观地解释。

标准差（Standard Deviation）：方差的平方根，与数据的单位保持一致，直观地反映数据的离散程度。

适用场景：用于分析股票市场的波动性。

极差（Range）：最大值减去最小值的差，反映数据的跨度。

缺点：对离群值敏感。

适用场景：用于小型数据集的初步分析。

四分位距（Interquartile Range, IQR）：用 Q3（第 75% 位数）减去 Q1（第 25% 位数），衡量数据的离散性和异常值。

适用场景：适合处理带有极端值的数据集。

5.1.4　分布特性

偏度（Skewness）：衡量数据分布的对称性。

- 正偏：长尾在右侧（如大部分学生得分较低，但少数学生分数很高）。
- 负偏：长尾在左侧（如大部分学生得分较高，但少数学生分数很低）。

峰度（Kurtosis）：衡量数据分布曲线的峰尖程度。

- 高峰度（>0）：数据集中在均值附近，极端值较多。
- 低峰度（<0）：数据较为分散，分布较平缓。

5.1.5　数据可视化

直方图（Histogram）：展示数据的频率分布，适合分析连续型数据。

示例：展示某店每日销售额的分布情况。

箱线图（Boxplot）：展示数据的分布特性和异常值。

示例：分析学生考试成绩中的离群值。

散点图（Scatterplot）：展示两个变量之间的关系。

示例：广告投入与销售额之间的关系。

5.1.6　ChatGPT 案例：描述性统计分析

Prompt 示例："请生成 Python 代码，计算一组数据的均值、标准差和四分位距，并绘制直方图和箱线图。"

ChatGPT 输出的代码如下，仅供示意参考。

```Python
import pandas as pd
import matplotlib.pyplot as plt
import matplotlib
matplotlib.rcParams['font.family'] = 'SimHei'            # 或其他支持中文的字体
matplotlib.rcParams['axes.unicode_minus'] = False        # 解决负号 "-" 显示为方块的问题

# 示例数据
data = [12, 15, 14, 10, 18, 20, 22, 13, 16, 15]

# 计算均值、标准差和四分位距
mean_value = pd.Series(data).mean()
std_value = pd.Series(data).std()
iqr_value = pd.Series(data).quantile(0.75) - pd.Series(data).quantile(0.25)

print(f" 均值：{mean_value}, 标准差：{std_value}, 四分位距：{iqr_value}")

# 绘制直方图和箱线图
fig, axes = plt.subplots(1, 2, figsize=(10, 4))
axes[0].hist(data, bins=5, edgecolor='black')
axes[0].set_title(' 直方图 ')
axes[1].boxplot(data)
axes[1].set_title(' 箱线图 ')
plt.show()
```

输出的直方图和箱线图如下图所示。

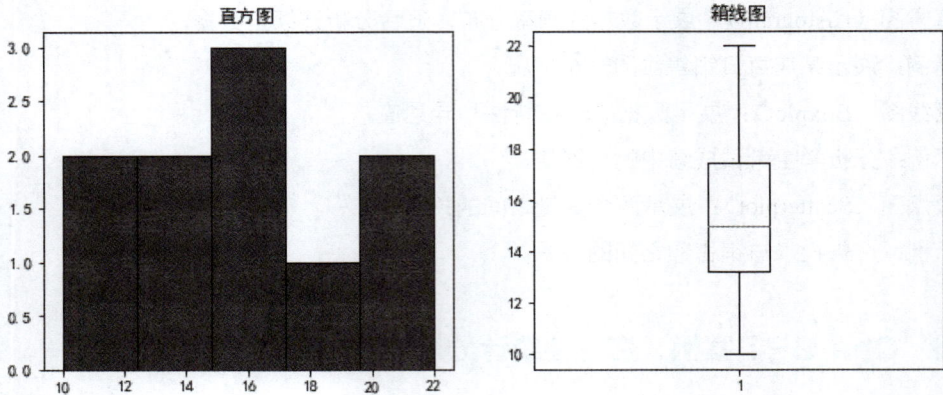

解释：直方图展示数据的分布情况，帮助识别常见值和集中区间；箱线图展示数据的四分位数、IQR，以及是否存在异常值。

5.1.7 小结

描述性统计是数据分析的基础工具，用于总结数据的特征并展示数据的集中趋势和分散性。掌握描述性统计有助于快速了解数据的整体情况，为进一步分析奠定基础。

5.2 概率论基础

5.2.1 什么是概率论

概率论是用于描述和分析不确定事件发生的可能性的数学工具。它帮助数据分析师理解事件发生的规律及其不确定性，进而为数据分析中的决策提供依据。

5.2.2 基本概率规则

条件概率（Conditional Probability）：在事件 B 已发生的条件下，事件 A 发生的概率。公式如下：

$$P(A \mid B) = \frac{P(A \bigcap B)}{P(B)} \tag{5-1}$$

示例：在一个班级中，假设已知某学生选修了数学（事件 B），那么他选修计算机科学（事件 A）的概率是多少。

全概率（Total Probability）：用于计算一个复杂事件的总体概率。公式如下：

$$P(A) = \sum_{i=1}^{n} P(A \mid B_i) \cdot P(B_i) \tag{5-2}$$

应用场景：用于在多个互斥事件下估计事件 A 的发生概率。

贝叶斯定理（Bayes' Theorem）：用于根据已知的条件更新事件的概率。公式如下：

$$P(A \mid B) = \frac{P(B \mid A) \cdot P(A)}{P(B)} \tag{5-3}$$

示例：在医疗诊断中，如果患者检测阳性，贝叶斯定理可帮助计算其实际患病的概率。

5.2.3 常见概率分布

正态分布（Normal Distribution）：正态分布广泛用于描述自然现象中的数据，如身高、体重。数据呈钟形曲线，均值两侧对称分布。公式如下：

$$f(x) = \frac{1}{\sigma\sqrt{2\pi}} e^{-\frac{(x-\mu)^2}{2\sigma^2}} \tag{5-4}$$

示例：某班学生的身高服从正态分布，均值为 170cm，标准差为 5cm。

泊松分布（Poisson Distribution）：描述单位时间或空间内某事件的发生次数。公式如下：

$$P(X = k) = \frac{\lambda^k e^{-\lambda}}{k!} \tag{5-5}$$

示例：在 10 分钟内，某呼叫中心接到 5 个电话的概率可以通过泊松分布计算。

二项分布（Binomial Distribution）：模拟多次独立试验中某事件发生的次数。

示例：抛 10 次硬币，记录正面朝上的次数。

5.2.4 ChatGPT 案例：正态分布的绘制与概率计算

Prompt 示例："请生成 Python 代码，绘制均值为 15、标准差为 2 的正态分布曲线，并计算区间 [10, 20] 内的概率。"

ChatGPT 输出的代码如下，仅供示意参考。

```Python
import numpy as np
import matplotlib.pyplot as plt
from scipy.stats import norm
```

```
# 正态分布数据
mean, std = 15, 2
x = np.linspace(10, 20, 100)
y = norm.pdf(x, mean, std)

# 绘制正态分布曲线
plt.plot(x, y)
plt.title(' 正态分布 ')
plt.xlabel(' 值 ')
plt.ylabel(' 概率密度 ')
plt.show()

# 计算区间 [10, 20] 内的概率
probability = norm.cdf(20, mean, std) - norm.cdf(10, mean, std)
print(f" 区间 [10, 20] 内的概率: {probability:.4f}")
```

正态分布曲线如下图所示。

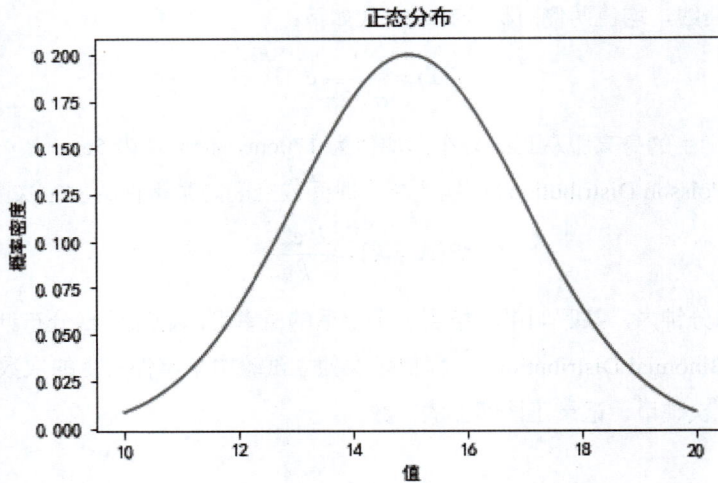

解释如下。

绘图部分：绘制了均值为 15、标准差为 2 的正态分布曲线。

概率计算部分：计算值落在 10 ～ 20 范围内的概率。

5.2.5　优缺点与适用场景

1. 优点

● 概率论为理解和处理不确定性提供了强大的工具。

- 常见概率分布如正态分布适用于广泛的实际场景。

2. 缺点

- 需要假设数据独立同分布（IID），否则分析结果可能不准确。
- 在多重条件事件中，计算复杂度可能较高。

3. 适用场景

- 数据分析：分析事件的发生概率。
- 市场营销：预测客户的购买概率。
- 金融行业：估计股票价格的波动范围。

5.2.6　小结

概率论是数据分析的重要组成部分，帮助人们理解和分析不确定性事件的发生概率。通过掌握常见的概率规则和分布，如正态分布、泊松分布和二项分布，数据分析师可以更好地进行预测和建模。ChatGPT 在这一过程中可以生成代码并快速完成概率计算。

5.3 抽样与估计

抽样与估计（Sampling and Estimation）用于通过样本数据推断总体特征，解决全量数据不可得的情况下的分析问题。这是数据分析的重要环节，因为在大多数情况下，人们无法收集全部数据，只能通过抽样的方法进行统计推断。

5.3.1　抽样方法

1. 简单随机抽样（Simple Random Sampling）

每个样本都有相同的概率被选中，适用于数据集中无明显分类的场景。

优点：样本具有较好的代表性。

缺点：大规模数据中成本较高。

2. 分层抽样（Stratified Sampling）

将数据集根据某些特征分成多个子群体（如按性别或地区分组），再在每个群体中随机抽样。

优点：保证样本在每个群体中具有代表性。

适用场景：需要分析不同群体（如不同地区、年龄段）特征的场景。

3. 系统抽样（Systematic Sampling）

从第一个样本开始，按照固定间隔选取数据点。

优点：简单易行。

缺点：如果数据有周期性，可能会导致抽样偏差。

5.3.2　区间估计与点估计

1. 区间估计（Interval Estimation）

区间估计会给出一个区间范围，表示总体参数可能所在的区域，常见的是置信区间。公式如下：

$$\bar{X} \pm Z_{\alpha/2} \cdot \frac{\sigma}{\sqrt{n}}$$

（5-6）

式中，$\bar{X}$ 为样本均值；σ 为标准差；n 为样本大小；$Z_{\alpha/2}$ 为标准正态分布的临界值。

示例：某调查显示在 95% 置信水平下，某城市的平均月收入为（5000 ± 200）元。

2. 点估计（Point Estimation）

点估计是使用样本统计量（如样本均值、样本比例）作为总体参数的估计值。

示例：使用样本均值估计总体的平均收入。

5.3.3　大数定律与中心极限定理

1. 大数定律（Law of Large Numbers）

随着样本数量的增加，样本均值会越来越接近总体均值。

示例：抛硬币次数足够多时，正反面的比例会趋近于 50%。

2. 中心极限定理（Central Limit Theorem）

无论总体分布如何，当样本量足够大时，样本均值的分布会更近似正态分布。

应用场景：在很多情况下，人们可以假设样本均值服从正态分布，即使总体分布不是正态的。

5.3.4　ChatGPT 案例：置信区间计算

Prompt 示例："请生成 Python 代码，计算一个数据样本的均值及 95% 置信区间。数据为：[10, 12, 14, 16, 18, 20, 22]。"

ChatGPT 输出的代码如下，仅供示意参考。

```Python
import numpy as np
import scipy.stats as stats

# 数据样本
data = [10, 12, 14, 16, 18, 20, 22]

# 样本均值和标准误
mean = np.mean(data)
std_err = stats.sem(data)

# 计算 95% 置信区间
conf_int = stats.t.interval(alpha=0.95, df=len(data)-1, loc=mean, scale=std_err)

print(f" 样本均值：{mean}")
print(f"95% 置信区间：{conf_int}")
```

样本均值：16.0

95% 置信区间：(12.004209683260104, 19.995790316739896)

解释如下。

scipy.stats.sem()：计算样本标准误。

stats.t.interval()：计算样本的 95% 置信区间。

5.3.5　优缺点与适用场景

1. 优点

- 抽样与估计极大地减少了数据收集的成本。
- 通过合理抽样，分析结果具有较高的代表性。

2. 缺点

- 抽样可能带来误差，如果抽样方法不当，可能导致偏差。
- 区间估计需要假设数据服从一定的分布。

3. 适用场景

市场调查：抽样调查消费者偏好。

医疗研究：从样本数据中推断患者的平均治疗效果。

社会调查：使用抽样了解人口统计数据。

5.3.6 小结

抽样与估计是数据分析的核心方法，通过抽样减少成本，并通过点估计和区间估计推断总体特征。掌握大数定律和中心极限定理有助于理解样本统计量的分布，并在实际分析中做出更为准确的预测。

5.4 假设检验

5.4.1 什么是假设检验

假设检验（Hypothesis Testing）是一种通过样本数据验证假设的方法，用于判断组与组之间的差异是否显著。它通过构建统计模型，帮助数据分析师在一定的显著性水平下拒绝或接受零假设，从而得出数据之间是否存在统计学上的差异。

5.4.2 假设检验的步骤

1. 设定假设
- 零假设（H_0）：通常表示"无差异"或"无关系"。
- 备择假设（H_1）：通常表示"存在差异"或"存在关系"。

2. 选择检验方法
根据数据类型和分析目标选择合适的假设检验，如 t 检验、卡方检验、方差分析等。

3. 计算检验统计量和 p 值
p 值表示在假设为真的情况下，观察到的当前数据的概率。

4. 判断是否拒绝零假设
如果 p 值小于显著性水平（α），拒绝零假设，说明差异显著。常用的 α 值为 0.05。

5. 做出结论
根据检验结果判断是否在统计学上存在显著性差异。

5.4.3 常见的假设检验方法

假设检验是统计学中用来检验数据是否符合某种假设的一种方法。常见的假设检验方法主要根据数据的类型、假设的内容，以及研究问题的不同而有所区别。以下是一些常见的假设检验方法。

1. t 检验（t-test）

单样本 t 检验（One-sample t-test）：用于检验样本均值是否与已知的总体均值不同。例如：检验某个班级的平均成绩是否与学校的总体平均成绩有显著差异。

独立样本 t 检验（Independent two-sample t-test）：用于比较两个独立样本的均值是否有显著差异。例如：比较男性和女性在某项任务中的平均成绩是否有显著差异。

配对样本 t 检验（Paired sample t-test）：用于比较两个相关样本（如同一组样本的前后数据）的均值是否有显著差异。例如：检验某个治疗前后的效果差异（如治疗前后的血压变化）。

2. 卡方检验（Chi-square test）

卡方适配度检验（Chi-square goodness of fit test）：用于检验观察到的类别数据是否符合某一预期的分布。例如：检验骰子的点数分布是否符合均匀分布。

卡方独立性检验（Chi-square test of independence）：用于检验两个分类变量是否独立（即它们之间没有关系）。例如：检验性别和是否吸烟之间是否存在相关性。

3. 方差分析（ANOVA）

单因素方差分析（One-way ANOVA）：用于检验多个（3 个或更多）独立样本的均值是否有显著差异。例如：比较不同教学方法对学生成绩的影响。

双因素方差分析（Two-way ANOVA）：用于检验两个因素（自变量）对一个因变量的影响，且可以考虑交互作用。例如：研究性别和年龄对健康状况的影响。

方差分析的重复测量（Repeated measures ANOVA）：用于检验相同个体在不同时间点或条件下的均值差异。例如：研究一个药物在多个时间点对血压的影响。

4. Z 检验（Z-test）

单样本 Z 检验（One-sample Z-test）：用于检验一个样本的均值是否与已知的总体均值差异显著。通常当样本量很大（>30）时，使用单样本 Z 检验。

独立样本 Z 检验（Two-sample Z-test）：用于比较两个独立样本的均值是否有显著差异，假设已知总体的标准差或样本量足够大。

Z 检验与 t 检验的区别：Z 检验通常用于样本量较大或已知总体标准差的情况，而 t 检验适用于样本量较小，且总体标准差未知的情况。

5. Mann-Whitney U 检验（Mann-Whitney U test）

Mann-Whitney U 检验用于检验两组独立样本的中位数是否存在显著差异，适用于两组独立样本的非参数检验，特别是样本数据不满足正态分布时。

6. Wilcoxon 符号秩检验（Wilcoxon signed-rank test）

Wilcoxon 符号秩检验适用于配对样本的非参数检验，常用于比较两组相关数据（如前后测试数据）是否有显著差异。它不要求数据服从正态分布。

7. F 检验（F-test）

F 检验用于比较两个样本的方差是否有显著差异。例如，检验两种不同教学方法的成绩方差是否相同，或者用于检验回归模型中不同变量的贡献。

8. Kruskal-Wallis H 检验

Kruskal-Wallis H 检验是方差分析的非参数版本，适用于多组独立样本的比较，且不要求数据服从正态分布。例如：比较不同治疗组的中位数差异。

9. Pearson 相关检验（Pearson correlation test）

Pearson 相关检验用于检验两个连续变量之间的线性相关性。例如：检验身高与体重之间的相关性。

10. Spearman 等级相关检验（Spearman rank correlation test）

Spearman 等级相关检验用于检验两个变量之间的单调关系，适用于非正态分布或序列数据。例如：检验学生的学习时间和成绩之间的关系。

11. Log-rank 检验

Log-rank 检验用于比较两个或多个生存曲线的差异，通常用于生存分析（例如，癌症患者的生存率分析）。

12. 回归分析中的假设检验

在回归分析中，常常需要检验回归系数的显著性。

t 检验：用于检验回归系数是否显著不为零。

F 检验：用于检验整体模型的显著性，判断所有回归系数是否同时为零。

选择适当的假设检验方法取决于数据的类型（例如连续变量或分类变量）、样本量、分布假设及研究问题。例如，对于连续变量的两组独立样本，通常使用独立样本 t 检验，而对于非参数数据可以使用 Mann-Whitney U 检验。对于多个样本的均值比较，则使用 ANOVA 或其非参数替代方法 Kruskal-Wallis H 检验。每种检验方法都有其假设前提，在使用前需要检查数据是否满足相应的假设。

5.4.4　ChatGPT 案例：t 检验示例

Prompt 示例："请生成 Python 代码，使用 t 检验比较两组广告页面的转化率是否存在显著差异。页面 A 的数据：[0.1, 0.12, 0.14, 0.11]，页面 B 的数据：[0.08, 0.09, 0.07, 0.1]。"

ChatGPT 输出的代码如下，仅供示意参考。

```Python
from scipy.stats import ttest_ind

# 数据样本
page_A = [0.1, 0.12, 0.14, 0.11]
page_B = [0.08, 0.09, 0.07, 0.1]

# 独立样本 T 检验
t_stat, p_value = ttest_ind(page_A, page_B)

print(f"t 统计量：{t_stat:.2f}，p 值：{p_value:.4f}")

if p_value < 0.05:
    print(" 页面 A 和 B 的转化率存在显著差异 ")
else:
    print(" 页面 A 和 B 的转化率没有显著差异 ")
```

t 统计量：3.04；p 值：0.0229。

页面 A 和 B 的转化率存在显著差异。

解释如下。

t 统计量：用于判断两个样本的均值是否存在显著差异。

p 值：如果 p 值小于 0.05，可以拒绝零假设，认为两个页面的转化率存在显著差异。

5.4.5　ChatGPT 案例：卡方检验示例

Prompt 示例："请生成 Python 代码，使用卡方检验判断性别与购买行为之间是否存在显著关联。数据为：'男性——购买：30，未购买：70；女性——购买：50，未购买：50'。"

ChatGPT 输出的代码如下，仅供示意参考。

```Python
import pandas as pd
from scipy.stats import chi2_contingency

# 构建列联表
data = [[30, 70], [50, 50]]
table = pd.DataFrame(data, columns=[' 购买 ', ' 未购买 '], index=[' 男性 ', ' 女性 '])

# 卡方检验
chi2, p_value, dof, expected = chi2_contingency(table)
```

```
print(f"卡方统计量：{chi2:.2f}, p 值：{p_value:.4f}")

if p_value < 0.05:
    print("性别与购买行为之间存在显著关联")
else:
    print("性别与购买行为之间不存在显著关联")
```

卡方统计量：7.52；p 值：0.0061。

性别与购买行为之间存在显著关联。

5.4.6 ChatGPT 案例：方差分析（ANOVA）示例

Prompt 示例："请生成 Python 代码，使用 ANOVA 分析 3 个区域的平均销售额是否存在显著差异。数据为：'区域 A：[100, 110, 105]，区域 B：[90, 95, 85]，区域 C：[120, 125, 130]'。"

ChatGPT 输出的代码如下，仅供示意参考。

```
Python
from scipy.stats import f_oneway

# 数据样本
region_A = [100, 110, 105]
region_B = [90, 95, 85]
region_C = [120, 125, 130]

# 方差分析（ANOVA）
f_stat, p_value = f_oneway(region_A, region_B, region_C)

print(f"F 统计量：{f_stat:.2f}, p 值：{p_value:.4f}")

if p_value < 0.05:
    print("3 个区域的销售额存在显著差异")
else:
    print("3 个区域的销售额不存在显著差异")
```

F 统计量：37.00；p 值：0.0004。

3 个区域的销售额存在显著差异。

5.4.7 一类错误和二类错误

一类错误（Type I Error）：错误地拒绝了应接受的零假设。

示例：错误地认为新药有效，但实际上无效。

二类错误（Type II Error）：错误地接受了应拒绝的零假设。

示例：错误地认为新药无效，但实际上有效。

5.4.8 优缺点与适用场景

1. 优点

- 提供科学依据来判断组间差异的显著性。
- 广泛应用于各类实验和商业分析中。

2. 缺点

- 需要满足一定的统计假设（如正态性）。
- 容易受到样本量和数据质量的影响。

3. 适用场景

A/B 测试：判断新功能是否优于旧功能。

医学研究：验证新药物的有效性。

市场营销：比较不同广告策略的效果。

5.4.9 小结

假设检验是数据分析的重要工具，用于判断数据之间的差异是否显著。通过 T 检验、卡方检验和方差分析等方法，人们可以科学地验证假设并得出结论。在使用 ChatGPT 生成的代码示例中，展示了如何进行假设检验，从而帮助数据分析师在工作中快速应用这些方法。

5.5 相关性分析与回归分析

相关性分析（Correlation Analysis）和回归分析（Regression Analysis）是用于探索变量之间关系的重要统计工具。相关性分析主要用于测量变量之间的关系强度与方向，而回归分析则用于量化自变量与因变量之间的关系，并用于预测结果。

5.5.1 相关性分析

相关性分析用于衡量两个变量之间是否存在关系，以及这种关系的强弱与方向。

正相关：一个变量增加，另一个变量也增加。例如，广告支出与销售额。

负相关：一个变量增加，另一个变量减少。例如，温度与暖气费用。

不相关：两个变量之间没有明显的线性关系。

5.5.2 常见相关性系数

常见的相关性系数用于衡量两个变量之间的关系或依赖程度。根据数据类型和分布的不同，适用的相关性系数也有所不同。以下是几种常见的相关性系数及其特点和适用场景。

1. Pearson 相关系数

Pearson 相关系数（Pearson Correlation Coefficient）衡量的是两个连续变量之间的线性相关性，取值范围从 −1 到 +1。+1 表示完全正相关，0 表示没有线性关系，−1 表示完全负相关。

特点：Pearson 相关系数假设数据服从正态分布，因此适用于正态分布的连续数据；对于线性关系非常敏感，如果关系是非线性的，则 Pearson 相关系数可能无法准确反映变量之间的关系。

适用场景：适用于两个连续变量之间的线性关系检验。例如：身高与体重之间的关系、温度与电力消耗之间的关系。

2. Spearman 等级相关系数

Spearman 等级相关系数（Spearman's Rank Correlation Coefficient）衡量的是两个变量的单调关系（无论是线性还是非线性）。它基于数据的排名来计算，而不是原始数据本身。+1 表示完全正的单调关系，−1 表示完全负的单调关系，0 表示没有单调关系。

计算方法：首先将数据进行排名，然后计算排名的 Pearson 相关系数。

特点：Spearman 相关系数不要求数据服从正态分布，因此适用于非正态分布的数据。它可以检测单调关系（不一定是线性），即使是非线性的单调关系，也能捕捉到。

适用场景：适用于连续或有序的离散数据，特别是当数据的分布不满足正态分布时。适用于需要检验单调关系的情况，不论其是否为线性。例如：股票价格与交易量的关系，排名与绩效之间的关系。

3. Kendall 等级相关系数

Kendall 等级相关系数（Kendall's Tau）也用于衡量两个变量之间的单调关系，类似于 Spearman 相关系数，但它的计算方法稍有不同。它通过比较数据对的顺序来评估一致性。+1 表示完全正的单调关系，−1 表示完全负的单调关系，0 表示没有单调关系。

计算方法：通过统计数据对 (X, Y) 是否按升序或降序排列来计算一致性。

特点：Kendall 相关系数比 Spearman 相关系数更加稳健，对极端值（离群点）较不敏感。适用于小样本或数据较为噪声的情况。

适用场景：适用于小样本或离群点较多的数据。当数据分布不完全正态时，用于检验单调关系。例如：判断不同医生对同一患者的治疗效果排名是否一致。

4. Point-Biserial 相关系数

Point-Biserial 相关系数（Point-Biserial Correlation Coefficient）用于衡量一个连续变量和一个二元变量（0 或 1）的相关性。它是 Pearson 相关系数的一种特例，适用于一个变量是二分类变量，另一个变量是连续变量的情况。+1 表示完全正相关，−1 表示完全负相关，0 表示没有相关性。

特点：适用于一个二元分类变量和一个连续变量之间的相关性分析。与 Pearson 相关系数类似，要求数据满足正态性假设。

适用场景：用于检验二分类变量和连续变量之间的相关性。例如：性别与收入之间的关系，治疗与效果（好 / 坏）之间的关系。

5. 点双序列相关系数

点双序列相关系数（Biserial Correlation Coefficient）衡量的是一个连续变量和一个假定为离散且有序的二元变量之间的相关性。与 Point-Biserial 不同，点双序列通常假定二元变量有一个潜在的连续分布。

适用场景：用于连续变量和有序二元变量（假设二元变量有一个潜在的连续分布）之间的相关性分析。

6. Cramér's V

Cramér's V 是用于衡量两个分类变量之间相关性强度的一个度量。它的取值范围是从 0 到 1，0 表示没有关联，1 表示完全相关。

它是基于卡方检验的标准化版本，适用于名义变量（如性别、地区、品牌等）之间的相关性。

适用场景：用于两个分类变量（如性别与购买行为，地区与产品偏好）之间的相关性分析。

在选择相关性系数时，需要根据数据的类型、分布特征及研究目的来决定使用哪一种。

相关系数	数据要求	适用场景
Pearson	连续变量，要求正态分布	测量两个连续变量之间的线性关系
Spearman	连续或有序离散变量，适合非正态数据	测量两个变量之间的单调关系
Kendall	连续或有序离散变量，适合小样本数据	测量两个变量之间的单调关系
Point-Biserial	二元变量和连续变量	测量二元变量和连续变量之间的相关性
Cramér's V	分类变量	测量两个分类变量之间的相关性

5.5.3 ChatGPT 案例：皮尔逊相关系数计算

Prompt 示例："请生成 Python 代码，计算广告投入与销售额之间的皮尔逊相关系数。数

107

据如下：'广告：[100, 150, 200, 250]，销售额：[10, 12, 20, 25]'。"

ChatGPT 输出的代码如下，仅供示意参考。

```Python
import numpy as np
from scipy.stats import pearsonr

# 数据样本
ad_spend = [100, 150, 200, 250]
sales = [10, 12, 20, 25]

# 计算皮尔逊相关系数
corr, _ = pearsonr(ad_spend, sales)
print(f" 皮尔逊相关系数：{corr:.2f}")
```

皮尔逊相关系数：0.98。

解释：如果相关系数接近 1，表示广告投入与销售额之间存在强正相关。

5.5.4 回归分析

回归分析用于量化自变量（输入变量）对因变量（输出变量）的影响，并建立数学模型用于预测未来数据。

5.5.5 常见的回归分析方法

回归分析是一种统计方法，用于研究变量之间的关系，特别是用一个或多个自变量来预测因变量的值。根据数据的性质和回归模型的复杂度，常见的回归分析方法有很多种。以下是几种常见的回归分析方法及其适用场景。

1. 线性回归

线性回归（Linear Regression）是最常见的回归分析方法，它假设因变量（Y）与一个或多个自变量（X）之间存在线性关系。

适用场景：当因变量与自变量之间存在线性关系时；自变量是连续的或者类别变量经过适当编码。

数据要求：因变量通常是连续型数据，自变量可以是连续型或分类数据（在分类数据上需要编码）。

应用例子：预测房价（房屋的面积、位置等特征作为自变量，房价作为因变量）；预测销售额（广告支出、销售策略等为自变量，销售额为因变量）。

2. 多元线性回归

多元线性回归（Multiple Linear Regression）是线性回归的扩展，用于处理多个自变量的情况。

适用场景：当因变量是连续的，自变量有多个且这些自变量之间可能相关时，用于探索多个因素对因变量的共同影响。

应用例子：预测学生成绩（学习时间、睡眠时间、父母教育水平等作为自变量，成绩作为因变量）；预测医疗费用（年龄、性别、病史、生活方式等作为自变量，医疗费用作为因变量）。

3. 岭回归

岭回归（Ridge Regression）是一种正则化线性回归方法，它通过引入 L2 范数惩罚项来降低模型的复杂度，以防止过拟合。

适用场景：当自变量之间存在多重共线性时，即自变量之间有较强的相关性，导致普通线性回归模型不稳定时；数据集特征较多，容易出现过拟合时。

应用例子：高维数据分析（如基因数据分析），其中有很多特征，但是这些特征之间可能存在相关性；在需要避免过拟合的情况，如图像数据或文本数据。

4. 套索回归

套索回归（Lasso Regression）是另一种正则化回归方法，区别于岭回归，它通过引入 L1 范数惩罚项来约束模型的复杂度。

与岭回归不同，套索回归能够将某些回归系数推到零，从而进行特征选择。

适用场景：当数据有大量特征且期望通过回归分析找到最重要的特征时，防止过拟合并提高模型的可解释性。

应用例子：在金融分析中，使用 Lasso 回归进行特征选择，选择最重要的经济指标来预测股票价格；在医疗数据中，挑选与疾病相关的重要生物标志物。

5. 弹性网回归

弹性网回归（Elastic Net Regression）结合了岭回归和套索回归的优点，使用 L1 和 L2 范数惩罚项的加权组合。

适用场景：当存在多重共线性，且希望进行特征选择时，弹性网回归比单一的岭回归和套索回归更为合适；自变量之间的关系复杂，可以同时应用 L1 和 L2 惩罚来进行正则化。

应用例子：在基因数据分析中，处理多维度、高维度的数据；在医疗研究中，涉及大量可能有共线性的因素（例如，多个疾病的生物标志物）。

6. 逻辑回归

逻辑回归（Logistic Regression）用于处理分类问题（尤其是二分类问题），其目标是估计某一事件发生的概率。模型输出的是一个概率值，通常通过 sigmoid 函数转化为 $0 \sim 1$ 的概率。

适用场景：当因变量是二元分类（如是 / 否，成功 / 失败，1/0）时；用于二分类问题，如信用卡欺诈检测、癌症预测等。

应用例子：邮件分类（是否是垃圾邮件）；医疗领域（预测患者是否患有某种疾病）。

7. 泊松回归

泊松回归（Poisson Regression）用于建模计数数据，假设因变量服从泊松分布，适用于事件发生的次数（如事故数量、病人就诊次数等）。其目标是估计事件发生的速率或频率。

适用场景：当因变量是计数数据（非负整数）时；适用于建模稀有事件的发生次数，如交通事故、客户投诉等。

应用例子：预测某城市内的交通事故发生次数；预测一定时间内的顾客到店次数。

8. 负二项回归

负二项回归（Negative Binomial Regression）是泊松回归的扩展，适用于计数数据，但当事件的发生存在过度离散（即方差大于均值）时。其模型的目的是估计事件发生的速率。

适用场景：当计数数据存在过度离散（方差大于均值）时，泊松回归不再适用；适用于那些事件发生频率较高或数据方差较大的场景。

应用例子：预测某个区域内发生交通事故的次数，且事故发生的频率较高；在医疗领域，预测患者一年内的住院次数。

9. 决策树回归

决策树回归（Decision Tree Regression）是通过分割数据集形成树形结构，用于预测因变量的数值。它通过一系列规则（如"如果 X 大于 Y，则预测值为 A"）来进行预测。

适用场景：适用于非线性关系，尤其是当数据的特征间关系复杂时；可以处理缺失数据和非线性特征。

应用例子：预测客户的购买行为（根据多个客户特征预测购买金额）；预测房地产市场的价格（根据位置、面积、房龄等特征预测房价）；

根据数据的特征和问题的需求，选择合适的回归方法有助于构建一个有效且准确的预测模型。

回归方法	适用场景
线性回归	预测连续变量，且自变量与因变量存在线性关系
多元线性回归	处理多个自变量的情况，适用于因变量为连续型的多因素问题
岭回归	处理多重共线性和过拟合问题，适用于高维数据分析
套索回归	进行特征选择，适用于特征很多且希望简化模型的情况
弹性网回归	结合岭回归和套索回归的优点，适用于高维数据和特征选择

回归方法	适用场景
逻辑回归	二分类问题，预测事件发生的概率
泊松回归	计数数据，建模稀有事件发生次数
负二项回归	计数数据，解决泊松回归中的过度离散问题
决策树回归	处理非线性关系和复杂的特征交互，能够应对缺失值和类别特征

5.5.6　ChatGPT 案例：简单线性回归分析

Prompt 示例："请生成 Python 代码，使用广告投入预测销售额的简单线性回归模型。数据如下：'广告投入：[100, 150, 200, 250]，销售额：[10, 12, 20, 25]'。"

ChatGPT 输出的代码如下，仅供示意参考。

```Python
import numpy as np
import matplotlib.pyplot as plt
import matplotlib
from sklearn.linear_model import LinearRegression
matplotlib.rcParams['font.family'] = 'SimHei'     # 或其他支持中文的字体
matplotlib.rcParams['axes.unicode_minus'] = False # 解决负号 '-' 显示为方块的问题

# 数据样本
X = np.array([100, 150, 200, 250]).reshape(-1, 1)
Y = np.array([10, 12, 20, 25])

# 建立线性回归模型
model = LinearRegression()
model.fit(X, Y)

# 模型预测
Y_pred = model.predict(X)

# 绘制回归图
plt.scatter(X, Y, color='blue', label=' 实际值 ')
plt.plot(X, Y_pred, color='red', label=' 预测值 ')
plt.xlabel(' 广告投入 ')
plt.ylabel(' 销售额 ')
plt.title(' 广告投入与销售额的回归分析 ')
plt.legend()
plt.show()
```

生成的广告投入与销售额的回归分析如下图所示。

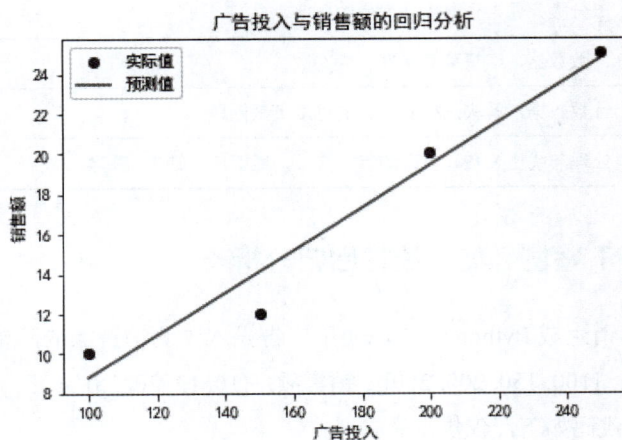

解释如下。

模型训练：使用广告投入数据拟合回归模型。

预测：模型根据广告投入预测销售额。

5.5.7　优缺点与适用场景

1. 优点

- 相关性分析帮助用户识别变量间的关系，回归分析用于预测结果。
- 回归模型可以为用户放出决策提供量化依据。

2. 缺点

- 相关性不代表因果关系，必须谨慎解释。
- 回归分析可能受到多重共线性、异常值的影响。

3. 适用场景

市场营销：预测广告投入对销售额的影响。

金融分析：预测股市价格波动。

医学研究：评估药物剂量与疗效之间的关系。

5.5.8　小结

相关性分析与回归分析是理解变量间关系的核心工具。相关性分析用于测量关系的强弱和方向，而回归分析通过数学模型量化自变量对因变量的影响，并用于预测未来的结果。通过

ChatGPT 生成的代码示例，读者可以快速构建相关性与回归模型，并应用于实际业务场景。

5.6　时间序列分析

时间序列分析（Time Series Analysis）用于研究随时间变化的数据趋势和周期性特征。它通过检测数据中的时间依赖性，帮助数据分析师做出科学的预测和趋势分析，广泛应用于金融、零售、运营和制造等领域。

5.6.1　什么是时间序列

时间序列是按时间顺序排列的数据序列，用于反映变量在不同时点的变化情况。常见的时间序列数据包括：股票价格、气温、销售额、网站访问量等。

时间序列的组成部分如下。

趋势性（Trend）：描述数据长期上升或下降的趋势。例如某电商平台的年度销售额逐年增加。

季节性（Seasonality）：描述数据在固定周期内的波动，例如零售商在"双 11"期间销售额激增。

周期性（Cyclicality）：描述不固定周期内的数据波动，例如经济周期中的繁荣与衰退。

随机性（Randomness）：剩余的无规律部分，被称为白噪声，例如销售数据中的偶然波动。

5.6.2　平稳性与平稳性检验

时间序列分析通常要求数据是平稳的，即均值、方差和协方差在一定时间内保持恒定。

平稳序列：数据的统计特性在整个时间段内保持不变。

非平稳序列：数据的统计特性随时间变化。

常用的平稳性检验如下。

ADF 检验（Augmented Dickey-Fuller Test）：用于判断序列是否存在单位根，如果存在，则为非平稳序列。

KPSS 检验（Kwiatkowski-Phillips-Schmidt-Shin Test）：检验时间序列是否为平稳序列。

5.6.3　时间序列建模方法

移动平均（MA, Moving Average）：用于平滑时间序列数据，消除短期波动。

指数平滑法（Exponential Smoothing）：为时间序列的最近观测值赋予更大的权重，更适合短期预测。

ARIMA 模型（Auto-Regressive Integrated Moving Average）：适用于非平稳序列的预测。

SARIMA 模型（Seasonal ARIMA）：在 ARIMA 模型的基础上增加了季节性因素。

5.6.4 ChatGPT 案例：时间序列分析与 ARIMA 模型

Prompt 示例："请生成 Python 代码，使用 ARIMA 模型预测未来 7 天的销售额趋势。数据如下：'每日销售额：[100, 120, 130, 110, 150, 170, 160]'。"

ChatGPT 输出的代码如下，仅供示意参考。

```python
import numpy as np
import pandas as pd
import matplotlib.pyplot as plt
from statsmodels.tsa.arima.model import ARIMA
# 60 个月的销售数据
sales = [139.9342831,150.5359842,177.9537708,193.7618673,145.3169325,125.3172609,
141.5842563,112.0474244,85.61051228,117.5499307,120.7316461,150.6854049,194.8392454,
175.0356653,190.5016433,212.0555196,189.7433776,196.2849467,151.8395185,128.4526558,
184.3129754,162.1832038,191.3505641,191.5050363,239.1123455,275.519722,261.9801285,
290.8152306,257.9872262,244.166125,217.9658678,253.7442935,214.7300555,205.5445112,
266.4508982,255.583127,314.1772719,294.1078677,318.436279,347.2384949,344.7693316,
313.4273656,287.6870344,270.6766559,245.4295602,272.3018456,300.7872246,361.1424445,
376.8723658,358.0404671,411.4816794,395.5996246,376.46156,382.2335258,370.6199904,
355.3243322,318.2156495,340.5144823,376.6252686,419.5109025]
sales_series = pd.Series(sales, index=pd.date_range(start="2019-01", periods=60,
freq="M"))
# 建立 ARIMA 模型 (p=2, d=1, q=2) 以适应周期性数据
model = ARIMA(sales_series, order=(2, 1, 2), seasonal_order=(1, 1, 1, 12))
model_fit = model.fit()

# 预测未来 12 个月的销售额
forecast_steps = 12
forecast = model_fit.forecast(steps=forecast_steps)

# 可视化预测结果
plt.figure(figsize=(12, 6))
plt.plot(sales_series, label=" 历史销售额 ")
plt.plot(pd.date_range(start=sales_series.index[-1], periods=forecast_steps + 1,
freq="M")[1:,
```

```
                forecast, label=" 预测销售额 ", linestyle="--", color="red")
plt.title(" 销售额预测（未来 12 个月）")
plt.legend()
plt.savefig('sales_forecast.png')
plt.show()
```

生成的销售额预测（未来 12 个月）如下图所示。

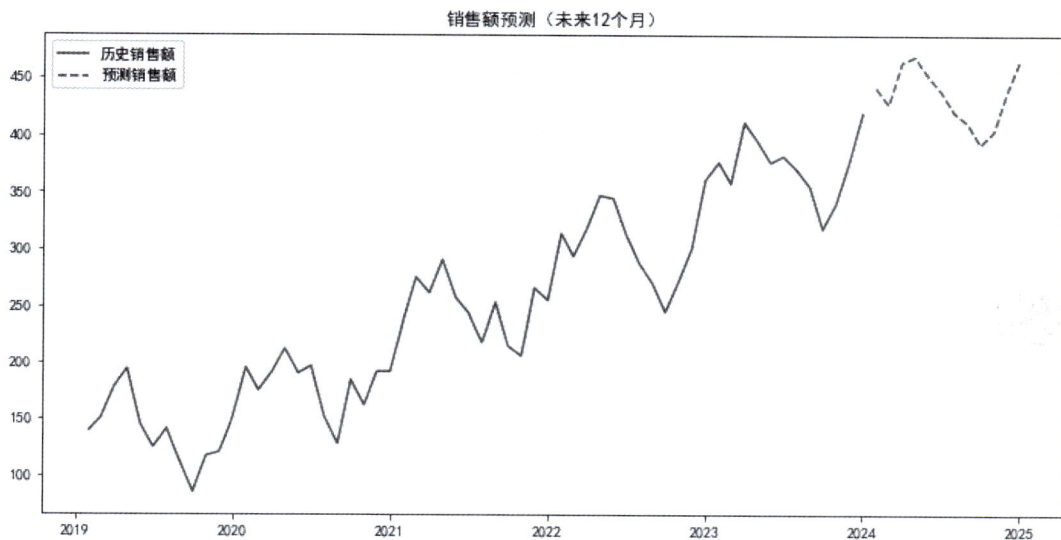

销售额预测（未来12个月）

ARIMA 模型参数解释如下。

p：自回归阶数，表示使用过去多少个时间点的数据来预测当前值。

d：差分阶数，表示数据需要进行几次差分（Differencing）才能使时间序列数据平稳。

q：移动平均阶数，表示模型要使用多少个过去的误差项来修正预测。

模型预测：使用 ARIMA 模型预测未来 12 个月的销售额。

5.6.5 优缺点与适用场景

1. 优点

- 能够处理随时间变化的趋势和季节性特征。
- 适用于长期和短期的时间序列预测。

2. 缺点

- 数据要求较高，需要数据平稳或经过差分处理。
- 对异常值敏感，容易导致模型不准确。

3. 适用场景

零售业：预测未来的销售额和库存需求。

金融业：预测股票价格和汇率。

运营管理：预测网站流量或系统性能。

5.6.6　小结

时间序列分析是预测随时间变化的数据趋势的重要工具。掌握平稳性检验、移动平均、ARIMA 等建模方法，可以帮助数据分析师在金融、运营和零售等领域进行科学的预测和决策。借助 ChatGPT 生成的代码示例，数据分析师可以快速实现时间序列模型的构建与应用。

5.7　A/B 测试与因果推断

5.7.1　什么是 A/B 测试

A/B 测试是一种实验设计方法，用于比较两个或多个版本之间的效果差异，帮助确定哪种方案效果更优。它通过将用户随机分配到处理组（A）和对照组，并监测各组的表现来分析不同方案对目标指标的影响。

示例：比较新旧广告页面的转化率，判断哪个页面能带来更多销售。

5.7.2　A/B 测试的步骤

1. 定义目标和指标

明确测试目标（如提高转化率）。

确定衡量成功的指标（如转化率、点击率）。

2. 计算最小样本量

在进行 A/B 测试之前，需要计算每组需要的最小样本量，以确保实验的结果有统计显著性。

常用公式如下：

$$n = \frac{2 \cdot \left(Z_{\alpha/2} + Z_{\beta} \right)^2 \cdot \sigma^2}{\Delta^2}$$

（5-7）

式中：$Z_{\alpha/2}$：显著性水平对应的 Z 值（如 0.05 水平对应 1.96）；$Z\beta$：1- 检验能力（通常

$\beta=0.8$，Z 值为 0.84）；σ：数据的标准差；$\varDelta$：期望观察到的效果大小。

3. 样本随机分组

将用户随机分为处理组和对照组，确保各组特征一致。

4. 运行测试并收集数据

在规定的时间内记录各组的表现，并收集关键指标数据。

5. 统计检验

使用假设检验（如 t 检验）判断不同方案之间的差异是否显著。

6. 得出结论并实施方案

根据实验结果，选择效果更好的方案并推广。

5.7.3　ChatGPT 案例：A/B 测试的 t 检验

Prompt 示例：　"请生成 Python 代码，对两个广告页面的转化率进行 A/B 测试。页面 A 的转化率数据为：[0.1, 0.12, 0.14, 0.11]，页面 B 的转化率数据为：[0.08, 0.09, 0.07, 0.1]。"

ChatGPT 输出的代码如下，仅供示意参考。

```
Python
from scipy.stats import ttest_ind

# 页面 A 和页面 B 的转化率数据
page_A = [0.1, 0.12, 0.14, 0.11]
page_B = [0.08, 0.09, 0.07, 0.1]

# t 检验
t_stat, p_value = ttest_ind(page_A, page_B)

print(f"t 统计量：{t_stat:.2f}, p 值：{p_value:.4f}")

if p_value < 0.05:
    print("页面 A 和 B 的转化率存在显著差异")
else:
    print("页面 A 和 B 的转化率不存在显著差异")
```

t 统计量：3.04，p 值：0.0229。

由此可见，页面 A 和 B 的转化率存在显著差异。

解释如下。

t 统计量：衡量两组均值之间的差异。

p 值：如果 p 值 <0.05，则拒绝零假设，认为两组之间的差异显著。

5.7.4　因果推断

A/B 测试能分析不同版本之间的效果差异，但对于复杂的场景，需要通过因果推断来判断一个变量的变化是否导致了另一个变量的变化。因果推断是研究一个因素（如治疗、干预、政策等）对结果（如健康、收入、学业成绩等）产生影响的方法。常见的因果推断方法包括倾向得分匹配（PSM）、差分中的差分（DID）和提升模型（Uplift Modeling），每种方法有其独特的适用场景和优势。

常见的因果推断方法有以下几种。

1. 倾向得分匹配

倾向得分匹配（Propensity Score Matching，PSM）是一种用于估计处理效应的方法，旨在通过将不同处理组（如接受治疗与不接受治疗的个体）在基于观测到的协变量上进行匹配，从而消除处理选择上的偏差。基本思想是通过计算每个个体接受处理的倾向得分（即接受处理的概率），然后匹配倾向得分相似的个体，将处理组与对照组的个体进行比较，从而估算治疗或干预的因果效应。

（1）适用场景

① 当不能通过实验设计（如随机对照试验，RCT）进行干预时，PSM 可以帮助用户从观察数据中推断因果关系。

② 适用于存在选择性偏差的观察性数据（即个体的处理选择受到观测变量的影响，无法随机分配）。

③ 用于估算治疗效应，例如：某个新药对患者的效果，或某种政策对群体的影响。

（2）计算步骤

倾向得分计算：使用回归模型（如 Logistic 回归）来计算每个个体接受处理的倾向得分（Propensity Score），即在给定协变量的条件下接受处理的概率。

匹配：根据倾向得分将治疗组和对照组中的个体进行匹配（常用方法如最近邻匹配、卡尺匹配等）。

估计处理效应：匹配后，比较治疗组和对照组的结果，来估算处理效应（比如治疗效应的平均差异）。

（3）优缺点

优点：有效控制了观测到的协变量影响，使得处理组和对照组在这些变量上变得相似，从而减少选择偏差。

缺点：只能控制观测到的协变量，无法消除未观测变量的偏差；匹配过程可能导致样本量减少。

2. 差分中的差分

差分中的差分（Difference-in-Differences，DID）是一种常用的因果推断方法，尤其是在政策评估和干预效果研究中被广泛应用。其基本思路是通过比较干预组和对照组在干预前后的变化，来估算干预的因果效应。具体做法是计算干预前后的变化，再通过对照组的变化来消除其他外部因素的影响。

（1）适用场景

① 适用于自然实验或政策干预研究，例如，评估某项政策变化（如最低工资政策、税收政策等）对经济或社会结果的影响。

② 适用于时间序列数据，尤其是有干预组和对照组的场景。

③ 用于评估某个事件或干预在时间维度上的因果效应，尤其是在没有完全随机化的情况下。

（2）计算步骤

选择干预组和对照组：确定两个组，即干预组（接受政策或干预的群体）和对照组（未接受政策或干预的群体）。

计算差分：分别计算干预前后的变化，即干预组和对照组的"前后差异"。

计算差分中的差分：将干预组和对照组的前后差异相减。

（3）优缺点

优点：能够控制时间趋势的影响（即时间对两组的影响），使得估计更为准确；适用于没有完全随机化的干预分析。

缺点：需要假设干预前后，两组的变化趋势是相同的（平行趋势假设）；如果该假设不成立，DID 的估计可能会产生偏差。

3. 提升建模

提升建模（Uplift Modeling）是一种用于个性化预测干预效果的因果推断方法，旨在估算某个特定干预（如营销活动、广告投放等）对个体的影响差异。与传统的回归分析不同，提升建模不仅关注干预是否有效，还关注干预对不同个体的不同影响，其目标是识别哪些个体对干预最敏感，哪些个体对干预反应最小或没有反应。

（1）适用场景

适用于个性化推荐系统或营销优化，例如：在邮件营销中，识别哪些客户更有可能响应促销。

用于干预效果的个体差异分析，帮助企业或政策制定者设计针对性更强的干预。

常用于客户关系管理（CRM）、个性化广告投放、临床实验等领域，尤其是在处理大规模数据时，提升建模能够帮助企业优化资源分配。

（2）计算步骤

建模干预效果：通过建模两组（接受干预和未接受干预）之间的结果差异，预测干预对每个个体的效果。

估计提升值：估算每个个体的提升值，即干预效果与未干预的结果差异。通常可以通过分类模型（如决策树、随机森林、XGBoost 等）来实现。

优化干预决策：基于提升值，选择最有可能受益的个体进行干预，实现最大化干预效果。

（3）优缺点

优点：能够精准预测个体的反应差异，有助于进行个性化干预；在营销等领域可以提高资源的使用效率。

缺点：需要高质量的个体级别数据和多样化的特征；模型训练复杂，可能需要较强的计算资源。

这些方法各有特点，选择时需要根据数据的性质、研究问题，以及可用的资源来决定哪种方法最为适用。

方 法	定 义	适用场景	优 缺 点
倾向得分匹配 (PSM)	通过计算倾向得分，匹配治疗组和对照组，估计因果效应	处理选择性偏差，估算治疗效应（如政策评估、治疗效果等）	优点：减少选择偏差；缺点：无法处理未观测变量的偏差
差分中的差分 (DID)	比较干预前后的变化差异，估计因果效应	政策变化、自然实验中评估干预效果（如税收、最低工资等）	优点：消除时间趋势影响；缺点：平行趋势假设可能不成立
提升建模 (Uplift Modeling)	预测个体对干预的反应差异，优化个性化干预策略	个性化营销、客户管理、广告投放等	优点：精准的个性化干预；缺点：需要大量数据和计算资源

5.7.5 ChatGPT 案例：Uplift 模型构建

Prompt 示例："请生成 Python 代码，构建一个 Uplift 模型，用于预测哪些用户会因优惠券增加消费。假设数据包含用户是否收到优惠券（Treatment），以及是否进行了购买（Purchase）。"

什么是 Uplift

Uplift 是一种常用于营销和广告优化的技术，旨在预测某种干预（例如广告、促销或治疗）对个体行为的增量影响。换句话说，它不仅关注个体是否做出特定的行为（如购买），还评估干预对行为的影响。

Uplift 的原理

Uplift 模型通过对比接受干预和未接受干预的群体，估计干预的增量效果，主要是通过建立两个模型来实现的：

Treatment Model：用于预测接受干预后的行为。

Control Model：用于预测未接受干预时的行为。

构建 Uplift 模型的目的是发现哪些用户群体在接受干预后最有可能产生增量效果（例如购买），这有助于精准营销。

Uplift 解决了什么问题

Uplift 主要解决了以下问题。

目标用户定位：传统的分类模型（如逻辑回归或随机森林）只能预测是否会发生某一事件（如购买），但不能区分接受干预后是否有增量效应。Uplift 模型能明确识别哪些用户在接受干预后更可能做出反应，从而实现精准的目标用户定位。

干预效果评估：Uplift 模型通过估计干预对用户的影响，帮助公司优化资源配置和减少无效的广告支出。

精准营销：通过预测用户的增量反应，营销活动可以针对有可能产生最高收益的用户群体，提升营销效率。

TwoModels 模型介绍

TwoModels 是一种 Uplift 模型，它基于两个不同的预测器（通常是分类器）来估计干预的增量效果。

estimator_trmnt：用于训练"接受干预"组的模型。

estimator_ctrl：用于训练"未接受干预"组的模型。

TwoModels 模型会分别训练这两个预测器，然后通过它们的预测差异来估计干预对用户的增量影响。

Uplift 模型的实现步骤

数据分割：

X：特征变量（在此示例中是年龄和收入）。

y：目标变量（购买行为）。

treatment_group：干预组。

训练模型：使用 RandomForestClassifier 训练两个模型（接受干预和未接受干预）。

预测 Uplift：利用训练好的模型来预测每个用户的 Uplift 值，即预测干预对该用户购买行为的增量影响。

Qini AUC Score 指标

Qini AUC Score 是衡量 Uplift 模型性能的一个重要指标。它通过计算模型在不同干预组中对用户的正确排序来评估模型效果。

Qini 曲线：表示在干预组中，模型为每个用户分配的增量效应（如购买的概率）。

Qini AUC Score：该值通常在 0 ～ 1 范围内，越接近 1，说明模型的预测效果越好。

ChatGPT 输出的代码如下，仅供示意参考。

```Python
import pandas as pd
import numpy as np
from sklearn.ensemble import RandomForestClassifier
from sklift.models import TwoModels
from sklift.metrics import qini_auc_score

# 数据
data_values = {
    'age': [56, 69, 46, 32, 60, 25, 38, 56, 36, 40, 28, 28, 41, 53, 57, 41, 20,
39, 19, 41, 61, 47, 55, 19, 38, 50, 29, 39, 61, 42, 66, 44, 59, 45, 33, 32, 64, 68,
61, 69, 20, 54, 68, 24, 38, 26, 56, 35, 21],
    'income': [93969, 63001, 96552, 43897, 88148, 43483, 68555, 37159, 100077,
55920, 112067, 87121, 89479, 109475, 39457, 86557, 97189, 98953, 72995, 60757, 29692,
65758, 92409, 91211, 85697, 57065, 112093, 119299, 52606, 31534, 114663, 60397,
111387, 21016, 109789, 75591, 109812, 43247, 44300, 94065, 102798, 29268, 106807,
32185, 83704, 106779, 59099, 28571, 58044],
    'treatment': [0, 0, 0, 0, 0, 1, 0, 1, 1, 1, 0, 0, 0, 0, 1, 0, 0, 0, 0, 0, 1, 0, 1, 0,
1, 0, 0, 1, 0, 1, 0, 1, 0, 0, 1, 1, 0, 0, 1, 0, 1, 0, 0, 0, 0, 0, 0, 1, 0],
    'purchase': [0, 0, 0, 0, 0, 1, 0, 0, 1, 0, 0, 0, 0, 0, 0, 0, 1, 0, 0, 0, 0, 0, 0, 0,
0, 0, 0, 0, 1, 0, 0, 0, 0, 0, 0, 0, 0, 0, 0, 0, 0, 0, 0, 0, 0, 0, 0, 0, 0]
}

# 使用 pd.DataFrame 创建 DataFrame
data = pd.DataFrame(data_values)

# 查看数据集
print(data.head())

# 分割特征和目标变量
X = data[['age', 'income']]              # 特征：年龄和收入
y = data['purchase']                     # 目标：购买行为
treatment_group = data['treatment']      # 干预组

# 构建 Uplift 模型
uplift_model = TwoModels(
    estimator_trmnt=RandomForestClassifier(n_estimators=100, max_depth=5,
min_samples_split=4,class_weight='balanced', random_state=42), estimator_ctrl=
RandomForestClassifier(n_estimators=100, max_depth=5, min_samples_split=4, class_weight=
```

```
'balanced', random_state=42)
    )

    # 训练模型
    uplift_model.fit(X, y, treatment_group)

    # 预测 Uplift 值
    uplift = uplift_model.predict(X)

    # 输出前 10 个预测值
    print(f"\nUplift 预测值: {uplift[:10]}")

    # 计算 Qini AUC Score
    qini_score = qini_auc_score(data['purchase'], uplift, treatment_group)
    print(f"\nQini AUC Score: {qini_score:.4f}")
```

数据集中字段的含义如下。

age：用户的年龄。

income：用户的收入。

treatment：是否接受干预（广告、促销等）。1 表示接受干预，0 表示未接受干预。

purchase：用户是否做出购买决策。1 表示购买，0 表示未购买。

结果：Qini AUC Score: 0.9790。

Uplift 模型是一种非常有价值的工具，特别是在精准营销领域。它不仅可以预测客户是否会做出某个行为（例如购买），还可以衡量干预对客户行为的增量影响。通过这种方式，营销人员可以更有效地分配资源，确保对正确的用户群体进行干预，从而提高营销效率和投资回报率。

5.7.6 优缺点与适用场景

1. A/B 测试的优缺点

优点：易于实施和解释；广泛应用于产品优化和市场营销。

缺点：难以捕捉长期效果；需要严格的随机分组。

2. 因果推断的优缺点

优点：能够判断干预措施的因果关系；适用于政策评估和复杂的实验。

缺点：数据要求高，容易受到混杂因素的影响；模型复杂，需要专业知识。

5.7.7　小结

A/B 测试和因果推断是数据分析必备的实验与推断工具。A/B 测试通过实验比较不同方案的效果，而因果推断则通过倾向得分匹配、双重差分法和 Uplift 模型量化干预措施的影响。借助 ChatGPT 生成的代码，数据分析师可以快速构建 A/B 测试和因果推断模型，并应用于市场营销、产品优化、政策评估等场景。

5.8　数据分布与假设检查

在进行数据分析和建模过程中，确保数据符合模型的假设非常重要。数据分布检查和假设验证帮助人们判断所选模型的合理性，并避免因不满足假设条件而导致结果失真。

5.8.1　数据分布及常见分布类型

- 正态分布（Normal Distribution）：数据呈钟形分布，均值两侧对称。

示例：身高、体重等自然现象常服从正态分布。

- 二项分布（Binomial Distribution）：描述独立试验中成功次数的分布。

示例：抛硬币 10 次，记录正面出现的次数。

- 泊松分布（Poisson Distribution）：用于描述单位时间或空间内稀有事件的发生次数。

示例：每小时呼叫中心的来电数量。

5.8.2　常见的假设检查

- 正态性检验：检查数据是否服从正态分布。
  - ◆ Shapiro-Wilk 检验：用于小样本数据的正态性检验。
  - ◆ Kolmogorov-Smirnov 检验（K-S 检验）：用于较大样本数据的正态性检验。
- 同方差性检验：检查各组数据的方差是否相等的一种统计方法。
  - ◆ Levene 检验：检查不同组数据的方差是否相同。
  - ◆ Bartlett 检验：用于正态分布数据的同方差性检验。
- 多重共线性检测：检查回归模型中自变量之间是否存在较强的线性相关性。
  - ◆ 方差膨胀因子（VIF）：检测自变量之间的多重共线性。当 VIF>10 时，存在共线性问题。

5.8.3 ChatGPT 案例：正态性和同方差性检验

Prompt 示例："请生成 Python 代码，对一组数据进行 Shapiro-Wilk 正态性检验，并使用 Levene 检验检查两组数据的同方差性。"

ChatGPT 输出的代码如下，仅供示意参考。

```Python
import scipy.stats as stats

# 示例数据
data = [12, 14, 15, 10, 18, 20, 22]
group1 = [10, 12, 14, 16, 18]
group2 = [8, 9, 7, 10, 9]

# Shapiro-Wilk 正态性检验
stat, p_value = stats.shapiro(data)
print(f"Shapiro-Wilk 检验 p 值: {p_value:.4f}")
if p_value < 0.05:
    print(" 数据不服从正态分布 ")
else:
    print(" 数据服从正态分布 ")

# Levene 同方差性检验
stat, p_value = stats.levene(group1, group2)
print(f"Levene 检验 p 值: {p_value:.4f}")
if p_value < 0.05:
    print(" 两组数据方差不相等 ")
else:
    print(" 两组数据方差相等 ")
```

Shapiro-Wilk 检验 p 值：0.9026，数据服从正态分布。

Levene 检验 p 值：0.0922，两组数据方差相等。

解释如下。

正态性检验：如果 p 值 <0.05，则数据不服从正态分布。

同方差性检验：如果 p 值 <0.05，则两组数据方差不相等。

5.8.4 多重共线性检测

在回归模型中，自变量之间的强相关性会影响模型的稳定性和解释性。这种现象称为多重共线性。

方差膨胀因子（Variance Inflation Factor，VIF）是一种衡量多重共线性（Multicollinearity）程度的统计量。它用于回归分析，帮助人们判断自变量之间是否存在高度相关性。如果自变量之间高度相关，会导致回归模型中参数估计的不稳定性，从而影响模型的预测能力和解释性。VIF 能够揭示每个自变量与其他自变量的关系。

VIF 值的解读如下。

VIF = 1：表示该变量与其他自变量完全不相关，说明不存在共线性问题。

$1 < VIF < 5$：表示该变量与其他自变量存在一定的相关性，但一般认为共线性问题不严重。

$VIF > 5$ 或 $VIF > 10$：表示该变量与其他自变量之间存在较强的相关性，即存在较严重的多重共线性问题。通常，如果 VIF 值超过 10，就需要考虑采取措施，如去除相关性较强的变量，或者使用正则化技术来解决共线性问题。

5.8.5 ChatGPT 案例：VIF 检测多重共线性

Prompt 示例："请生成 Python 代码，计算多元回归模型中的 VIF 值，检查是否存在多重共线性问题。"

ChatGPT 输出的代码如下，仅供示意参考。

```Python
import pandas as pd
from statsmodels.stats.outliers_influence import variance_inflation_factor
from statsmodels.api import add_constant

# 示例数据
data = pd.DataFrame({
    'x1': [10, 20, 5, 25, 8],
    'x2': [20, 40, 10, 50, 16],
    'x3': [20, 25, 30, 35, 40]
})

# 增加常数列用于回归
X = add_constant(data)

# 计算 VIF 值
vif_data = pd.DataFrame()
vif_data['变量'] = X.columns
vif_data['VIF'] = [variance_inflation_factor(X.values, i) for i in range(X.shape[1])]

print(vif_data)
```

结果如下。

变量	VIF
const	21.922864
x1	inf
x2	inf
x3	1.000346

解释如下。

const 的 VIF 值为 21.92：常数项的 VIF 值相对较高。虽然常数项本身没有太多实际意义，但它的 VIF 值高可能暗示数据存在多重共线性问题，导致回归模型中常数项的估计不稳定。

x1 和 x2 的 VIF 值为 inf（无穷大）：这意味着 x1 和 x2 之间存在完全的共线性，可能是 x2 变量可以由 x1 变量精确地预测出来（例如，x2 可能是 x1 的线性倍数）。这种高度的相关性导致了 VIF 值无限大，显示出严重的多重共线性问题。

x3 的 VIF 值为 1.000346：这表示 x3 和其他自变量之间几乎没有多重共线性，它是一个比较独立的变量。

5.8.6　优缺点与适用场景

1. 优点
数据分布和假设检查可以确保模型分析结果的可靠性。

能够检测和处理数据中的问题，如多重共线性和方差不等性。

2. 缺点
部分假设检验对数据量敏感，小样本可能导致检验结果不稳定。

当数据不满足假设时，需要对数据进行转换或选择其他模型。

3. 适用场景
金融分析：检查股票收益的正态性，用于构建投资组合。

回归分析：检查模型的假设条件，如同方差性和多重共线性。

医学研究：检验不同组间数据是否满足分析模型的假设。

5.8.7　小结

数据分布与假设检查是确保模型分析合理性的关键步骤。在构建回归模型或进行假设检验之前，必须确认数据满足正态性、同方差性等假设条件。同时，通过 VIF 检测多重共线性，可以提升模型的稳定性和解释性。借助 ChatGPT 生成的代码，数据分析师可以快速完成这些检查并处理数据中的问题。

5.9　数据降维

在数据分析和机器学习中，高维数据会导致计算复杂度增加，模型性能下降，并引入多重共线性问题。因此，需要通过数据降维方法来减少数据特征的维度，同时保持尽可能多的信息。

5.9.1　什么是数据降维

数据降维是指将高维数据映射到一个较低维度的空间中，以减少数据的维度，并保留尽可能多的原始信息。常见的降维技术包括主成分分析和因子分析。

5.9.2　常见的降维方法

1. 主成分分析

主成分分析（Principal Component Analysis，PCA）是一种线性降维技术，通过将原始变量组合为少数不相关的主成分，减少数据的维度。每个主成分是原始特征的线性组合，且这些主成分按解释的方差大小排序。

公式如下：

$$Z_i = \sum_{j=1}^{p} w_{ij} X_j \tag{5-8}$$

式中，Z_i 表示第 i 个主成分；w_{ij} 是变量的系数。

优点：降低维度，减少计算复杂度；消除多重共线性，提高模型的稳定性。

缺点：PCA 是线性方法，无法捕捉非线性关系；解释性差，难以直观理解主成分的实际含义。

2. ChatGPT 案例：PCA 降维

Prompt 示例：	"请生成 Python 代码，使用 PCA 将一组四维数据降维至二维，并绘制降维后的数据。"

ChatGPT 输出的代码如下，仅供示意参考。

```Python
import numpy as np
import matplotlib.pyplot as plt
from sklearn.decomposition import PCA
```

```
plt.rcParams['font.sans-serif']=['SimHei'] #用来正常显示中文标签
plt.rcParams['axes.unicode_minus'] = False #用来正常显示负号

# 创建示例数据
X = np.array([
    [2.5, 2.4, 3.6, 4.1],
    [0.5, 0.7, 2.8, 3.3],
    [2.2, 2.9, 3.1, 3.7],
    [1.9, 2.2, 3.0, 3.6],
    [3.1, 3.0, 4.1, 4.8]
])

# PCA 降维至二维
pca = PCA(n_components=2)
X_reduced = pca.fit_transform(X)

# 绘制降维后的数据
plt.scatter(X_reduced[:, 0], X_reduced[:, 1])
plt.title('PCA 降维结果 ')
plt.xlabel(' 主成分 1')
plt.ylabel(' 主成分 2')
plt.show()
```

PCA 降维结果如下图所示。

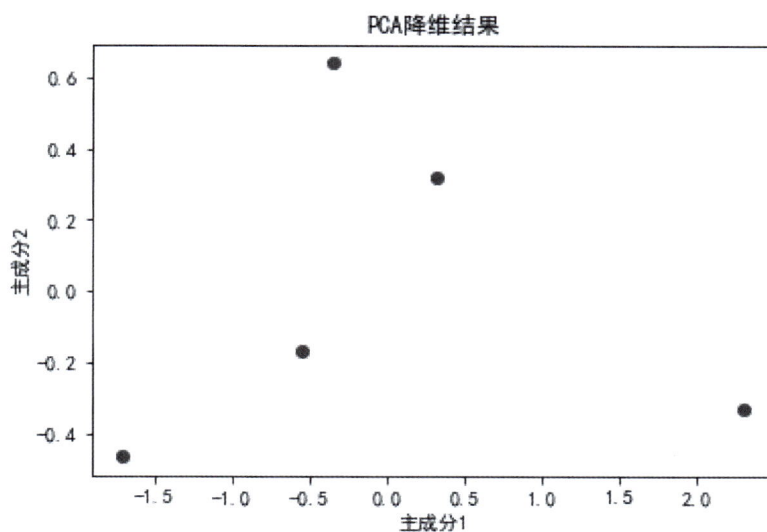
PCA降维结果

3. 因子分析

因子分析（Factor Analysis）用于将多个观测变量压缩为少数几个潜在变量（因子），这些潜在因子反映了数据中的隐藏结构。

（1）应用场景

市场调查：将多个顾客满意度指标归为"服务质量"和"价格满意度"两类因子。

心理学研究：分析问卷中多个题项的潜在因子。

（2）优缺点

优点：能提取数据的潜在结构，减少冗余信息。

缺点：需要对数据进行标准化，且模型假设较多。

4. ChatGPT 案例：因子分析

Prompt 示例："请生成 Python 代码，使用因子分析提取一组数据中的两个潜在因子。"

ChatGPT 输出的代码如下，仅供示意参考。

```Python
import numpy as np
from sklearn.decomposition import FactorAnalysis

# 创建示例数据
X = np.array([
    [2.5, 2.4, 3.6],
    [0.5, 0.7, 2.8],
    [2.2, 2.9, 3.1],
    [1.9, 2.2, 3.0],
    [3.1, 3.0, 4.1]
])

# 因子分析提取两个潜在因子
fa = FactorAnalysis(n_components=2)
X_factors = fa.fit_transform(X)

print("提取的潜在因子：")
print(X_factors)
```

提取的潜在因子如下。

[[-0.46272141 -0.57846889]

 [1.77543633 -0.67862709]

 [-0.28169948 1.52557373]

 [0.1927375   0.73307387]

 [-1.22375294 -1.00155162]]

结果解读：上述代码通过因子分析将原始数据映射到由两个潜在因子构成的低维空间。

潜在因子的含义：因子分析的目标是找出一组潜在的、未观测到的因子，这些因子能够解释原始变量之间的相关性。每个因子并没有明确的物理意义，除非用户进行进一步的分析来解释它们。

这里的两个因子可以看作是数据中两种隐含的、综合的模式或趋势，可能每个因子代表了某种在所有特征中存在的共同变化，或者某种更抽象的结构。

每个样本在潜在因子空间中的位置：例如，第一个样本 [−0.46272141, −0.57846889] 表示它在第一个潜在因子上的得分是 −0.46272141，在第二个潜在因子上的得分是 −0.57846889。这两个得分决定了该样本在新的潜在因子空间中的位置。

通过这些得分，人们可以判断样本间的相似性或差异性。相似的样本在这个新空间中的坐标会比较接近。

潜在因子空间的可视化：如果绘制 X_factors 中的两个维度（潜在因子 1 和潜在因子 2），会得到一个二维的散点图，能够直观地展示样本在这两个潜在因子上的分布情况。

如何使用这些结果？

降维：提取的潜在因子是对原始数据的简化表示，可以用于后续分析，比如分类、聚类等任务。

解释因子：虽然因子本身没有直观的物理意义，但可以通过查看每个因子对原始变量的负载（即每个因子与原始变量的关系）来尝试解释这些因子的含义。

5.9.3　优缺点与适用场景

1. 优点

降低计算复杂度，提高模型训练速度。

减少噪声和冗余信息，提升模型的性能。

缓解多重共线性，提高模型的稳定性。

2. 缺点

降维过程可能导致信息丢失。

部分降维方法（如 PCA）缺乏直观的解释。

3. 适用场景

金融分析：降维处理股票市场中的高维数据。

市场调查：使用因子分析归类顾客满意度指标。

图像处理：使用 PCA 减少图像特征的维度。

5.9.4 小结

数据降维是解决高维数据分析问题的重要工具。通过 PCA 和因子分析等方法，数据分析师能够在保留尽可能多的信息的前提下减少数据维度，提升模型的效率和性能。借助 ChatGPT 生成的代码，读者可以轻松实现降维技术的应用，并将其应用于金融、市场调查和机器学习等场景。

5.10 互动练习题

练习题 1：抽样与估计

在一个包含 2000 名学生的学校中，随机抽取 200 名学生以估算该校学生的平均身高。如果样本的平均身高为 170 厘米，样本标准差为 10 厘米，计算 95% 置信区间。

参考答案

95% 置信区间如下图所示。

- 样本均值 = 170 cm
- 样本标准差 = 10 cm
- 样本容量 = 200
- 置信水平 = 95% (z值 = 1.96)
- 置信区间计算：

$$\text{置信区间} = \bar{x} \pm z \cdot \frac{s}{\sqrt{n}} = 170 \pm 1.96 \cdot \frac{10}{\sqrt{200}} \approx 170 \pm 1.39$$

$$\text{置信区间} \approx (168.61, 171.39)$$

练习题 2：相关性分析与回归

给定以下数据集，表示某产品的广告支出（单位：千元）与销售额（单位：万元）。

广告支出 $=[5,10,15,20,25]\text{ 广告支出 } = [5, 10, 15, 20, 25]$ 广告支出 $=[5,10,15,20,25]$

销售额 $=[2,4,5,6,8]\text{ 销售额 } = [2, 4, 5, 6, 8]$ 销售额 $=[2,4,5,6,8]$，计算皮尔逊相关系数。

参考答案

计算过程如下图所示。

计算过程：

- **广告支出的差异：**
  - $X = [5, 10, 15, 20, 25]$
  - $\bar{X} = 15$
  - $X - \bar{X} = [-10, -5, 0, 5, 10]$
- **销售额的差异：**
  - $Y = [2, 4, 5, 6, 8]$
  - $\bar{Y} = 5$
  - $Y - \bar{Y} = [-3, -1, 0, 1, 3]$
- **计算每一对差异的乘积：**
  - $(-10) \times (-3) = 30$
  - $(-5) \times (-1) = 5$
  - $0 \times 0 = 0$
  - $5 \times 1 = 5$
  - $10 \times 3 = 30$
  - **乘积的和：** $30 + 5 + 0 + 5 + 30 = 70$
- **计算差异平方的和：**
  - $\sum(X_i - \bar{X})^2 = (-10)^2 + (-5)^2 + 0^2 + 5^2 + 10^2 = 100 + 25 + 0 + 25 + 100 = 250$
  - $\sum(Y_i - \bar{Y})^2 = (-3)^2 + (-1)^2 + 0^2 + 1^2 + 3^2 = 9 + 1 + 0 + 1 + 9 = 20$
- **代入公式计算皮尔逊相关系数：**

$$r = \frac{70}{\sqrt{250 \times 20}} = \frac{70}{\sqrt{5000}} = \frac{70}{70.71} \approx 0.99$$

结果：

皮尔逊相关系数 $r \approx 0.99$，表示广告支出与销售额之间存在非常强的正相关关系。

练习题 3：A/B 测试

假设 A 组和 B 组分别有 1000 名用户，A 组的转化率为 8%，B 组的转化率为 12%。使用 Z 检验判断两个转化率的差异是否显著。

参考答案

计算过程如下图所示。

- A 组转化率 $p_A = 0.08$，B 组转化率 $p_B = 0.12$
- 计算合并转化率：

$$p = \frac{p_A n_A + p_B n_B}{n_A + n_B} = \frac{0.08 \cdot 1000 + 0.12 \cdot 1000}{1000 + 1000} = 0.1$$

- 计算 Z 值：

$$Z = \frac{p_A - p_B}{\sqrt{p(1-p)\left(\frac{1}{n_A} + \frac{1}{n_B}\right)}} = \frac{0.12 - 0.08}{\sqrt{0.1(0.9)\left(\frac{1}{1000} + \frac{1}{1000}\right)}} \approx \frac{0.04}{0.0134} \approx 2.98$$

- 查 Z 表，p 值 < 0.01，因此差异显著。

第 6 章

玩转SQL：用ChatGPT展开SQL学习与实战

在数据分析工作中，SQL（Structured Query Language）是一种必不可少的数据查询工具，也是最常用的编程工具，所以无论是在平时的工作中还是在求职中，SQL 都是要重点掌握的技能。得益于生成式 AI 在代码方面的优势，SQL 作为一种最简单的结构式代码可以很高效地通过 ChatGPT 等 AI 工具进行实现。本章将深入介绍在数据分析中使用 SQL 的核心技能，包括基础语法、常用函数、表连接和窗口函数的详细应用。此外，还将讲解如何通过 ChatGPT 生成 SQL 查询，结合 SQL Expert、Text2SQL 等工具提升数据分析的效率。

6.1 数据分析中要掌握的 SQL 技能

1. 基础语法

SQL 的基础语法为数据查询构建了坚实的框架，数据分析师可以通过以下语法进行从简单到复杂的查询操作。

（1）数据的选择与筛选

使用 SELECT 语句选择数据列，使用 WHERE 子句根据条件筛选数据行。例如，使用 SELECT name, age FROM employees WHERE age > 30; 可以查询年龄大于 30 的员工姓名和年龄。

（2）排序和分组

ORDER BY 用于对结果按某一列升序（ASC）或降序（DESC）排列。

GROUP BY 用于对数据进行分组，可以在分组的基础上使用聚合函数进行计算。

（3）别名

使用 AS 关键字为表或列指定别名（Alias），例如，SELECT name AS employee_name FROM employees;，这在查询复杂表或多个表时尤为实用。

2. 常用函数

在 SQL 查询中，函数用于数据转换、清理和聚合操作，以下为常用的几类 SQL 函数。

（1）聚合函数（Aggregation Functions）

SUM()、COUNT()、AVG()、MIN()、MAX() 用于数据汇总和统计。

示例：

```SQL
SELECT department, AVG(salary) AS avg_salary
FROM employees
GROUP BY department;
```

（2）字符串函数（String Functions）

UPPER()、LOWER()：转换文本大小写。

CONCAT()：连接两个或多个字符串。

TRIM()：去除字符串首尾的空格。

示例：

```SQL
SELECT UPPER(name) AS upper_name, CONCAT(first_name, ' ', last_name) AS full_name
FROM employees;
```

（3）日期函数（Date Functions）

DATEADD()、DATEDIFF()：计算日期的加减或日期间的差异。

YEAR()、MONTH()、DAY()：提取日期中的年、月、日部分。

GETDATE()：返回当前日期时间。

示例：

```SQL
SELECT name, DATEDIFF(day, hire_date, GETDATE()) AS days_with_company
FROM employees;
```

3. 表连接（JOIN）

在关系型数据库中，多表连接是进行复杂查询的基础操作，SQL 支持多种连接方式。

（1）内连接（INNER JOIN）

仅返回两张表中匹配的记录。

示例：

```SQL
SELECT e.name, d.dept_name
FROM employees e
INNER JOIN departments d ON e.dept_id = d.dept_id;
```

（2）左连接（LEFT JOIN）

返回左表中的所有记录，如果在右表中没有匹配，则右表返回空值。

示例：

```SQL
SELECT e.name, d.dept_name
FROM employees e
LEFT JOIN departments d ON e.dept_id = d.dept_id;
```

（3）右连接（RIGHT JOIN）

返回右表中的所有记录，如果在左表中没有匹配，则左表返回空值。

（4）全连接（FULL JOIN）

返回两表中所有匹配和不匹配的记录。对于不匹配的部分，另一表字段为空。

4. 窗口函数

窗口函数（Window Functions）用于在查询的分组数据中执行复杂的计算，不会丢失原始行信息。窗口函数在分析数据时非常有用，尤其是需要分组内排序、累计统计或分段数据的场景。

（1）排序与排名

ROW_NUMBER()：为分组中的每一行分配一个唯一的行号。

RANK()：为分组中的每一行分配一个排名，相同值的行将获得相同的排名，后续排名会跳过。

DENSE_RANK()：与 RANK() 类似，不同的是排名不会跳过。

示例：

```SQL
SELECT employee_id, salary,
       RANK() OVER(PARTITION BY department_id ORDER BY salary DESC) AS salary_rank
FROM employees;
```

（2）位移函数（Lagging and Leading）

LAG(column, offset)：返回指定列中前几行的值。

LEAD(column, offset)：返回指定列中后几行的值。

示例：比较每个员工当月和上月的销售额。

```SQL
SELECT employee_id, sales,
       LAG(sales, 1) OVER(ORDER BY sales_date) AS previous_sales
FROM sales_data;
```

（3）首值和尾值（First and Last Values）

FIRST_VALUE(column)：返回分组内第一个值。

LAST_VALUE(column)：返回分组内最后一个值。

示例：查询每个部门的最高员工工资。

```SQL
SELECT department_id, employee_id, salary,
        FIRST_VALUE(salary) OVER(PARTITION BY department_id ORDER BY salary DESC)
AS highest_salary
    FROM employees;
```

（4）分桶（Bucketing）

NTILE(n)：将分组数据划分为 n 个部分。

示例：将员工按薪资划分为 4 个等级。

```SQL
SELECT employee_id, salary,
        NTILE(4) OVER(ORDER BY salary DESC) AS salary_level
FROM employees;
```

（5）聚合窗口函数（Aggregation in Windows）

SUM() 和 AVG() 等函数用于计算累计的值。

示例：计算每位员工到当前月的累计销售额。

```SQL
SELECT employee_id, sales_date, sales_amount,
        SUM(sales_amount) OVER(PARTITION BY employee_id ORDER BY sales_date) AS
cumulative_sales
    FROM sales;
```

6.2　SQL Prompt 的技巧

在使用 ChatGPT 或其他 AI 工具生成 SQL 查询时，设计一个清晰、详细的 Prompt 是高效生成 SQL 语句的关键。高质量的 SQL Prompt 能够帮助 AI 准确理解需求，避免生成多余或不准确的 SQL。以下是编写高质量 SQL Prompt 的关键要点。

1. 明确需求描述和预期输出

清晰地陈述需求：简洁明了地描述所需的查询数据和预期结果，避免模糊的词语。

设置预期格式：例如，若希望得到数据按特定顺序排列、格式化输出的结果等，需要在 Prompt 中说明。

示例："查询每个客户的总订单金额和订单数量，按总金额降序排序。"

2. 详细描述表结构及字段

提供表名、字段名和字段类型：列出表的结构和字段名称，尤其是涉及连接或条件的表和字段，便于 AI 生成准确的 SQL。

描述字段关系：如果有外键或特殊关系，说明主键和外键关系，帮助 AI 了解如何连接表。

示例："在 orders 表中包含 order_id（主键）、customer_id（客户 ID）和 order_date（订单日期）。orders.customer_id 与 customers.customer_id 是外键关系。"

3. 分步引导复杂查询

分解任务：对于复杂的查询，将需求拆分为子任务，生成子查询或部分结果，再组合成完整查询。

逐步添加条件：如果涉及多重条件、嵌套子查询或窗口函数等，分步设计 Prompt，让 AI 逐步生成各子查询，确保结果符合需求。

示例："首先生成一个子查询，统计每位客户的订单总金额和总数量；然后使用该子查询过滤出订单总金额超过 500 元的客户。"

4. 指定 SQL 操作和分析逻辑

明确所需的 SQL 操作类型：如 JOIN、GROUP BY、HAVING 等特定操作，直接在 Prompt 中提出，避免 AI 生成不符合需求的查询。

提出逻辑要求：例如，若需要时间窗口计算累计值或特定排序，直接指出数据的计算方式。

示例："使用窗口函数计算每位客户的累计消费金额，按照消费时间排序。"

5. 考虑条件的优先级和筛选顺序

说明筛选条件的逻辑顺序：如果查询涉及多个 WHERE 或 HAVING 条件，说明每个条件的优先级，确保结果符合需求。

指定筛选标准：如果需要进行日期范围、特定类别或金额筛选，确保 Prompt 中包括这些细节。

示例："仅显示订单金额大于 500 元的客户，并在最后按照客户总消费金额降序排序。"

6. 设定查询优化和性能要求

选择更高效的连接方式：如果希望优化查询性能，说明需要哪种类型的 JOIN，例如，LEFT JOIN 用于保留左表的所有记录，INNER JOIN 用于只返回匹配项。

指定索引和排序要求：如果有特定的排序要求，则说明是否使用索引、聚簇索引等。

示例："使用 LEFT JOIN 获取所有客户的订单情况，包括无订单的客户；同时按 order_date 降序排序。"

7. 给出期望的测试数据或结果示例

提供测试数据或格式示例：对于生成的查询，提供示例数据或输出结果格式，帮助 AI 了解查询目标。

示例："在 orders 表中，包含以下数据：order_id（订单 ID）、customer_id（客户 ID）、order_date（订单日期）、amount（金额）。查询结果格式为每个客户的订单总数和总金额。"

8. SQL Prompt 模板示例

结合以上要点，较为全面的 SQL Prompt 模板如下。

"在 customers 表中包含客户信息，包括 customer_id（客户 ID）、name（姓名）、city（所在城市）和 signup_date（注册日期）；在 orders 表中包含订单信息，包括 order_id（订单 ID）、customer_id（客户 ID）、order_date（订单日期）、amount（订单金额），orders.customer_id 与 customers.customer_id 有外键关系。生成 SQL 查询统计每位客户的订单总金额和订单总数，筛选出订单总金额大于 500 元的客户，按总金额降序排序，显示的字段包括客户姓名、城市、订单总金额和订单总数。"

6.3 ChatGPT Prompt for SQL：案例设计与实现

接下来通过 ChatGPT 生成的一些 SQL 示例展示具体技能在查询中的应用。

1. 创建数据库与数据填充

创建客户表和订单表，并插入示例数据。

```SQL
-- 创建客户表
CREATE TABLE customers (
    customer_id INT PRIMARY KEY,
    name VARCHAR(50),
    city VARCHAR(50),
    signup_date DATE
);


-- 插入示例数据
INSERT INTO customers (customer_id, name, city, signup_date) VALUES
(1, 'Alice', 'New York', '2022-01-15'),
(2, 'Bob', 'Los Angeles', '2022-02-20'),
(3, 'Charlie', 'Chicago', '2022-03-05');


-- 创建订单表
CREATE TABLE orders (
    order_id INT PRIMARY KEY,
    customer_id INT,
    order_date DATE,
    amount DECIMAL(10, 2),FOREIGN KEY (customer_id) REFERENCES customers(customer_id)
);
```

```
-- 插入示例数据
INSERT INTO orders (order_id, customer_id, order_date, amount) VALUES
(101, 1, '2022-01-20', 200.00),
(102, 1, '2022-02-10', 150.00),
(103, 2, '2022-02-22', 300.00),
(104, 3, '2022-03-07', 500.00),
(105, 3, '2022-03-15', 750.00);
```

2. 基础语法与常用函数

任务：查询每位客户的姓名、所在城市（大写）和注册年份。

Prompt 示例："生成一个 SQL 查询，从 customers 表中选择客户姓名、所在城市并转换为大写，提取注册年份。"

ChatGPT 输出的代码如下，仅供示意参考。

```
SQL
SELECT name, UPPER(city) AS city, YEAR(signup_date) AS signup_year
FROM customers;
```

3. 表连接（JOIN）

任务：查询每位客户的姓名和总订单金额，显示订单金额大于 500 元的客户，按总金额降序排序。

Prompt 示例："生成 SQL 查询，连接 customers 和 orders 表，统计每个客户的总订单金额，筛选大于 500 元的客户并按总金额降序排序。"

ChatGPT 输出的代码如下，仅供示意参考。

```
SQL
SELECT c.name, SUM(o.amount) AS total_amount
FROM customers c
JOIN orders o ON c.customer_id = o.customer_id
GROUP BY c.name
HAVING SUM(o.amount) > 500ORDER BY total_amount DESC;
```

4. 窗口函数

任务：对每位客户的订单按日期排序，计算累计金额和订单排名。

Prompt 示例："生成 SQL 查询，使用窗口函数按日期排序每位客户订单，计算累计金额和订单排名。"

ChatGPT 输出的代码如下，仅供示意参考。

```SQL
SELECT customer_id, order_id, order_date, amount,
SUM(amount) OVER(PARTITION BY customer_id ORDER BY order_date) AS cumulative_
amount,
ROW_NUMBER() OVER(PARTITION BY customer_id ORDER BY order_date) AS order_rank
FROM orders;
```

6.4　SQL 生成的插件与工具

如果不想花费精力写很复杂的 Prompt，可以找一些 SQL 插件或者 AI 工具，只需简单地给出任务描述，也可以比较快速地生成准确的 SQL 代码。

1. ChatGPT SQL 插件

SQL Expert 是一款专为数据分析和开发人员设计的智能生成 SQL 的 ChatGPT 插件，订阅 ChatGPT 会员即可搜索该插件进行使用，该插件具备以下特点。

自动 SQL 生成：SQL Expert 可以将自然语言转换为 SQL 查询，使用户仅需输入需求描述，即可生成符合需求的 SQL 语句。

复杂查询支持：支持生成包括多表连接、聚合、窗口函数等复杂的查询，并能够处理子查询和嵌套查询，适合大规模数据处理需求。

优化 SQL 性能：SQL Expert 具备一定的 SQL 优化能力，能自动建议索引、连接方式等，提升查询效率。此外，SQL Expert 支持多种数据库语法，兼容性强。

实战项目任务：查找客户的最新订单信息

任务说明：查询每位客户的最新订单，包括客户姓名、订单日期和订单金额。

Prompt 示例："生成一个 SQL 查询，在 customers 表和 orders 表中查找每位客户的最新订单信息，包括客户姓名、订单日期和订单金额，按客户 ID 排序。"

生成的 SQL 代码如下，仅供示意参考。

```SQL
SELECT c.customer_id, c.name, o.order_date, o.amount
FROM customers c
JOIN (SELECT customer_id, order_date, amount,ROW_NUMBER() OVER(PARTITION BY
customer_id ORDER BY order_date DESC) AS rnFROM orders
) o ON c.customer_id = o.customer_id AND o.rn = 1ORDER BY c.customer_id;
```

解释：ROW_NUMBER() 窗口函数按每位客户的订单日期降序排列，并为每位客户的每个订单分配行号。

最终查询筛选行号为 1 的记录，即最新订单信息。

2. AI 工具 for SQL：Text2SQL

除了上面的 ChatGPT 的插件，业界还有一些比较好用的 AI 工具，也可以通过自然语言描述生成高质量的 SQL 查询代码，适用于需要快速生成 SQL 的业务需求。当然，这些 AI 工具有用量上的限制，如果需要长久使用，可能需要付费，这里仅简单介绍作为参考。下面介绍两个广受欢迎的 Text2SQL 工具。

（1）Chat2DB

Chat2DB 是一款面向开发人员的数据查询工具，支持 30 天免费试用。Chat2DB 支持广泛的数据库连接，并可以通过输入自然语言生成 SQL 查询。

主要功能

自然语言 SQL 生成：用户可以用简单的语言描述查询需求，Chat2DB 将自动转换为 SQL 查询。

多数据库支持：兼容主流数据库，如 MySQL、PostgreSQL 和 Oracle 等。

数据管理和导出：支持查询结果的分析和导出。

使用场景

- 针对非技术人员快速生成 SQL 查询，适合市场分析师和产品经理等。
- 自动 SQL 优化，提高数据查询性能。

（2）Postgres.new

Postgres.new 是一款开源的 Text2SQL 工具，专为 PostgreSQL 设计。用户可以通过自然语言生成 PostgreSQL 查询。它支持复杂的 SQL 查询功能，例如多表连接、聚合函数和窗口函数等，适用于 PostgreSQL 数据库环境下的数据查询需求。

主要功能

开源且灵活：支持用户进行二次开发，自定义生成 SQL 的功能。

支持 PostgreSQL 特性：完全兼容 PostgreSQL 特有的语法和功能，如 CTE（公共表表达式）和窗口函数等。

使用场景

Postgres.new 适用于企业内部数据管理和查询，尤其适合使用 PostgreSQL 数据库的开发团队。

实战项目任务：筛选高价值订单的客户信息

任务说明：从 orders 表中查找订单金额超过 300 元的客户信息，显示客户姓名、订单日期和订单金额，并按订单金额降序排列。

Prompt 示例："生成一个 SQL 查询，查找 orders 表中订单金额超过 300 元的客户信息，显示客户姓名、订单日期和订单金额，按订单金额降序排列。"

生成的 SQL 代码如下，仅供示意参考。

```SQL
SELECT c.name, o.order_date, o.amount
FROM customers c
JOIN orders o ON c.customer_id = o.customer_id
WHERE o.amount > 300ORDER BY o.amount DESC;
```

解释：使用 JOIN 连接 customers 和 orders 表，筛选出订单金额大于 300 元的客户；使用 ORDER BY 对结果按订单金额进行降序排列，以便查看高价值订单的客户。

本章从 SQL 的核心技能入手，详细讲解了基础语法、常用函数、表连接和窗口函数等数据分析的必备知识点，帮助数据分析师提升 SQL 编程能力。此外，通过 ChatGPT 及其插件的应用实例，展示了如何利用 AI 工具实现 SQL 的自动生成和优化。借助 SQL Expert 插件和 Text2SQL 等 AI 工具，能够快速完成复杂的数据查询和分析任务，显著提高分析效率。本章没有过多篇幅，因为无论是初学者还是经验丰富的分析师，都已经在借助 AI 的能力提升学习和工作的效率，这已然成为趋势和共识，因此更要时刻保持对 AI 发展的关注，让 AI 为自己赋能提效。

6.5 互动练习题

练习题 1：基础 SQL 查询生成

问题

设计一个 Prompt，通过 ChatGPT 生成 SQL 查询，用于在 orders 表中统计每位客户的订单总金额和订单数量，并按订单总金额降序排列。

数据表

orders 表字段：order_id（订单 ID）、customer_id（客户 ID）、order_date（订单日期）、amount（订单金额）。

提示：在 Prompt 中明确指定需要的聚合操作和排序要求。

参考答案

Prompt："在 orders 表中包含订单信息，包括 order_id（订单 ID）、customer_id（客户 ID）、order_date（订单日期）、amount（订单金额）。生成 SQL 查询，统计每位客户的订单总金额和订单数量，并按订单总金额降序排列。"

练习题 2：表连接（JOIN）查询生成

问题

设计一个 Prompt，通过 ChatGPT 生成 SQL 查询，查询每个客户的姓名及其最近一笔订单的日期和金额。按客户 ID 排序。

数据表

customers 表字段：customer_id（客户 ID）、name（姓名）。

orders 表字段：order_id（订单 ID）、customer_id（客户 ID）、order_date（订单日期）、amount（订单金额）。

提示：在 Prompt 中明确指定需要使用 JOIN 连接和筛选每位客户最近一笔订单的信息。

参考答案

Prompt："在 customers 表中包含客户信息，包括 customer_id（客户 ID）、name（姓名）；在 orders 表中包含订单信息，包括 order_id（订单 ID）、customer_id（客户 ID）、order_date（订单日期）、amount（订单金额）。生成 SQL 查询，查询每个客户的姓名及其最近一笔订单的日期和金额，按客户 ID 排序。"

练习题 3：窗口函数应用

问题

设计一个 Prompt，通过 ChatGPT 生成 SQL 查询，使用窗口函数计算每位客户订单的累计金额，从最早的订单开始累加。按客户 ID 和订单日期排序。

数据表

orders 表字段：order_id（订单 ID）、customer_id（客户 ID）、order_date（订单日期）、amount（订单金额）。

提示：明确说明需要使用窗口函数和按日期顺序计算累计金额。

参考答案

Prompt："在 orders 表中包含订单信息，包括 order_id（订单 ID）、customer_id（客户 ID）、order_date（订单日期）、amount（订单金额）。生成 SQL 查询，使用窗口函数计算每位客户订单的累计金额，按订单日期从最早的订单开始累加。查询结果按客户 ID 和订单日期排序。"

练习题 4：设计多条件查询 Prompt

问题

设计一个 Prompt，通过 ChatGPT 生成 SQL 查询，从 orders 表中筛选订单金额大于 200 元的客户信息，显示客户姓名、订单日期和订单金额，按订单金额降序排列。

数据表

customers 表字段：customer_id（客户 ID）、name（姓名）。

orders 表字段：order_id（订单 ID）、customer_id（客户 ID）、order_date（订单日期）、amount（订单金额）。

提示：明确说明筛选条件、表连接，以及按订单金额排序的需求。

参考答案

Prompt：" 在 customers 表中包含客户信息，包括 customer_id（客户 ID）、name（姓名）；在 orders 表中包含订单信息，包括 order_id（订单 ID）、customer_id（客户 ID）、order_date（订单日期）、amount（订单金额）。生成 SQL 查询，筛选订单金额大于 200 元的客户，显示客户姓名、订单日期和订单金额，按订单金额降序排列。"

练习题 5：复杂查询 Prompt 设计

问题

设计一个 Prompt，通过 ChatGPT 生成 SQL 查询，在 orders 表中统计每个城市的订单总金额和订单总数，显示城市名称、总金额、总订单数，并按订单总金额降序排列。

数据表

customers 表字段：customer_id（客户 ID）、name（姓名）、city（城市）。

orders 表字段：order_id（订单 ID）、customer_id（客户 ID）、order_date（订单日期）、amount（订单金额）。

提示：在 Prompt 中明确指定需要关联 city 字段和分组聚合要求。

参考答案

Prompt：" 在 customers 表中包含客户信息，包括 customer_id（客户 ID）、name（姓名）、city（所在城市）；在 orders 表中包含订单信息，包括 order_id（订单 ID）、customer_id（客户 ID）、order_date（订单日期）、amount（订单金额）。生成 SQL 查询，统计每个城市的订单总金额和订单总数，显示城市名称、订单总金额、订单总数，并按订单总金额降序排列。"

第 7 章

玩转Python: 用ChatGPT展开Python学习与实战

Python 是数据分析中最常用的编程语言之一，具有强大的数据处理、可视化和机器学习库。本章将介绍在数据分析中应掌握的 Python 的核心技能，包括基础语法、数据结构、Pandas、NumPy、Matplotlib、Scikit-learn 等常用库，并结合 ChatGPT 及其插件，帮助分析师高效应用 Python 进行数据处理、分析和建模。

7.1 数据分析中要掌握 Python 的哪些技能

1. Python 基础语法与数据结构

Python 的基础语法是编写分析代码的基础，数据结构则帮助分析师高效存储和处理数据。以下是数据分析中常用的 Python 基础技能。

数据类型和数据结构：常用的数据结构包括 int、float、str、list、tuple、set 和 dict，它们满足不同的数据存储和操作需求。

示例：定义列表和字典。

```Python
numbers = [10, 20, 30, 40, 50]
person = {"name": "Alice", "age": 28, "city": "New York"}
```

控制结构：if 条件语句和 for、while 循环语句，用于控制代码逻辑。

示例：计算列表中的偶数之和。

```Python
even_sum = 0
for number in numbers:
    if number % 2 == 0:
        even_sum += number
print(" 偶数之和 :", even_sum)
```

偶数之和：150

函数与模块：定义函数使代码模块化，可以重复使用，并调用 Python 标准库模块。

示例：定义计算圆面积的函数。

```Python
import math

def calculate_area(radius):
    return math.pi * radius ** 2

print("面积 :", calculate_area(5))
```

面积 : 78.53981633974483

2. 数据处理与分析函数

Python 的数据处理和分析功能主要依赖以下两个库。

（1）Pandas：用于数据清理、处理和转换的核心工具库。

常用操作：数据框的创建、数据筛选、分组聚合和数据清洗等。

示例：创建数据框并筛选年龄大于 30 的行。

```Python
import pandas as pd
data = {'Name': ['Alice', 'Bob', 'Charlie'], 'Age': [25, 35, 45]}
df = pd.DataFrame(data)
filtered_df = df[df['Age'] > 30]
print(filtered_df)
```

	Name	Age
1	Bob	35
2	Charlie	45

（2）NumPy：数值计算的核心库，支持数组的高效运算和数值计算。

常用操作：数组创建、数学运算和统计计算等。

示例：创建数组并计算平均值。

```Python
import numpy as np
arr = np.array([1, 2, 3, 4, 5])
print("平均值 :", np.mean(arr))
```

平均值：3.0

3. 数据可视化

Python 的数据可视化主要依赖以下库。当然，还有很多其他好用的可视化库，这里不

——列举。

（1）Matplotlib：基础绘图库，支持折线图、柱状图和散点图等。

示例：绘制折线图。

```Python
import matplotlib.pyplot as plt

x = [1, 2, 3, 4, 5]
y = [2, 3, 5, 7, 11]
plt.plot(x, y, marker='o')
plt.xlabel("X轴 ")
plt.ylabel("Y轴 ")
plt.title(" 折线图示例 ")
plt.show()import matplotlib.pyplot as plt
import matplotlib
matplotlib.rcParams['font.family'] = 'SimHei'        # 或其他支持中文的字体
matplotlib.rcParams['axes.unicode_minus'] = False    # 解决负号 '-' 显示为方块的问题

x = [1, 2, 3, 4, 5]
y = [2, 3, 5, 7, 11]
plt.plot(x, y, marker='o')
plt.xlabel("X轴 ")
plt.ylabel("Y轴 ")
plt.title(" 折线图示例 ")
plt.show()
```

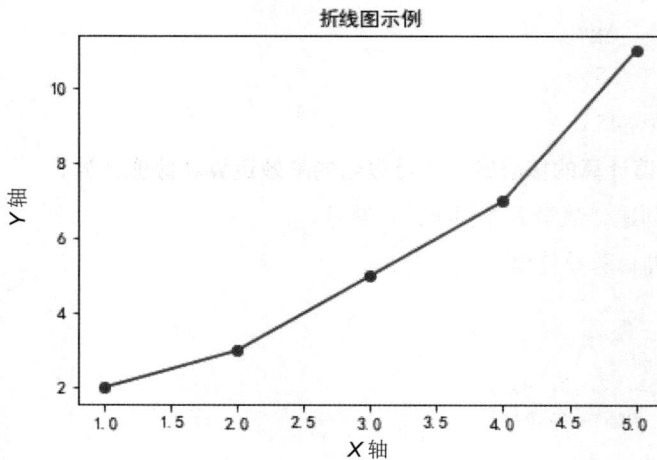

折线图示例

（2）Seaborn：基于 Matplotlib 的高级可视化库，适合统计图表，如箱线图和热力图等。

示例：绘制箱线图。

```Python
import seaborn as sns
import numpy as np
data = np.random.normal(size=100)
sns.boxplot(data=data)
plt.title(' 箱线图示例 ')
plt.show()
```

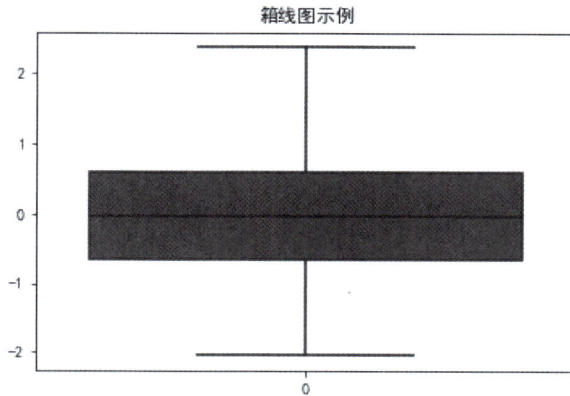

箱线图示例

4. 机器学习

Python 是机器学习领域的首选语言，Scikit-learn 库提供了丰富的算法和评估工具。

Scikit-learn 支持分类、回归、聚类算法，适合快速构建和训练机器学习模型。

示例：训练线性回归模型。

```Python
from sklearn.linear_model import LinearRegression
import numpy as np

# 数据准备
X = np.array([[1], [2], [3], [4], [5]])
y = np.array([1, 2, 1.5, 3.5, 2.8])

# 创建并训练模型
model = LinearRegression()
model.fit(X, y)

# 预测
prediction = model.predict([[6]])
print(" 预测值 :", prediction[0])
```

预测值：3.6900000000000004

7.2 Python Prompt 技巧

为了让 ChatGPT 生成 Python 代码，编写高质量的 Prompt 至关重要。一个清晰的 Prompt 可以帮助 AI 理解用户的需求，生成符合期望的代码。以下是编写 Python Prompt 的关键要点。

描述清晰的需求和目标：明确说明所需的功能和预期的结果，让 AI 生成准确的代码。例如，"编写 Python 代码，计算列表中所有偶数的总和。"

指定 Python 库和模块：如果希望使用特定的 Python 库（如 Pandas、NumPy 等），需要在 Prompt 中指出，以确保 AI 选择正确的库。

描述输入数据的格式：说明输入数据的结构和类型（如列表、数据框等），便于 AI 生成符合需求的代码。

提供预期输出格式：说明输出的要求，比如数据的格式或结构，便于 AI 生成符合需求的代码。

分解复杂的任务：对于多步或复杂的任务，建议分解为几步，让 AI 逐步生成代码，有助于获得更精准的输出。

Python Prompt 模板示例如下。

```
Plain Text
Prompt: "编写 Python 代码，使用 Pandas 创建一个包含 Name 和 Age 列的 DataFrame，筛选出年龄大于
30 的行，计算这些行的平均年龄，并使用 Matplotlib 绘制年龄直方图。"
```

7.3 ChatGPT Prompt for Python：案例设计与实现

以下是通过 ChatGPT 生成 Python 代码的案例，展示如何运用 Python 的不同功能进行数据分析和可视化操作。

案例 1：基础语法和函数

任务：编写一个函数，计算输入列表中所有奇数的总和。

Prompt："编写 Python 代码，创建一个函数 sum_of_odds，该函数接收一个整数列表并返回所有奇数的总和。"

ChatGPT 生成的代码如下，仅供示意参考。

```Python
def sum_of_odds(numbers):
    return sum([n for n in numbers if n % 2 != 0])
```

```
# 测试
numbers = [1, 2, 3, 4, 5]
print("奇数之和:", sum_of_odds(numbers))
```

奇数之和：9

案例 2：数据处理与分析（Pandas）

任务：使用 Pandas 创建一个包含姓名和年龄的 DataFrame，筛选出年龄大于 30 的行，并计算这些人的平均年龄。

Prompt：“编写 Python 代码，使用 Pandas 创建包含 Name 和 Age 列的 DataFrame，筛选出年龄大于 30 的行，计算这些行的平均年龄。”

ChatGPT 生成的代码如下，仅供示意参考。

```
Python
import pandas as pd

# 创建 DataFrame
data = {'Name': ['Alice', 'Bob', 'Charlie', 'David'], 'Age': [25, 35, 45, 28]}
df = pd.DataFrame(data)

# 筛选年龄大于 30 的行
filtered_df = df[df['Age'] > 30]

# 计算平均年龄
average_age = filtered_df['Age'].mean()
print("平均年龄:", average_age)
```

平均年龄：40.0

案例 3：数据可视化

任务：绘制 3 个产品的销售量柱状图。

Prompt：“使用 Matplotlib 绘制柱状图，显示 3 个产品（Product A、Product B、Product C）的销售量分别为 50、80 和 60。”

ChatGPT 生成的代码如下，仅供示意参考。

```
Python
import matplotlib.pyplot as plt

products = ['Product A', 'Product B', 'Product C']
sales = [50, 80, 60]

plt.bar(products, sales)
plt.xlabel('Product')
```

```
plt.ylabel('Sales')
plt.title('Sales of Products')
plt.show()
```

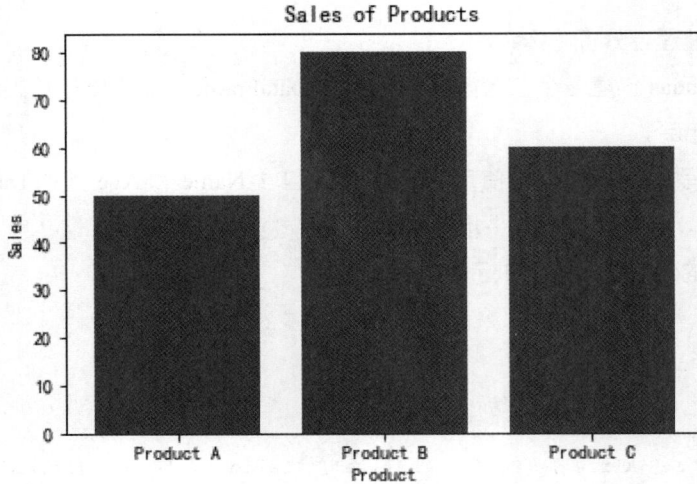

Sales of Products

案例 4：机器学习

任务：使用 Scikit-learn 训练并预测房价，假设数据包含面积和价格。

Prompt： "使用 Python 和 Scikit-learn 的线性回归模型训练并预测房价，假设数据包含面积和价格两列。预测面积为 2000 平方米的房产价格。"

ChatGPT 生成的代码如下，仅供示意参考。

```
Python
import numpy as np
from sklearn.linear_model import LinearRegression

# 数据准备
X = np.array([[1500], [1600], [1700], [1800], [1900]])
y = np.array([300000, 320000, 340000, 360000, 380000])

# 创建并训练模型
model = LinearRegression()
model.fit(X, y)

# 预测价格
predicted_price = model.predict([[2000]])
print("预测房价:", predicted_price[0])
```

预测房价：399999.99999999994

7.4 Python AI 辅助工具：PandasAI 和 JupyterAI

PandasAI 和 JupyterAI 是专为数据分析师设计的 AI 辅助工具，它们分别将自然语言与 Python 结合，使得数据处理、可视化和机器学习操作更加简单。本节将详细介绍这两个工具的功能和应用，通过构造示例数据，演示从数据清洗、预处理到可视化、聚合分析和机器学习建模的完整数据分析流程。

7.4.1　PandasAI 使用指南

PandasAI 功能介绍

PandasAI 通过 SmartDataframe 和 SmartDatalake 来增强 Pandas 的功能。SmartDataframe 可以直接在数据框上使用自然语言进行数据清洗、可视化等操作，而 SmartDatalake 则允许对多个数据表进行联合分析，为复杂的数据场景提供支持。

安装 PandasAI 并配置 API Key

首先，通过以下命令安装 PandasAI。

```Python
pip install pandasai
```

PandasAI 依赖 OpenAI API 提供自然语言处理能力。在使用 PandasAI 之前，需要设置 OpenAI 的 API 密钥，至于如何获取 API 密钥，可以到 OpenAI 官网查询获取方式，获取完成后可以将密钥保存在环境变量或代码中：

```Python
import os
from pandasai import SmartDataframe, SmartDatalake
from pandasai.llm.openai import OpenAI

# 设置 OpenAI API 密钥，请将 "your_openai_api_key" 替换为您的实际 OpenAI API Key
os.environ["OPENAI_API_KEY"] = "your_openai_api_key"

# 或者直接在代码中传递
llm = OpenAI(api_token="your_openai_api_key")
```

请将 "your_openai_api_key" 替换为实际的 OpenAI API Key。

1. 使用 SmartDataframe 进行单表分析

下面将创建一个客户数据集，并使用 SmartDataframe 进行数据清洗、可视化和聚合分析。

```Python
# 创建示例客户数据
np.random.seed(42)
data = {
    'CustomerID': range(1, 101),
    'Age': np.random.randint(18, 70, 100),
    'AnnualIncome': np.random.normal(50000, 15000, 100).astype(int),
    'SpendingScore': np.random.randint(1, 101, 100),
    'City': np.random.choice(['New York', 'Los Angeles', 'Chicago', 'Houston'], 100),
    'IsReturningCustomer': np.random.choice([0, 1], 100)
}
df = pd.DataFrame(data)
sdf = SmartDataframe(df, config={"llm": llm})
print(sdf.head())
```

```
   CustomerID  Age  AnnualIncome  SpendingScore         City  \
0          61   20         62355             80  Los Angeles
1          57   62         47802              6     New York
2          97   60         46567             51  Los Angeles
3          29   42         47848             76      Chicago
4          79   25         59255             18      Houston


   IsReturningCustomer
0                    1
1                    1
2                    0
```

（1）数据清洗和预处理

下面对上述生成的数据进行统计性分析，检查数据质量，直接在 sdf.chat 中输入以下 Prompt 即可。

Prompt："检查整体数据质量，对各字段进行统计性分析。"

代码实现：

```Python
#%%
sdf.chat("检查整体数据质量，对各字段进行统计性分析。")
```

	CustomerID	Age	AnnualIncome	SpendingScore	IsReturningCustomer
count	100.000000	100.000000	100.000000	100.000000	100.00
mean	50.500000	43.350000	50583.710000	49.480000	0.55
std	29.011492	14.904663	15273.837832	30.084218	0.50
min	1.000000	19.000000	20901.000000	1.000000	0.00
25%	25.750000	31.750000	38367.750000	24.000000	0.00
50%	50.500000	42.000000	49050.500000	47.000000	1.00
75%	75.250000	57.000000	61242.000000	72.750000	1.00
max	100.000000	69.000000	94154.000000	100.000000	1.00

如果数据存在质量问题，需要对数据进行清洗和预处理，类似地，输入以下 Prompt 即可。

Prompt：“检查数据是否存在缺失值，如有请填充缺失值，返回填充后的数据。”

代码实现：

```Python
#%%
sdf.chat("检查数据是否存在缺失值，如有请填充缺失值，返回填充后的数据。")
```

	CustomerID	Age	AnnualIncome	SpendingScore	City	IsReturningCustomer
0	1	56	21864	42	New York	1
1	2	69	29498	99	New York	1
2	3	46	59544	7	Houston	1
3	4	32	36399	16	Chicago	0
4	5	60	57140	90	New York	0

Prompt：“筛选出年龄在 18 到 65 岁的客户数据。”

代码实现：

```Python
# 使用 SmartDataframe 进行数据筛选
sdf.chat("筛选出年龄在 18 到 65 岁的客户数据。")
```

	CustomerID	Age	AnnualIncome	SpendingScore	City	IsReturningCustomer
0	1	56	21864	42	New York	1
2	3	46	59544	7	Houston	1
3	4	32	36399	16	Chicago	0
4	5	60	57140	90	New York	0
5	6	25	69554	60	Houston	0
6	7	38	53173	2	Chicago	1
7	8	56	58955	1	Houston	1
8	9	36	36554	48	Los Angeles	1
9	10	40	48320	12	New York	0
10	11	28	72034	69	Los Angeles	1

（2）探索性数据分析（EDA）

清洗数据后，需要计算数据的统计性指标，了解数据的分布和相关性等。

Prompt："计算 AnnualIncome 的平均值和中位数。"

代码实现：

```Python
#%%
# 使用 SmartDataframe 进行 EDA
sdf.chat(" 计算 AnnualIncome 的平均值和中位数 ")
```

The average annual income is 50583.71 and the median annual income is 49050.5.

Prompt："生成 AnnualIncome 分布的直方图。"

代码实现：

```Python
# 使用 SmartDataframe 进行 EDA
sdf.chat(" 生成 AnnualIncome 分布的直方图。")
```

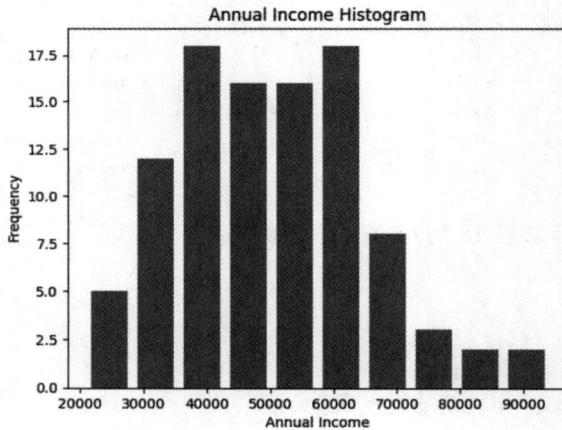

Prompt："计算年收入和消费得分的相关性。"

代码实现：

```Python
# 使用 SmartDataframe 进行相关性分析
sdf.chat(" 计算年收入和消费得分的相关性。")
```

0.006471724322741964

（3）数据聚合分析

Prompt："按 City 分组，计算每个城市的平均年收入和平均消费得分，并生成柱状图显示结果。"

代码实现：

```Python
## 使用 SmartDataframe 进行数据聚合
sdf.chat(" 按 City 分组，计算每个城市的平均年收入和平均消费得分，并生成柱状图显示结果。")
```

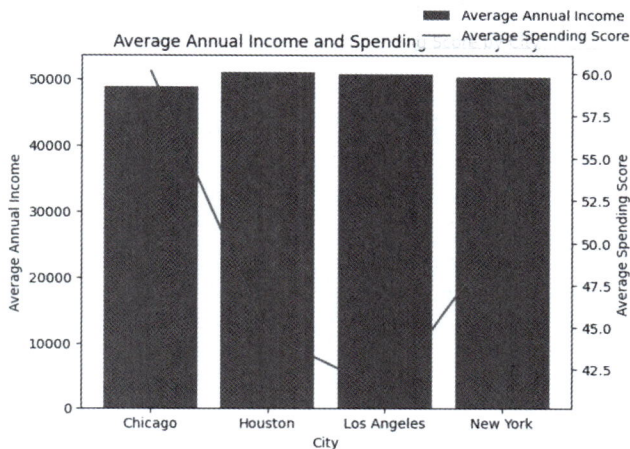

（4）机器学习建模

Prompt："基于年龄、年收入和消费得分 3 个特征，使用逻辑回归训练一个模型，预测用户是否是回头客，输出模型的训练效果，并预测某个用户 {"Age":35, "AnnualIncome":300000，"SpendingScore":50} 是否是回头客。"

代码实现：

```Python
# 使用 SmartDataframe 进行机器学习建模
sdf.chat(" 基于年龄、年收入和消费得分 3 个特征，使用逻辑回归训练一个模型预测用户是否是回头客，输出模型的训练效果，并预测某个用户 {"Age":35, "AnnualIncome":300000, "SpendingScore":50} 是否是回头客 ")
```

Accuracy: 0.75

Precision: 0.9

Recall: 0.6923076923076923

Accuracy: 0.75

Precision: 0.9

Recall: 0.6923076923076923

The user is a returning customer.

2. 使用 SmartDatalake 进行多表联合分析

SmartDatalake 允许用户将多个数据表联合起来进行分析。本例将构建一个订单数据表，并使用 SmartDatalake 对其与客户数据表一起进行联合分析。

构造订单数据表：

```Python
# 创建订单数据表
order_data = {
    'OrderID': range(1, 101),
    'CustomerID': np.random.choice(range(1, 101), 100),
    'OrderAmount': np.random.normal(200, 50, 100).round(2),
    'OrderDate': pd.date_range(start="2023-01-01", periods=100, freq='D'),
    'ProductCategory': np.random.choice(['Electronics', 'Clothing', 'Food', 'Beauty'], 100)
}
df_orders = pd.DataFrame(order_data)

# 将客户数据和订单数据导入 SmartDatalake
datalake = SmartDatalake(
    [data, order_data],
    config={"llm": llm}
)
```

（1）客户订单分析

Prompt："计算每位客户的总订单金额，并按序输出前 5 位客户的总订单金额排名。"

代码实现：

```Python
# 使用 SmartDatalake 计算每位客户的总订单金额
datalake.chat("计算每位客户的总订单金额，并输出前 5 位客户的总订单金额排名。")
```

	123 CustomerID ⇕	123 OrderAmount ⇕
28	49	1022.02
55	92	847.88
17	32	814.92
38	63	794.27
15	29	678.57

（2）按产品类别统计订单量和收入

Prompt："按 ProductCategory 分组，计算每个类别的订单量和总收入，并绘制结果的柱状图。"

代码实现：

```Python
#%%
# 使用 SmartDatalake 进行按产品类别的聚合分析
datalake.chat("按 ProductCategory 分组，计算每个类别的订单量和总收入，并绘制结果的柱状图。")
```

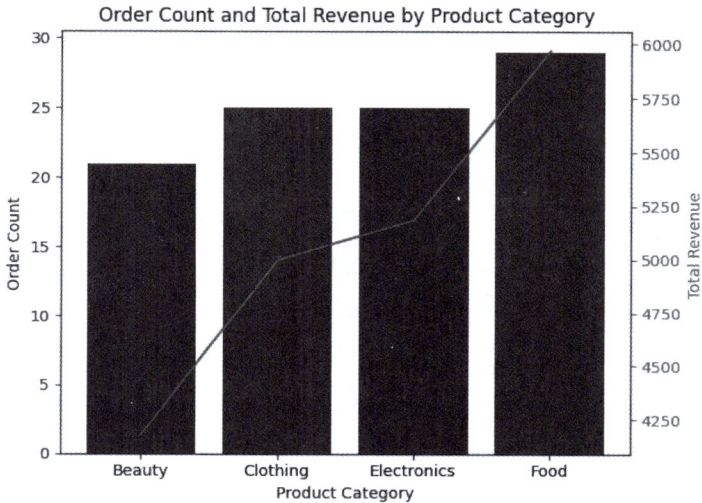

Order Count and Total Revenue by Product Category

（3）用户消费行为的机器学习建模

Prompt：　"基于年收入和总订单金额两个特征，使用逻辑回归训练一个模型，预测用户是否是回头客，输出模型的训练效果，并预测某个用户 {"年收入":300000，"总订单金额":50} 是否是回头客。"

代码实现：

```Python
# 使用 SmartDatalake 进行机器学习建模
datalake.chat(基于年收入和总订单金额两个特征，使用逻辑回归训练一个模型预测用户是否是回头客，输出模型的训练效果，并预测某个用户 {"年收入":300000，"总订单金额":50} 是否是回头客)
```

	precision	recall	f1-score	support
0.0	0.67	0.75	0.71	8
1.0	0.50	0.40	0.44	5
accuracy			0.62	13

159

macro avg	0.58	0.57	0.58	13
weighted avg	0.60	0.62	0.61	13

The predicted value for the user is 1.0.

3. 小结

通过 PandasAI 中的 SmartDataframe 和 SmartDatalake，可以轻松实现对单表和多表数据的自然语言分析操作。在单表分析中，SmartDataframe 支持数据清洗、可视化、聚合分析和机器学习建模；而在多表场景下，SmartDatalake 提供了跨表的联合分析功能，使得数据分析更加高效、便捷。

7.4.2　JupyterAI 使用指南

JupyterAI 是 Jupyter Notebook 的一个 AI 插件，能够通过自然语言生成 Python 代码，帮助用户实现数据清洗、探索性数据分析（EDA）、数据聚合和机器学习建模等功能。通过 JupyterAI，用户可以使用自然语言向模型提问或请求代码生成，极大地提升了数据分析的效率。

安装 JupyterAI

安装 JupyterAI 可以通过以下命令完成。

```Bash
pip install jupyter_ai
```

配置 OpenAI API Key

JupyterAI 支持多种模型供应商（如 OpenAI、TogetherAI 等）。在使用 OpenAI 的模型（如 GPT-4）时，需要提供 OpenAI API Key。将密钥存储在环境变量中，或直接在 Notebook 中进行设置。

```Python
# 在环境变量中配置 API 密钥
%env OPENAI_API_KEY=your_openai_api_key
```

请将 your_openai_api_key 替换为实际 OpenAI API Key。

加载 JupyterAI 扩展

在 Notebook 中，使用以下命令加载 JupyterAI 的魔法命令扩展：

```Python
%load_ext jupyter_ai
```

列出可用的模型

要查看 JupyterAI 支持的所有模型，可以使用以下命令。

```Python
%%ai list
```

此命令将列出所有可用模型，包括不同模型供应商的 ID 和名称。在列表中，可以找到 openai-chat:gpt-4 等模型选项。

使用模型进行自然语言分析示例

在实际使用时，可以选择 openai-chat:gpt-4 作为模型，通过 %%ai openai-chat:gpt-4 命令执行自然语言分析。以下是基于 JupyterAI 的 4 个数据分析任务示例。

1. 数据清洗预处理

问题描述："我有一个包含 Name、Age 和 Income 的数据集，如何用 Python 处理缺失值，并将 Age 小于 18 岁的记录筛选掉？"

JupyterAI 使用示例如下。

```Python
%%ai openai-chat:gpt-4
# 用 Python 处理缺失值，并筛选掉 Age 小于 18 岁的记录
我有一个包含 Name、Age 和 Income 的数据集，如何用 Python 处理缺失值，并将 Age 小于 18 岁的记录筛选掉？
```

2. 描述性统计分析

问题描述："我有一份销售数据，包含 Product 和 SalesAmount 字段，如何计算 SalesAmount 的平均值、最大值和最小值？"

JupyterAI 使用示例如下。

```Python
%%ai openai-chat:gpt-4
# 计算 SalesAmount 的平均值、最大值和最小值
我有一份销售数据，包含 Product 和 SalesAmount 字段，如何计算 SalesAmount 的平均值、最大值和最小值？
```

3. 数据可视化

问题描述："我有一个包含 Country 和 Population 的数据集，如何用柱状图展示每个国家的人口？"

JupyterAI 使用示例如下。

```Python
```

```
%%ai openai-chat:gpt-4
# 使用柱状图展示每个国家的人口
我有一个包含 Country 和 Population 的数据集，如何用柱状图展示每个国家的人口？
```

4. 数据聚合分析

问题描述："我有一份客户数据，包含 City 和 SpendingScore 字段，如何按 City 进行分组，计算每个城市的平均 SpendingScore？"

JupyterAI 使用示例如下。

```
Python
%%ai openai-chat:gpt-4
# 按 City 分组计算平均 SpendingScore
我有一份客户数据，包含 City 和 SpendingScore 字段，如何按 City 进行分组，计算每个城市的平均 SpendingScore？
```

5. 机器学习建模

问题描述："我有一份数据，包含 Age、Income 和 IsReturningCustomer，如何使用逻辑回归模型预测客户是否为回头客，并输出模型准确率？"

JupyterAI 使用示例如下。

```
Python
%%ai openai-chat:gpt-4
# 使用逻辑回归模型预测客户是否为回头客
我有一份数据，包含 Age、Income 和 IsReturningCustomer，如何使用逻辑回归模型预测客户是否为回头客，并输出模型准确率？
```

6. 小结

通过 JupyterAI 的 %%ai 魔法命令，用户可以使用自然语言来生成 Python 代码，完成从数据清洗、描述性统计分析、可视化到数据聚合的多个数据分析任务。JupyterAI 支持多种模型，极大地提升了数据科学和分析工作的便利性。

本章介绍了数据分析工作中需要掌握的 Python 基础知识，包括基础语法和函数，数据处理、分析及可视化的基础操作，机器学习等。然后借助生成式 AI 辅助生成代码的强大能力，给出了用于提升 Python 编程效率的 Prompt 模板，方便大家在生成 Python 代码时更方便、快捷。最后，为了进一步降低使用的难度，介绍了一些用于 Python 代码生成的、方便易用的 AI 工具，包括 PandasAI 和 JupyterAI 等，用户只需输入自然语言指令，就可以直接返回想要的结果，最大限度地降低了使用 Python 进行数据分析的难度，提高数据分析的效率。

7.5 互动练习题

练习题 1：ChatGPT Prompt for Python——数据处理与统计分析

问题

使用 ChatGPT 的 Prompt 编写 Python 代码，以分析一个销售数据集，该数据集包含 Date、Product 和 SalesAmount 字段。要求：将 SalesAmount 转换为月度总销售额。

计算每个月的平均销售额。

参考答案

```Python
# 使用 ChatGPT Prompt
prompt = """
我有一个包含 Date、Product 和 SalesAmount 的数据集。如何使用 Python 将 SalesAmount 转换为月度
总销售额，并计算每个月的平均销售额？
"""

# ChatGPT 生成代码
# 示例代码结果如下
import pandas as pd

# 示例数据
data = {
    'Date': pd.date_range(start='2023-01-01', periods=100, freq='D'),
    'Product': ['A', 'B', 'C'] * 33 + ['A'],
    'SalesAmount': np.random.randint(100, 500, 100)
}
df = pd.DataFrame(data)

# 转换为月度总销售额并计算平均销售额
df['Month'] = df['Date'].dt.to_period('M')
monthly_sales = df.groupby('Month')['SalesAmount'].sum()
average_sales = monthly_sales.mean()
print("每个月的平均销售额:", average_sales)
```

练习题 2：PandasAI——数据清洗与聚合分析

问题

假设你有一个客户数据集，包含 CustomerID、Age 和 SpendingScore 等字段，且部分数据有缺失值。请使用 PandasAI 完成以下操作。

- 检查并填充数据中的缺失值。
- 按 Age 将客户分为青年（小于 30 岁）、中年（30 ~ 50 岁）和老年（大于 50 岁）3 组，并计算每组的平均 SpendingScore。

参考答案

```Python
from pandasai.smart_dataframe import SmartDataframe
import pandas as pd
import numpy as np
from pandasai.llm.openai import OpenAI

# 示例数据
data = {
    'CustomerID': range(1, 21),
    'Age': np.random.choice([20, 25, 35, 45, 55, None], 20),
    'SpendingScore': np.random.choice([50, 70, 85, 95, None], 20)
}
df = pd.DataFrame(data)

# 使用 PandasAI
llm = OpenAI(api_token="your_openai_api_key")
sdf = SmartDataframe(df, config={"llm": llm})

# 填充缺失值并按年龄组进行分组分析
sdf.chat("检查并填充数据中的缺失值，将客户按年龄分组计算平均 SpendingScore")
```

练习题 3：JupyterAI——数据可视化与分类模型

问题

使用 JupyterAI 和 %%ai openai-chat:gpt-4 命令完成以下代码任务。

- 绘制包含 Age 和 SpendingScore 的散点图，给出 Python 代码。
- 使用逻辑回归模型预测客户是否为回头客，字段包括 Age、AnnualIncome 和 IsReturningCustomer，给出 Python 代码。

参考答案

```Python
# 使用 JupyterAI 进行数据可视化和逻辑回归预测
%%ai openai-chat:gpt-4

# 绘制包含 Age 和 SpendingScore 的散点图
我有一个数据集包含 Age 和 SpendingScore，如何绘制这两个字段的散点图？

# 使用逻辑回归预测客户是否为回头客
我有包含 Age、AnnualIncome 和 IsReturningCustomer 的数据，如何使用逻辑回归模型预测客户是否为回头客？
```

第 8 章

可视解读：用ChatGPT实现数据可视化与分析

数据可视化是数据分析中非常重要的一环，通过将复杂的数据转化为直观的图形，帮助分析师和决策者更好地了解数据背后的趋势和模式。本章将探讨如何使用 ChatGPT 辅助进行数据可视化和解读数据结果，涵盖选择合适的图表类型、生成有效的可视化图表、解读图表中的数据，以及将数据分析结果应用于决策的技巧。

8.1 数据可视化的核心概念

1. 数据可视化的目的

了解数据：数据可视化可以帮助分析师快速了解数据的分布、趋势和模式。

识别问题：通过数据可视化可以更清晰地看到数据中的异常和问题。

传达信息：直观的图表可以帮助决策者更快地获取信息，辅助做出决策。

2. 常见的数据可视化图表类型

根据分析目标和数据特性，选择合适的图表类型可以更好地展示数据。以下是一些常用的图表类型。

柱状图（Bar Chart）：用于展示类别数据的对比。

折线图（Line Chart）：适合展示时间序列数据中的趋势。

饼图（Pie Chart）：用于展示比例关系。

直方图（Histogram）：适合展示数据分布情况。

散点图（Scatter Plot）：用于展示两个变量之间的关系。

箱线图（Box Plot）：用于展示数据的分布特征和异常值。

8.2 使用 ChatGPT 生成数据可视化代码

通过 ChatGPT 可以快速生成数据可视化代码，避免复杂的手动编码。下面将展示如何使用 ChatGPT 生成不同类型图表的代码，并解读生成的结果。

示例 1：生成柱状图

任务：生成一个展示产品销售额的柱状图。

Prompt："我有一个包含 Product 和 SalesAmount 字段的数据集，如何使用 Python 绘制产品销售额的柱状图？"

ChatGPT 生成的代码如下，仅供示意参考。

```Python
import pandas as pd
import matplotlib.pyplot as plt

# 示例数据
data = {'Product': ['A', 'B', 'C', 'D'], 'SalesAmount': [1500, 3000, 1200, 2500]}
df = pd.DataFrame(data)

# 绘制柱状图
plt.bar(df['Product'], df['SalesAmount'])
plt.xlabel('Product')
plt.ylabel('Sales Amount')
plt.title('Product Sales Amount')
plt.show()
```

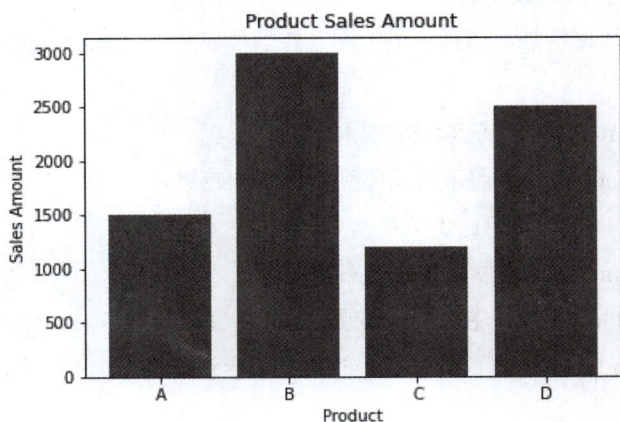

示例 2：生成时间序列折线图

任务：生成一个展示每日访问量趋势的折线图。

Prompt："我有一个包含 Date 和 Visits 字段的数据集，如何绘制每日访问量的折线图以观察趋势？"

ChatGPT 生成的代码如下，仅供示意参考。

```Python
import pandas as pd
import matplotlib.pyplot as plt

# 示例数据
data = {'Date': pd.date_range(start='2023-01-01', periods=10), 'Visits': [100,
150, 200, 180, 300, 280, 320, 310, 400, 450]}
df = pd.DataFrame(data)

# 绘制折线图
plt.plot(df['Date'], df['Visits'])
plt.xlabel('Date')
plt.ylabel('Visits')
plt.title('Daily Visits Trend')
plt.xticks(rotation=45)
plt.show()
```

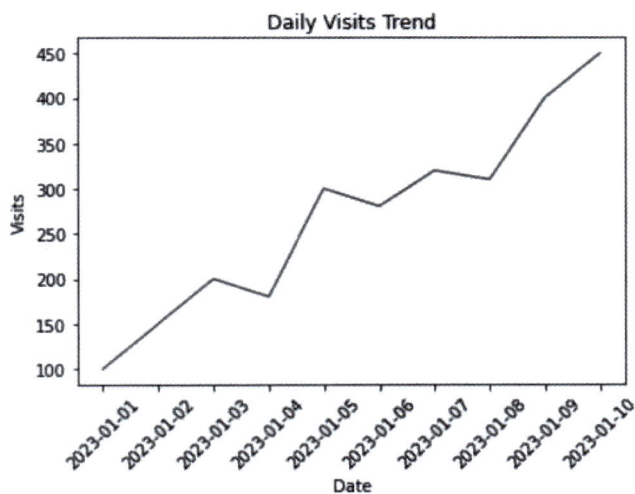

示例 3：生成散点图

任务：生成一个展示客户年龄与消费分数关系的散点图。

Prompt："我有一个数据集包含 Age 和 SpendingScore 字段，如何绘制这两个字段的散点图以查看它们之间的关系？"

ChatGPT 生成的代码如下，仅供示意参考。

```
Python
import pandas as pd
import matplotlib.pyplot as plt

# 示例数据
data = {'Age': [23, 45, 34, 25, 65, 40, 29, 50, 33, 47], 'SpendingScore': [60,
80, 70, 65, 90, 75, 50, 85, 55, 78]}
df = pd.DataFrame(data)

# 绘制散点图
plt.scatter(df['Age'], df['SpendingScore'])
plt.xlabel('Age')
plt.ylabel('Spending Score')
plt.title('Age vs Spending Score')
plt.show()
```

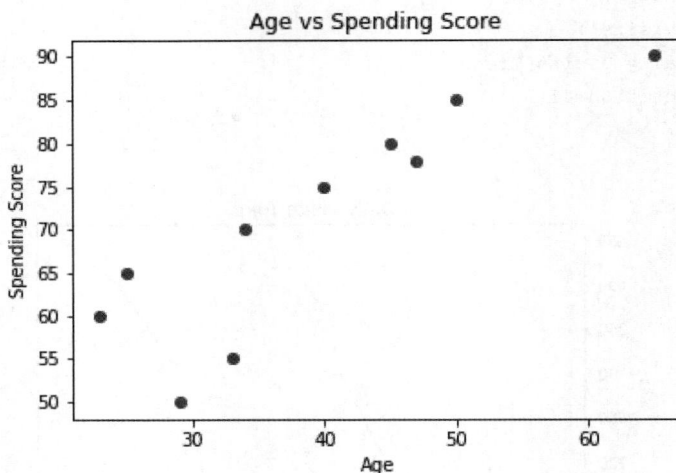

8.3 数据结果解读

数据可视化可以通过图表的方式展示趋势、分布等信息，但如果想要获得更深的见解，需要对数据进行更深入的解读，数据解读的核心包括以下几项。

识别趋势：观察数据随时间或类别变化的趋势。

比较差异：通过数据可视化，比较不同组别、不同维度之间的差异。

发现异常：数据可视化可以帮助人们识别数据中的异常点或异常趋势。

基于图表做出决策：在解读结果的基础上提出相应的决策建议。

借助 ChatGPT 可以很方便地对数据进行解读，以下示例数据，包含两个维度的汇总结果，展示如何通过 ChatGPT Prompt 生成解读内容。

示例 1：不同产品的季度销售数据

示例数据如下。

Quarter	Product A Sales	Product B Sales	Product C Sales
Q1	2000	1500	1800
Q2	2500	1600	2100
Q3	3000	1800	2300
Q4	4000	2100	2600

Prompt："这是我公司的季度销售数据，包含 3 个产品的季度销售额，请根据数据生成解读。"

ChatGPT 解读结果如下。

"从季度销售数据中可以看出，所有产品的销售额在一年中均呈增长趋势，尤其是 Q4 的销售显著上升。Product A 的销售额逐季大幅增长，表明该产品的市场需求在全年持续上升。Product B 和 Product C 也有增长，但增幅相对较小。建议在 Q4 之前针对所有产品加强推广，尤其是 Product A，以进一步提升销售业绩。"

示例 2：不同城市的月度用户增长情况

示例数据如下。

Month	New York	Los Angeles	Chicago	Houston
January	300	250	200	180
February	320	270	220	190
March	350	280	230	210
April	370	300	250	220

Prompt："以下是我公司在不同城市的月度用户增长数据。请分析和解读不同城市的用户增长趋势。"

ChatGPT 解读结果如下。

"数据表明，New York 的用户增长显著高于其他城市，且每个月都有稳定的增长，说明其在市场上有较大的需求潜力。Los Angeles 紧随其后，也保持了稳定的增长，尤其是从三月到四月增长较快。相比之下，Chicago 和 Houston 的增长相对缓慢，可能需要通过加强推广和激励措施来提升用户增长率。建议在 New York 和 Los Angeles 市场继续保持现有策略，而在 Chicago 和 Houston 进一步分析用户的需求，以调整推广策略。"

8.4 完整可视化项目：销售数据分析

本节将完成一个完整的销售数据分析项目。数据包含产品销售的时间序列、产品类别和地区分布。我们将使用 ChatGPT 生成 Python 代码来完成这些数据的可视化任务，同时根据生成的源数据进行精确的解读。

1. 项目任务

本次项目数据集包含以下字段。

Date：销售日期。

Product：产品类型（A、B、C）。

SalesAmount：销售金额。

Region：销售地区（North、South、East、West）。

我们将通过以下步骤完成项目。

（1）按月计算总销售额，并生成折线图的源数据。

（2）不同产品的销售额柱状图的源数据。

（3）各地区的销售额比例饼图的源数据。

（4）基于生成的图表和源数据撰写解读报告。

Prompt："我有一个包含 Date、Product、SalesAmount 和 Region 的数据集，如何按以下步骤生成 Python 代码？

（1）按月计算总销售额，并生成折线图的源数据。

（2）不同产品的销售额柱状图的源数据。

（3）各地区的销售额比例饼图的源数据。

（4）基于生成的图表和源数据撰写解读报告。"

生成的以下代码实现了绘图过程，并计算出生成图表所需的源数据。

```Python
import pandas as pd
import numpy as np
import matplotlib.pyplot as plt

# 生成示例数据
data = {
    'Date': pd.date_range(start='2023-01-01', periods=365, freq='D'),
    'Product': np.random.choice(['A', 'B', 'C'], 365),
    'SalesAmount': np.random.randint(100, 1000, 365),
    'Region': np.random.choice(['North', 'South', 'East', 'West'], 365)
}
```

```
df = pd.DataFrame(data)
df['Month'] = df['Date'].dt.to_period('M')

# （1）（按月计算总销售额并生成折线图的源数据
monthly_sales = df.groupby('Month')['SalesAmount'].sum()
print("Monthly Sales Data:")


# 绘制折线图
plt.figure(figsize=(10, 5))
monthly_sales.plot(kind='line', title='Monthly Sales Amount')
plt.xlabel('Month')
plt.ylabel('Sales Amount')
plt.show()

# （2）不同产品的销售额柱状图的源数据
product_sales = df.groupby('Product')['SalesAmount'].sum()
print("\nProduct Sales Data:")

# 绘制柱状图
plt.figure(figsize=(8, 5))
product_sales.plot(kind='bar', title='Sales Amount by Product')
plt.xlabel('Product')
plt.ylabel('Sales Amount')
plt.show()

# （3）各地区的销售额比例饼图的源数据
region_sales = df.groupby('Region')['SalesAmount'].sum()
print("\nRegion Sales Data:")

# 绘制饼图
plt.figure(figsize=(7, 7))
region_sales.plot(kind='pie', autopct='%1.1f%%', title='Sales Amount by Region')
plt.ylabel('')
plt.show()
```

Monthly Sales Data:

Month

2023-01　18270

2023-02　16588

2023-03　16653

2023-04　13746

2023-05　17450

2023-06　17441

2023-07   18031

2023-08   17459

2023-09   17106

2023-10   17210

2023-11   15320

2023-12   16281

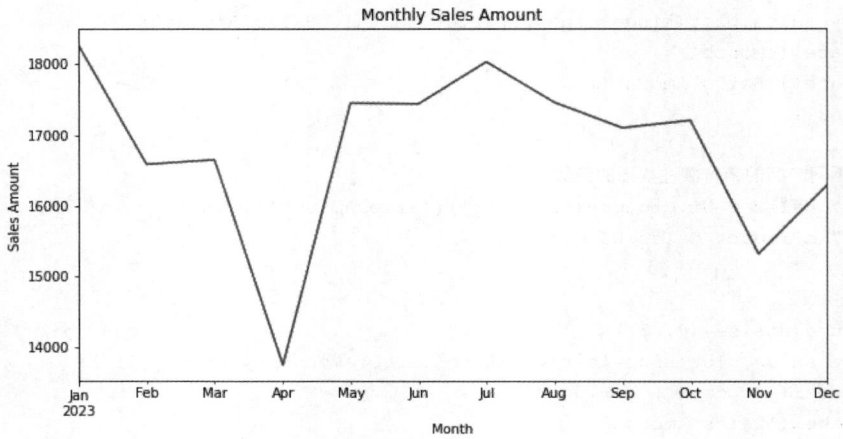

Product Sales Data:

Product

A   66119

B   66649

C   68787

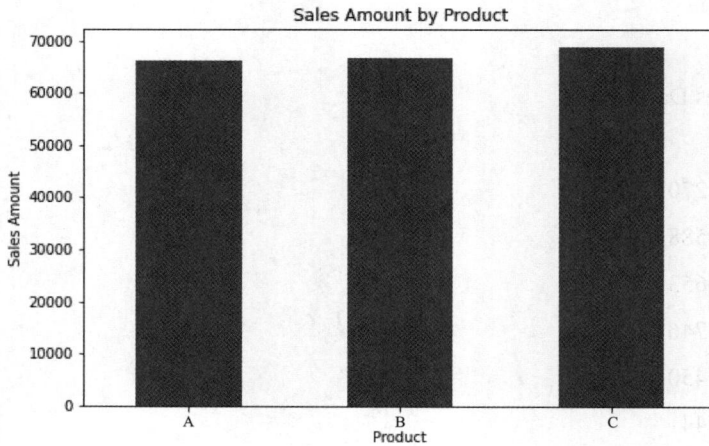

Region Sales Data:

Region

East   42808

North   55423

South   50348

West   52976

Sales Amount by Region

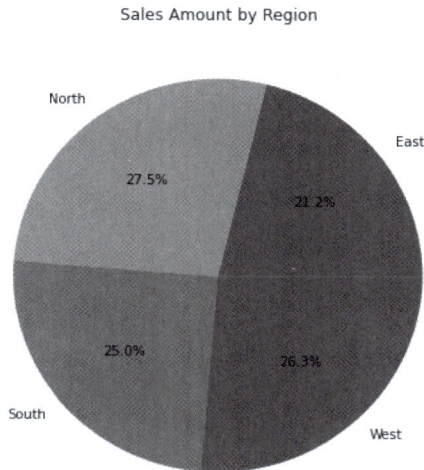

2. 解读报告

针对上面的汇总数据，可以使用 Prompt 对数据进行分析解读，并给出结论和建议，Prompt 如下。

Prompt：基于以上数据，以下是对月度总销售额、产品销售额和地区销售额的详细解读。

（1）月度总销售额分析

源数据如下。

Month	Total Sales Amount
2023-01	18 976
2023-02	15 292
2023-03	15 682
2023-04	16 999
2023-05	18 141
2023-06	16 731
2023-07	17 358
2023-08	17 471
2023-09	15 249

解读：从月度总销售额数据可以观察到，销售额全年总体呈现一定的波动。1 月份的销售额最高，达到 18 976 美元，而 2 月份和 3 月份的销售额出现了下滑，分别为 15 292 美元和 15 682 美元。这种波动可能受到季节性因素或短期市场需求变化的影响。进入年末，尤其是 12 月份，销售额显著上升至 19 833 美元，表明假日季带动了消费需求的增长。因此，建议在未来的假日季和年初重点进行促销活动，以便充分利用高需求的月份提升销售。

（2）不同产品的销售额分析

源数据如下。

Product	Total Sales Amount
A	60 200
B	73 364
C	70 625

解读：从产品销售额数据来看，Product B 的总销售额最高，为 73 364 美元，紧随其后的是 Product C，总销售额为 70 625 美元。Product A 的销售额相对较低，为 60 200 美元。可以推测出 Product B 的市场需求相对较高，Product C 也具有较强的市场竞争力。相对而言，Product A 的市场表现稍逊一筹。建议未来可以加大 Product A 的市场推广力度，以缩小其与其他两种产品之间的差距。同时，对于需求量更高的 Product B 和 Product C，可以考虑进一步优化供应链和库存，以确保满足市场需求。

（3）各地区销售额比例分析

源数据如下。

Region	Total Sales Amount	Percentage
East	57 138	26.20%
North	57 415	26.30%
South	48 428	22.20%
West	41 208	18.90%

解读：在各地区的销售数据中，North 和 East 区域的销售额最高，分别为 57 415 美元和 57 138 美元，占总销售额的 26.3% 和 26.2%。South 和 West 区域的销售额相对较低，South 为 48 428 美元，占 22.2%，而 West 为 41 208 美元，占 18.9%。这表明 North 和 East 区域对公司产品的接受度较高。为了进一步提高市场覆盖率，建议在 South 和 West 区域增加推广资源，提升品牌曝光度和市场渗透率，从而平衡区域销售分布，确保公司在全国市场的均衡发展。

本章介绍了如何通过 ChatGPT 辅助生成数据可视化代码，并解读数据可视化结果。通过选择合适的图表类型、生成有效的可视化图表、解读图表中的信息和提出可执行的建议，可以有效提升数据分析的洞察力和决策能力。

8.5 互动练习题

练习题 1：数据可视化的选择

问题

你有一份公司季度销售数据，包括 Quarter、Product 和 SalesAmount 字段。请思考并回答以下问题。

- 如果要展示不同季度的销售额趋势，应该选择哪种图表类型？
- 如果要比较不同产品的总销售额，应该选择哪种图表类型？
- 如果要展示不同地区的销售比例，应该选择哪种图表类型？

参考答案

- 展示不同季度的销售额趋势可以选择折线图，因为折线图适合显示时间序列数据的趋势。
- 比较不同产品的总销售额可以选择柱状图，因为柱状图适合展示不同类别的数据对比。
- 展示不同地区的销售比例可以选择饼图，因为饼图适合展示比例关系。

练习题 2：使用 ChatGPT 生成数据可视化代码

问题

你有一个包含 City 和 SalesAmount 的数据集，记录了不同城市的销售额。请使用 ChatGPT 生成 Python 代码来完成以下任务。

- 绘制不同城市的销售额柱状图。
- 标注 X 轴为城市名称，Y 轴为销售额。

参考答案

Prompt：“我有一个包含 City 和 SalesAmount 的数据集，如何用 Python 绘制不同城市的销售额柱状图，并标注 X 轴为城市名称，Y 轴为销售额？”

ChatGPT 生成的代码如下，仅供示意参考：

```Python
import pandas as pd
import matplotlib.pyplot as plt

# 示例数据
data = {'City': ['New York', 'Los Angeles', 'Chicago', 'Houston'], 'SalesAmount':
[12000, 15000, 11000, 13000]}
```

```
df = pd.DataFrame(data)

# 绘制柱状图
plt.bar(df['City'], df['SalesAmount'])
plt.xlabel('City')
plt.ylabel('Sales Amount')
plt.title('Sales Amount by City')
plt.show()
```

练习题 3: 产品和月份的销售数据解读

问题

你有一个产品和月份维度的销售数据表格，具体如下。

Month	Product A Sales	Product B Sales	Product C Sales
Jan	4 000	5 500	4 800
Feb	3 800	5 200	4 500
Mar	4 200	6 000	5 000
Apr	4 500	6 500	5 500

请使用 ChatGPT 生成对该数据的解读，包括以下内容。

- 哪个产品的销售额在这 4 个月内最高？
- 产品 B 和 C 的销售额是否有相似的增长趋势？
- 针对未来营销策略的建议。

参考答案

Prompt："我有一份产品和月份的销售数据，请分析并解读哪个产品的销售额最高，产品 B 和 C 的销售趋势是否相似，并给出未来营销策略的建议。"

ChatGPT 解读示例："在这 4 个月中，Product B 的销售额始终领先，4 月达到最高销售额 6 500 美元，显示出较强的市场需求。Product B 和 Product C 的销售趋势较为相似，均在逐月增长，但 Product C 的增长幅度略小于 Product B。建议未来的营销策略集中在进一步推广 Product B 上，以维持其领先地位，并对 Product C 提供适当的促销支持，以拉近与 Product B 的差距。此外，可以分析 Product A 的市场表现，调整定价或进行促销，以激活需求。"

第 9 章

项目实战：多场景数据分析项目解析

本章案例的示例数据及部分分析结果，由于尺寸过大不便在书中展示，请扫码获取。

9.1 DAU 异动分析项目

1. 业务背景

某款移动应用的每日活跃用户数（Daily Active Users, DAU）在昨天出现了显著下降，而之前的趋势一直较为稳定。该应用的目标用户群体为年轻用户，主要功能包括短视频观看、实时聊天和好友互动。DAU 是应用的核心活跃度指标之一，其下降可能意味着用户活跃度的降低，对应用的留存、收入和广告转化等关键业务指标产生直接影响。公司急需对这次 DAU 突然下降的原因进行深入分析，并制定恢复 DAU 的策略。

2. 分析目标

本次项目分析的主要目标如下。

- 分析 DAU 的异常下降情况，确定是否为异常波动。
- 拆解 DAU 构成，明确导致下降的主要用户群体和具体原因。
- 基于分析结果提出具有针对性的恢复措施，稳定和提升 DAU。

3. 分析流程

由于 DAU 是昨日突然下降的，分析流程将集中于以下几步。

（1）指标趋势分析

分析 DAU 的日趋势，观察整体变化情况，确认 DAU 的下降时间点为昨日。与之前的历史趋势进行对比，评估昨天的下降是否存在明显的异常特征，并判断是否存在时间规律或周期性波动因素。

（2）验证指标波动是否异常

使用 3σ（3-sigma）方法验证 DAU 的波动幅度是否处于异常范围，评估昨日 DAU 的下降是否超出正常波动区间。如果该波动超出 3σ 范围，可以初步判断为异常情况，需要进一步探究具体原因。

（3）DAU 拆解与贡献度分析

将 DAU 拆解为不同用户类型（例如，iOS 新增用户、Android 新增用户、iOS 留存用户、Android 留存用户、iOS 回流用户和 Android 回流用户）。计算各部分用户对整体 DAU 下降的贡献度，分析下降的主要来源，明确哪些用户群体在昨天的 DAU 下降中起到关键作用。

（4）给出结论和建议

根据上述分析结果，得出 DAU 下降的主要原因，并结合业务背景提出有针对性的建议。例如，优化特定平台体验、推出用户留存活动或其他运营策略，以便恢复 DAU 至正常水平。

4. 字段信息

- date：日期，格式为 YYYY-MM-DD，记录每日的数据时间。
- dau：每日活跃用户总数，数值型，等于 ios_new、ios_retained、ios_returned、android_new、android_retained、android_returned 这 6 部分之和。
- ios_new：iOS 平台新增用户数，数值型。
- ios_retained：iOS 平台留存用户数，数值型。
- ios_returned：iOS 平台回流用户数，数值型。
- android_new：Android 平台新增用户数，数值型。
- android_retained：Android 平台留存用户数，数值型。
- android_returned：Android 平台回流用户数，数值型。

示例数据请扫到本章首页扫码获取。

5. 分析过程

（1）指标趋势分析

首先编写代码生成 DAU 的时间趋势图，方便用户观察整体的变化情况。

Prompt： 生成代码以绘制 DAU 的时间趋势图，并观察整体变化情况，特别是最后一天的波动情况。

生成的代码如下。

```Python
# 绘制 DAU 时间趋势图，观察整体变化情况
import pandas as pd
df_90_days = pd.read_excel('dau_analysis_90_days.xlsx',header=0)
# 可视化数据：展示 DAU 随时间变化的趋势
import matplotlib.pyplot as plt
```

```
plt.figure(figsize=(12, 6))
plt.plot(df_90_days['date'], df_90_days['dau'], label='Total DAU', color='blue',
marker='o')
plt.title('DAU Trend Over 90 Days')
plt.xlabel('Date')
plt.ylabel('DAU')
plt.xticks(rotation=45)
plt.axvline(x=df_90_days['date'].iloc[-1], color='red', linestyle='--',
label='Last Day (Potential Anomaly)')
plt.legend()
plt.tight_layout()
plt.show()
```

DAU 的时间趋势图如下图所示。

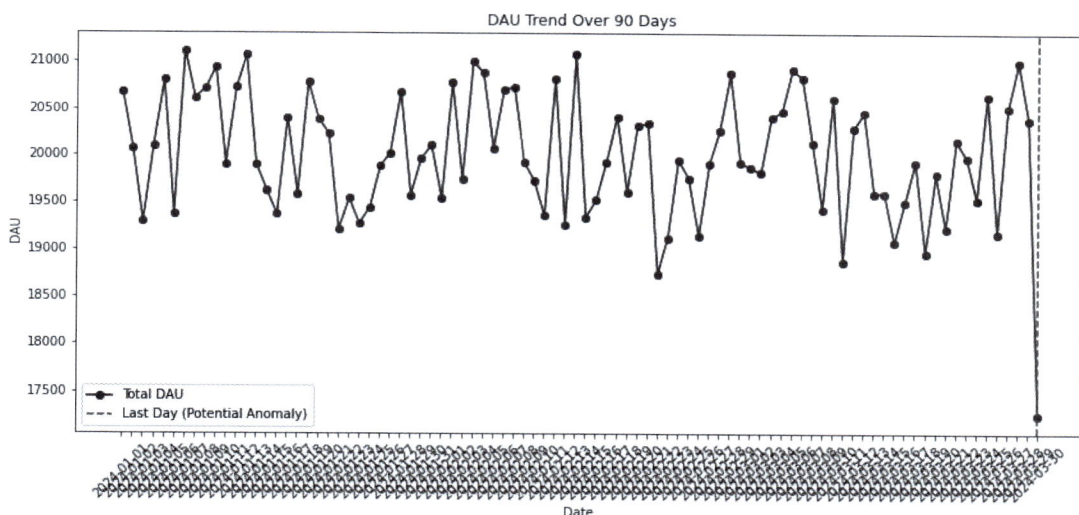

从 DAU 的时间趋势图中可以看出，整体 DAU 在最后一天确实出现了较明显的下降，这为后续的异常检测提供了直观的依据。

（2）验证指标波动是否异常

接下来编写代码计算 DAU 的 3σ 范围，并确认最后一天的数据是否超出此范围。

Prompt：计算 DAU 的平均值和标准差，使用 3σ 原则验证最后一天的 DAU 是否处于异常波动范围。

生成的代码如下。

```Python
# 计算 DAU 的平均值和标准差（不包括最后一天的数据）
```

```
dau_mean = df_90_days['dau'].iloc[:-1].mean()
dau_std = df_90_days['dau'].iloc[:-1].std()

# 计算 3σ 上下限
upper_bound = dau_mean + 3 * dau_std
lower_bound = dau_mean - 3 * dau_std

# 检查最后一天的 DAU 是否超出 3σ 范围
last_day_dau = df_90_days['dau'].iloc[-1]
is_anomaly = last_day_dau < lower_bound or last_day_dau > upper_bound

# 输出结果
dau_mean, dau_std, lower_bound, upper_bound, last_day_dau, is_anomaly
```

计算结果显示如下。

- DAU 均值约为 20 036，标准差约为 610。

- 3σ 范围的下限为 18 207，上限为 21 866。

- 最后一天的 DAU 为 17 254，低于下限 18 207，确认属于异常波动。

此结果表明，最后一天的 DAU 下降确实属于异常波动。接下来将进行 DAU 拆解与贡献度分析，以确定导致异常的具体原因。

（3）DAU 拆解与贡献度分析

① 计算前 14 天各部分用户的平均值。

Prompt：编写代码以计算前 14 天 iOS 和 Android 新增、留存、回流用户的平均值。

生成的代码如下。

```
Python
# 计算前 14 天各类型用户的平均值
avg_ios_new_14 = df_90_days['ios_new'][-15:-1].mean()
avg_ios_retained_14 = df_90_days['ios_retained'][-15:-1].mean()
avg_ios_returned_14 = df_90_days['ios_returned'][-15:-1].mean()
avg_android_new_14 = df_90_days['android_new'][-15:-1].mean()
avg_android_retained_14 = df_90_days['android_retained'][-15:-1].mean()
avg_android_returned_14 = df_90_days['android_returned'][-15:-1].mean()

# 输出前 14 天各部分用户的平均值
avg_ios_new_14, avg_ios_retained_14, avg_ios_returned_14, avg_android_new_14,
avg_android_retained_14, avg_android_returned_14
```

前 14 天各部分用户平均值如下。

- iOS 新增用户平均值：3 539.36。

- iOS 留存用户平均值：4 934.93。

- iOS 回流用户平均值：1 483.71。

- Android 新增用户平均值：3 454.21。

- Android 留存用户平均值：4 921.07。

- Android 回流用户平均值：1 512.57。

② 计算最后一天各部分用户数相对于前 14 天平均值的差异。

Prompt：编写代码以计算最后一天各部分用户数与前 14 天平均值的差异。

生成的代码如下。

```Python
# 最后一天各部分的用户数
last_day_ios_new = df_90_days['ios_new'].iloc[-1]
last_day_ios_retained = df_90_days['ios_retained'].iloc[-1]
last_day_ios_returned = df_90_days['ios_returned'].iloc[-1]
last_day_android_new = df_90_days['android_new'].iloc[-1]
last_day_android_retained = df_90_days['android_retained'].iloc[-1]
last_day_android_returned = df_90_days['android_returned'].iloc[-1]

# 计算差异
diff_ios_new = avg_ios_new_14 - last_day_ios_new
diff_ios_retained = avg_ios_retained_14 - last_day_ios_retained
diff_ios_returned = avg_ios_returned_14 - last_day_ios_returned
diff_android_new = avg_android_new_14 - last_day_android_new
diff_android_retained = avg_android_retained_14 - last_day_android_retained
diff_android_returned = avg_android_returned_14 - last_day_android_returned

# 输出各部分的差异
diff_ios_new, diff_ios_retained, diff_ios_returned, diff_android_new, diff_android_
retained, diff_android_returned
```

最后一天各部分用户数相对于前 14 天平均值的差异如下。

- iOS 新增用户减少：177.36。

- iOS 留存用户减少：410.93。

- iOS 回流用户增加：−132.29（即比平均值多）。

- Android 新增用户减少：927.21。

- Android 留存用户减少：903.07。

- Android 回流用户减少：305.57。

③ 计算每部分对 DAU 下降的贡献度。

Prompt：编写代码以计算每部分用户数下降对总 DAU 下降的贡献度（百分比）。

生成的代码如下。

```Python
# 计算总的下降值
total_decrease = diff_ios_new + diff_ios_retained + diff_ios_returned + diff_android_
new + diff_android_retained + diff_android_returned

# 计算各部分的贡献度百分比
contribution_percentage_14 = {
    'ios_new': diff_ios_new / total_decrease * 100,
    'ios_retained': diff_ios_retained / total_decrease * 100,
    'ios_returned': diff_ios_returned / total_decrease * 100,
    'android_new': diff_android_new / total_decrease * 100,
    'android_retained': diff_android_retained / total_decrease * 100,
    'android_returned': diff_android_returned / total_decrease * 100
}

# 输出各部分的贡献度百分比
contribution_percentage_14
```

根据前 14 天平均值计算各部分用户对 DAU 下降的贡献度如下。

- Android 端对 DAU 下降的贡献度依然最大。

  ◆ Android 新增用户减少贡献度为 35.77%。

  ◆ Android 留存用户减少贡献度为 34.84%。

  ◆ Android 回流用户减少贡献度为 11.79%。

- iOS 端对 DAU 下降的贡献度较小：

  ◆ iOS 新增用户减少贡献度为 6.84%。

  ◆ iOS 留存用户减少贡献度为 15.85%。

  ◆ iOS 回流用户有微增，对 DAU 下降有 -5.10% 的缓冲作用。

6. 分析结论和业务建议

Prompt：请基于以上数据结果，给出对应的分析结论与业务建议。

（1）分析结论

通过与产品经理确认，DAU 异常下降的主要原因是前天上线的"群组视频聊天"功能在 Android 端新版本中存在技术问题，导致大量用户的活跃度下降。具体分析如下。

- 功能描述：此次上线的"群组视频聊天"功能是该应用的一项重要社交互动升级，允许最多 6 位好友同时视频聊天，以提升用户的互动体验，增强用户黏性。

- 问题详情：Android 端新版本上线后，由于代码兼容性问题，群组视频聊天在部分 Android 设备上无法正常运行，导致应用频繁崩溃或卡顿。受影响的用户因无法使用该功能，流失率上升，尤其体现在新增和留存用户的活跃度显著下降，部分用户反馈问题后暂时停用应用，造成 DAU 异常下降。

（2）业务建议

① 技术修复：快速修复 Android 端的"群组视频聊天"功能兼容性问题，推出修复版更新，并通过应用商店或应用内消息通知用户更新。

② 用户补偿活动：针对受影响的 Android 用户开展补偿活动，例如赠送 VIP 天数或应用内积分，提升用户体验并弥补负面影响。

③ 沟通与反馈收集：建立完善的反馈渠道，收集用户对新功能的使用意见，确保在后续功能更新中加强稳定性和兼容性测试。

9.2　用户行为路径分析项目

1. 业务背景

在电商平台上，用户从浏览商品到完成购买的行为路径对平台的销售额、转化率有着至关重要的影响。不同的用户可能会通过不同的路径来完成他们的购买决策，比如从主页搜索商品、浏览推荐、访问商品详情页、加入购物车，最终下单。了解这些路径可以帮助电商平台优化用户体验，提高商品转化率。

目前的问题是，不同用户的行为路径表现出较大的差异，一些用户可能在多个步骤之间徘徊，最终未完成购买。而另一些用户的行为路径则简洁、转化率高。通过分析用户的行为路径，可以挖掘出潜在的用户需求和痛点，从而有针对性地优化平台设计和推荐策略，提高用户的转化效率。

2. 分析目标

本项目的分析目标主要是通过对用户行为路径的深入分析，探索用户从访问到购买的各个环节，并识别出高转化的关键路径和可能造成流失的节点。具体来说，分析目标如下。

- 确定用户在平台上的典型行为路径。
- 分析不同行为路径对转化率的影响。
- 找出转化率高和转化率低的行为路径，识别影响用户转化的关键节点。
- 为不同类型的用户提供定制化的优化建议，提升整体转化率。

3. 分析流程

根据上述目标，分析流程可以分为以下步骤。

（1）数据收集与清洗

- 收集用户在电商平台上的行为数据，包括时间、行为类型和路径序列等。
- 处理缺失值、重复值和异常值，确保数据的准确性和完整性。

（2）数据探索性分析

- 通过数据统计和可视化，了解用户的总体行为分布，如访问频率和路径覆盖率等。
- 分析两种路径的整体分布情况。

（3）路径分析

- 使用漏斗分析和路径分析方法，量化两种行为路径的转化情况。
- 识别转化效果较高的路径和流失严重的路径，并统计每种路径的用户数量和转化率。

（4）用户分群分析

- 根据设备类型分群，分析不同设备类型的用户群体偏好路径。
- 将不同设备用户的偏好路径与整体转化率对比，挖掘优化方向。

（5）数据可视化与报告

- 将分析结果通过数据可视化展示，例如路径漏斗、路径分布图。
- 生成基于设备类型的转化效果报告。

4. 字段信息

（1）user_id（用户 ID）：唯一标识用户的 ID。

（2）session_id（会话 ID）：标识用户在一次访问中的所有行为，同一会话 ID 表示在一次登录中的多个操作。

（3）timestamp（行为时间戳）：记录用户执行每个行为的具体时间。

（4）event_type（行为类型）：记录用户在平台上执行的具体操作类型，包含以下值。

- page_view：页面浏览。
- search：商品搜索。
- click_product：点击商品详情。
- add_to_cart：将商品加入购物车。
- checkout_initiated：开始结算。
- purchase：完成购买。

（5）device（设备类型）：用户访问的平台设备类型，常见值包括 mobile、desktop 和 tablet。

结合电商用户的行为路径场景，用户的路径包括以下两种模式。

- page_view → click_product → add_to_cart → checkout_initiated → purchase。
- search → click_product → add_to_cart → checkout_initiated → purchase。

注：示例数据请到本章首页扫码获取。

5. 数据分析过程

（1）数据读取与清洗

Prompt：读取 ecommerce_user_behavior_log.xlsx 文件，检查数据的基本情况，包括数据类

型、缺失值和重复值情况。

生成的代码如下。

```Python
import pandas as pd
import matplotlib.pyplot as plt

df = pd.read_excel('ecommerce_user_behavior_log.xlsx',header=0)
# 查看数据的基本信息
df.info()

# 检查缺失值
print("\n 缺失值检查：")
print(df.isnull().sum())

# 检查重复值
print("\n 重复值检查：")
print(df.duplicated().sum())
```

缺失值检查如下。

user_id	0
session_id	0
timestamp	0
event_type	0
device	0
重复值检查：	0

（2）数据探索性分析

Prompt：对用户行为数据进行探索性分析，生成以下信息。

1. 各行为类型（event_type）的分布情况，确认路径中各节点的流失情况。

2. 不同设备类型（device）的分布情况。

3. 每种路径类型的分布情况。

生成的代码如下。

```Python
import matplotlib.pyplot as plt

# 1. 用户行为事件分布
plt.figure(figsize=(10, 6))
df['event_type'].value_counts().plot(kind='bar')
plt.title("Event Type Distribution (Funnel Effect)")
```

```
plt.xlabel("Event Type")
plt.ylabel("Frequency")
plt.savefig('event_type.png')
plt.show()

# 2. 设备类型分布
plt.figure(figsize=(10, 6))
df['device'].value_counts().plot(kind='bar')
plt.title("Device Type Distribution")
plt.xlabel("Device")
plt.ylabel("Frequency")
plt.savefig('device_type.png')
plt.show()

# 3. 路径类型分布
path_counts = df.groupby('session_id')['event_type'].apply(list).apply(lambda x:
' -> '.join(x)).value_counts()
plt.figure(figsize=(12, 8))
path_counts.plot(kind='barh')
plt.title("Path Distribution")
plt.xlabel("Session Count")
plt.ylabel("Path Type")
plt.xticks(fontsize=12)
plt.yticks(fontsize=12)
plt.savefig('path_distribution.png')
plt.show()
```

各行为类型（event_type）的分布情况如下图所示。

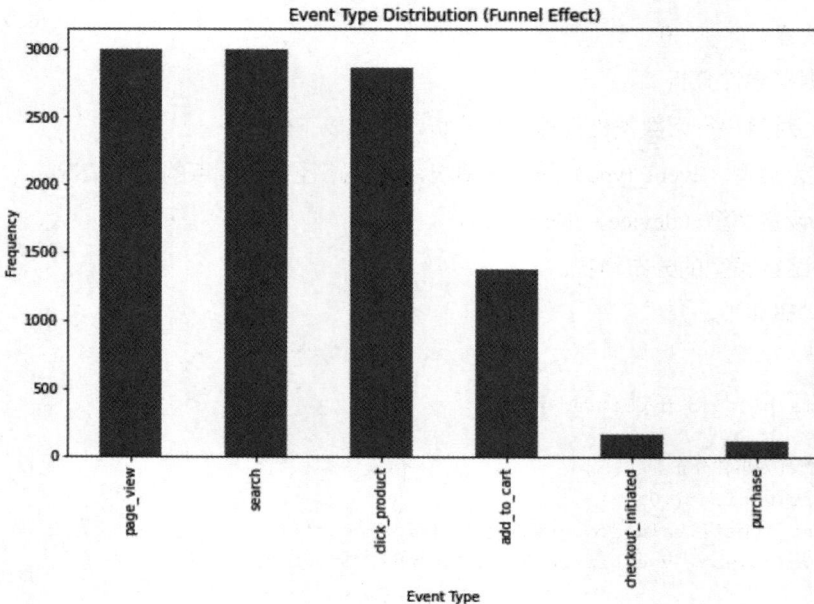

Event Type Distribution (Funnel Effect)

不同设备类型（device）的分布情况如下图所示。

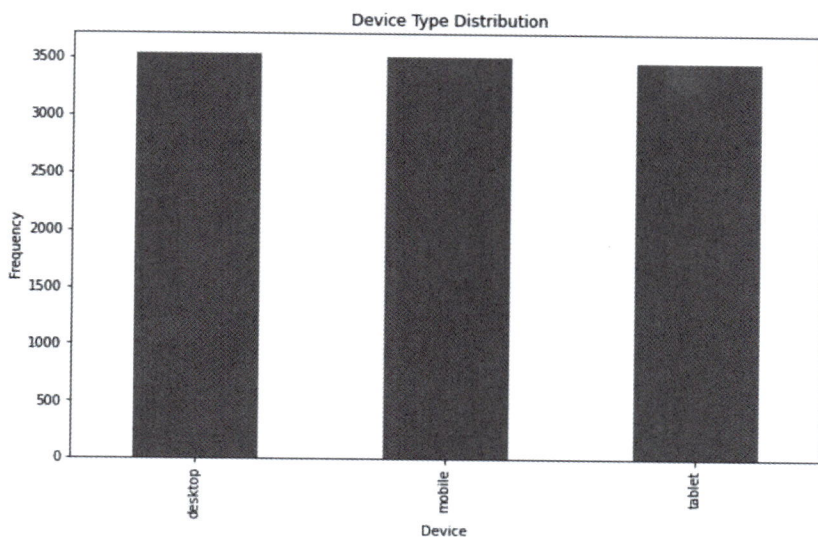

每种行为路径类型的分布情况如下图所示。

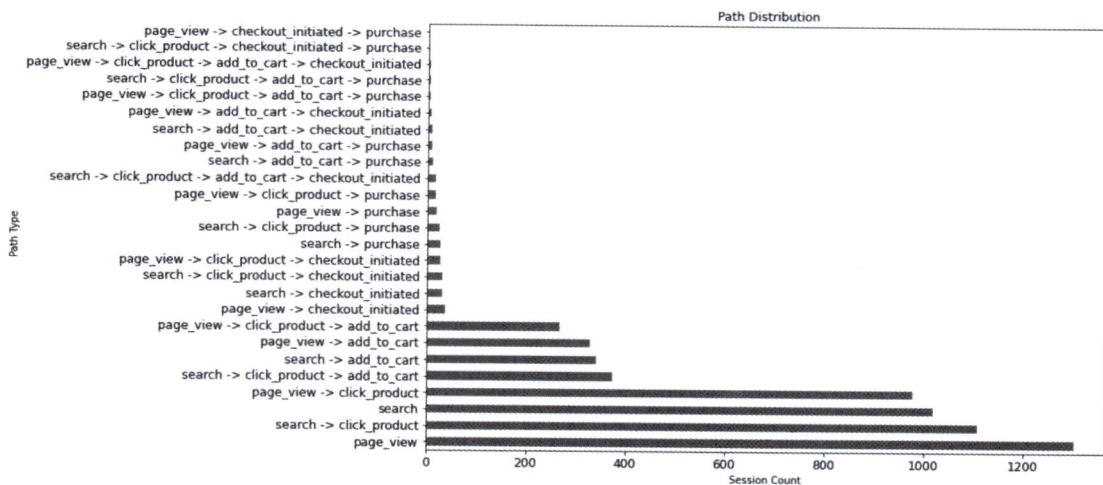

（3）用户行为路径分析

Prompt：根据行为路径顺序逐步计算每个行为路径的转化率，以 page_view 或 search 作为基准（100%），分别统计行为路径 1 和行为路径 2 的转化率。绘制两条行为路径的柱状图并标记具体转化率。

生成的代码如下。

```
Python
```

```python
# 定义行为路径顺序
path_1 = ["page_view", "click_product", "add_to_cart", "checkout_initiated",
"purchase"]
path_2 = ["search", "click_product", "add_to_cart", "checkout_initiated",
"purchase"]

def calculate_conversion_rate(df, path, initial_event):
    """ 计算给定行为路径的转化率 """
    path_sessions = df[df['event_type'] == initial_event]['session_id'].unique()
    funnel_path = df[df['session_id'].isin(path_sessions)]
    funnel_counts = []
    for event in path:
        event_count = funnel_path[funnel_path['event_type'] == event]['session_
id'].nunique()
        funnel_counts.append(event_count)
    funnel_df = pd.DataFrame({
        'event_type': path,
        'count': funnel_counts
    })
    funnel_df['conversion_rate'] = (funnel_df['count'] / funnel_df['count'].
iloc[0]) * 100
    return funnel_df

# 计算行为路径 1 和行为路径 2 的整体转化率
funnel_counts_1_df = calculate_conversion_rate(df, path_1, 'page_view')
funnel_counts_2_df = calculate_conversion_rate(df, path_2, 'search')

# 绘制行为路径 1 的转化率柱状图
plt.figure(figsize=(10, 6))
plt.bar(funnel_counts_1_df['event_type'], funnel_counts_1_df['conversion_rate'])
plt.title("Path 1 Conversion Rate")
plt.xlabel("Event Type")
plt.ylabel("Conversion Rate (%)")
for index, value in enumerate(funnel_counts_1_df['conversion_rate']):
    plt.text(index, value + 1, f"{value:.2f}%", ha='center')
plt.show()

# 绘制行为路径 2 的转化率柱状图
plt.figure(figsize=(10, 6))
plt.bar(funnel_counts_2_df['event_type'], funnel_counts_2_df['conversion_rate'])
plt.title("Path 2 Conversion Rate")
plt.xlabel("Event Type")
plt.ylabel("Conversion Rate (%)")
```

```
for index, value in enumerate(funnel_counts_2_df['conversion_rate']):
    plt.text(index, value + 1, f"{value:.2f}%", ha='center')
plt.show()
```

行为路径 1 和行为路径 2 的转化率如下图所示。

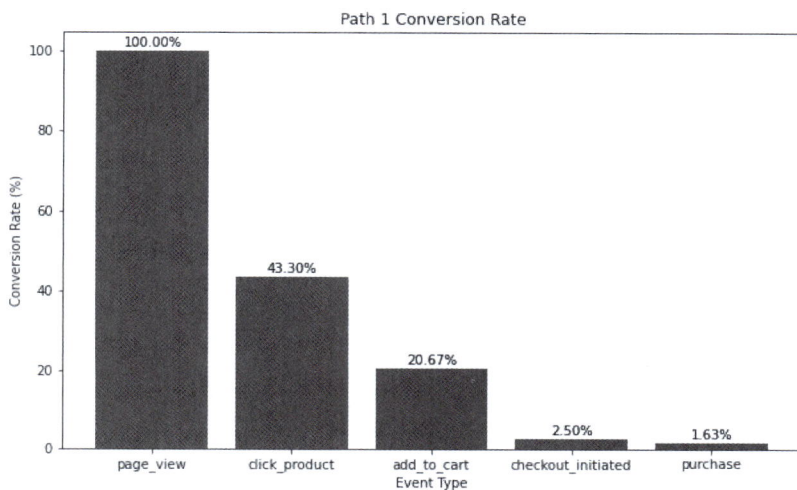

Path 1 Conversion Rate

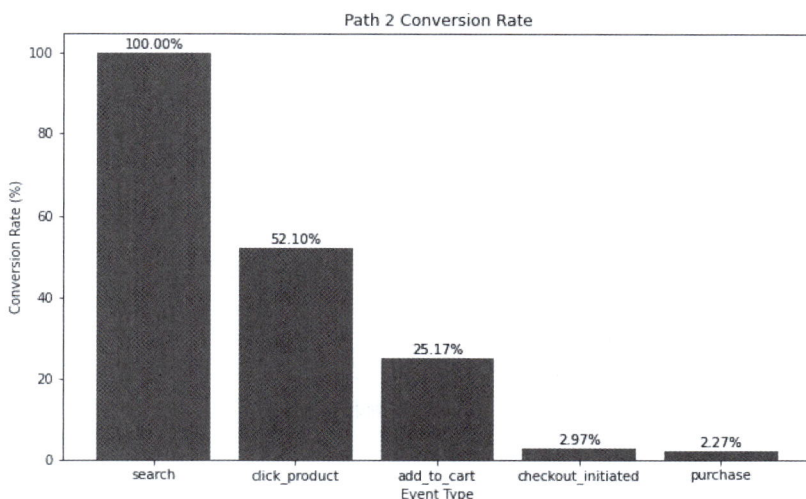

Path 2 Conversion Rate

（4）按设备类型的用户分群分析

Prompt：细分不同设备类型（mobile, desktop, tablet），分别计算各设备在行为路径 1 和行为路径 2 上的转化率。以每种设备的第一个事件为基准，计算转化率并生成可视化图表。

生成的代码如下。

```Python
import matplotlib.pyplot as plt
import numpy as np

# 定义设备类型和行为路径顺序
devices = ["mobile", "desktop", "tablet"]
path_1 = ["page_view", "click_product", "add_to_cart", "checkout_initiated",
"purchase"]
path_2 = ["search", "click_product", "add_to_cart", "checkout_initiated",
"purchase"]


def device_path_conversion_rate(df, device, path, initial_event):
    """ 计算指定设备和行为路径的转化率 """
    device_df = df[df['device'] == device]
    return calculate_conversion_rate(device_df, path, initial_event)

# 计算每个设备在行为路径 1 和行为路径 2 上的转化率
funnel_counts_1_devices = {device: device_path_conversion_rate(df, device,
path_1, 'page_view') for device in devices}
funnel_counts_2_devices = {device: device_path_conversion_rate(df, device,
path_2, 'search') for device in devices}

# 绘制行为路径 1 的设备分组转化率柱状图
x = np.arange(len(path_1))          # x 轴位置
width = 0.25                        # 每个柱状图的宽度

plt.figure(figsize=(18, 6))
for i, device in enumerate(devices):
    plt.bar(x + i * width, funnel_counts_1_devices[device]['conversion_rate'],
width, label=device.capitalize())

plt.title("Path 1 Conversion Rate by Device")
plt.xlabel("Event Type")
plt.ylabel("Conversion Rate (%)")
plt.xticks(x + width, path_1)       # 设置 x 轴标签
plt.legend(title="Device")
for i, device in enumerate(devices):
    for j, value in enumerate(funnel_counts_1_devices[device]['conversion_
rate']):
        plt.text(x[j] + i * width, value + 1, f"{value:.2f}%", ha='center')
plt.show()

# 绘制行为路径 2 的设备分组转化率柱状图
x = np.arange(len(path_2))          # x 轴位置
```

```
plt.figure(figsize=(18, 6))
for i, device in enumerate(devices):
        plt.bar(x + i * width, funnel_counts_2_devices[device]['conversion_rate'],
width, label=device.capitalize())

    plt.title("Path 2 Conversion Rate by Device")
    plt.xlabel("Event Type")
    plt.ylabel("Conversion Rate (%)")
    plt.xticks(x + width, path_2)   # 设置 x 轴标签
    plt.legend(title="Device")
    for i, device in enumerate(devices):
            for j, value in enumerate(funnel_counts_2_devices[device]['conversion_
rate']):
            plt.text(x[j] + i * width, value + 1, f"{value:.2f}%", ha='center')
    plt.show()
```

不同设备类型行为路径 1 和行为路径 2 的转化率如下图所示。

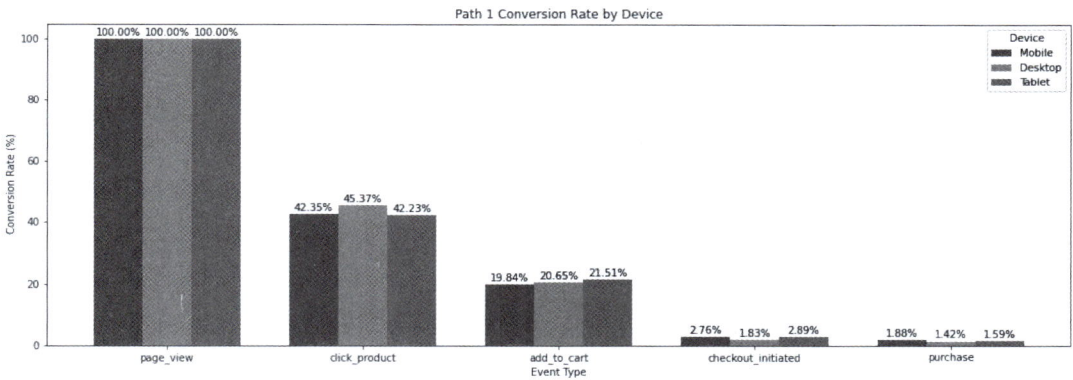

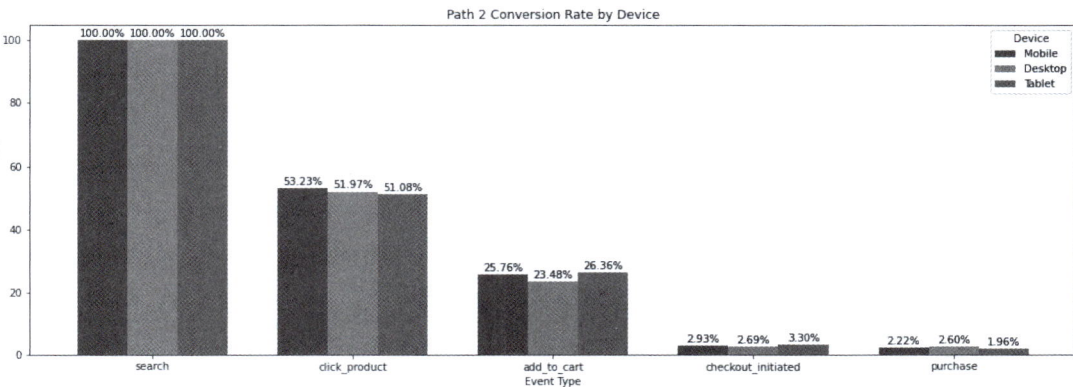

6. 分析结论与业务建议

Prompt：根据整体以及不同设备上的行为路径转化率数据，给出分析结论和对应的业务建议。

（1）分析结论

① 行为路径 1 的转化率分析（从 page_view 开始）。

- Mobile：从 page_view 到 click_product 的转化率为约 42%，说明移动用户在浏览推荐商品后，对进一步点击详情页有一定兴趣，但转化率逐步下降至 purchase 阶段的 1.88%。特别是在 checkout_initiated 到 purchase 阶段有显著流失，可能表明移动端用户在支付或结算环节体验不佳。

- Desktop：从 page_view 到 click_product 的转化率为 45%，表明桌面用户的兴趣稍高于移动端。然而，从 checkout_initiated 到 purchase 阶段的转化率仅为 1.42%，流失显著，尤其是从加入购物车到结算的阶段显示出较高的流失率。

- Tablet：从 page_view 到 click_product 的转化率为 42%，与其他设备类似，用户在详情页阶段的兴趣较高。但最终到 purchase 的转化率为 1.59%，略高于 desktop，说明平板用户在浏览和结算体验上也有一定的障碍。

② 路径 2 的转化率分析（从 search 开始）。

- Mobile：从 search 到 click_product 的转化率为 53%，高于行为路径 1 中的相应阶段，表明移动端用户通过搜索进入应用的购买意图更强，最终到 purchase 的转化率为 2.22%，略高于行为路径 1。

- Desktop：从 search 到 click_product 的转化率为 52%，最终到 purchase 阶段的转化率为 2.60%，表明桌面端用户的转化效率较高，特别是在搜索进入的路径中购买意图较明确。

- Tablet：从 search 到 click_product 的转化率为 51%，最终 purchase 阶段的转化率为 1.96%。与其他设备相似，平板用户在行为路径 2 中的兴趣和转化效率相对较高，但在支付和结算阶段仍有较大流失。

（2）业务建议

基于不同设备用户的行为路径转化特征，可以做出以下业务优化建议。

① 优化支付与结算体验。

- 移动端用户在 checkout_initiated 到 purchase 阶段的流失率较高，可能是由于支付流程不便或缺乏多样化支付选项。建议优化移动端支付体验，简化流程并增加快捷支付选项。

- 桌面端用户在 checkout_initiated 阶段的流失率也较高，可以在此阶段增加支付引导、提高订单信息清晰度和简化结算流程，减少结算阶段的流失。

② 提升行为路径 1 的推荐内容相关性。

- 在行为路径 1 中，page_view 到 click_product 的转化率为 42% ～ 45%，用户对初次浏览推荐内容后的兴趣较高。因此，可以进一步提升推荐内容的相关性，使用个性化算法推荐用户可能感兴趣的商品，并增加浏览页的优惠提醒（如满减、限时折扣），吸引用户点击商品。

- 针对平板用户，可以丰富推荐内容的展示效果，提高视觉吸引力，以促使其进一步点击商品并加入购物车。

③ 优化行为路径 2 的搜索体验。

- 在行为路径 2 中，用户从 search 到 click_product 的转化率显著高于行为路径 1，尤其是移动端和桌面端。这说明通过搜索进入的用户具备较强的购买意图。建议进一步优化搜索结果的相关性，并增加商品排序和筛选条件的个性化设置，帮助用户更快找到符合预期的商品。

- 针对桌面端用户，可以增强搜索页的推荐和交叉销售（cross-selling）功能，引导用户查看其他相关产品，以提升整体转化率。

④ 个性化营销与用户分群策略。

- 针对高转化率的用户群体（例如行为路径 2 中的桌面用户），可以推送个性化的商品推荐、新品上市和限时折扣，提高用户黏性和复购率。

- 针对低转化率的群体（例如行为路径 1 中的移动端用户），建议提供首次购买优惠券、运费减免等激励措施，吸引他们完成首次购买。

9.3 用户生命周期分析项目

1. 业务背景

一家新兴的电子商务平台在过去一年中积累了大量的用户数据。随着市场竞争的加剧，平台希望通过深入分析用户的生命周期，找到提升用户留存率和增加收益的方法。为此，平台决定采用 AARRR 模型（获取、激活、留存、收入、推荐）对用户行为进行全面分析。通过了解不同渠道的用户获取效果、用户在平台上的活跃度、购买行为及推荐情况，平台希望制定具有针对性的营销策略和产品改进方案，以提升用户体验和业务业绩。

2. 分析目标

（1）用户获取效果评估：分析不同渠道（广告、社交媒体、搜索引擎、自然流量）带来的用户数量和质量，找到最有效的用户获取渠道。

（2）用户激活情况分析：评估用户注册后激活的转化率，找出影响用户激活的关键因素。

（3）用户留存率分析：计算用户在不同时间段的留存率，识别影响用户持续活跃的因素。

（4）收入贡献分析：分析用户的购买行为，包括总消费金额、平均订单价值和购买频次，找出高价值用户群体特征。

（5）用户推荐行为分析：评估用户的推荐情况，了解口碑传播的效果，并寻找增强用户自发推荐可能性的策略。

（6）提升策略制定：基于上述分析结果，提出具体的营销和产品优化建议，以提升用户获取效率、激活率、留存率和收入。

3. 分析流程

（1）数据预处理

- 检查数据的完整性和一致性，处理缺失值和异常值。
- 将日期字段转换为日期格式，计算用户生命周期中的关键时间间隔。

（2）探索性数据分析

- 描述性统计分析，了解数据的总体分布情况。
- 绘制数据分布图、相关性热力图等，初步发现数据中的模式和异常。

（3）用户获取渠道分析

- 统计不同渠道带来的用户数量和占比。
- 分析各渠道用户的激活率、留存率和平均消费，评估渠道质量。

（4）用户激活分析

- 计算注册用户到激活用户的转化率。
- 分析激活时间分布，寻找影响激活的因素。

（5）留存率分析

- 计算各时间段的用户留存率（如 1 天、7 天、30 天留存）。
- 绘制留存率曲线，比较不同用户群体的留存情况。

（6）收入分析

- 分析用户的消费行为，包括总收入、平均订单价值和购买频次。
- 识别高价值用户特征，进行用户分群。

（7）用户推荐分析

- 统计用户的推荐次数和被推荐人数。
- 分析推荐用户的行为特征和价值贡献。

（8）结论与建议

- 总结分析发现，指出当前存在的问题和机会。

- 提出可行的改进方案，如优化渠道投放、提升用户体验、制定会员激励机制等。

4. 字段信息

- user_id：用户唯一标识。

- registration_date：注册日期。

- first_purchase_date：首次购买日期。

- last_activity_date：最近活跃日期。

- channel：用户获取渠道（如广告、社交媒体、搜索引擎、自然流量等）。

- activation_date：激活日期（定义为首次达到设定的关键行为，如完成注册后首次使用某关键功能）。

- num_sessions：总访问次数。

- total_revenue：累计消费金额。

- referrals：推荐的用户数量。

- is_retained：是否在最近一个周期（如过去 30 天）内活跃。

- purchase_count：累计购买次数。

- average_order_value：平均订单金额。

- referral_count：用户推荐次数。

- feedback_score：用户反馈得分（例如满分 5 分）。

注：示例数据请到本章首页扫码获取。

5. 分析过程

（1）数据预处理

Prompt：请执行数据预处理，包括：① 检查缺失值和异常值；② 处理日期格式；③ 计算用户生命周期中的关键时间间隔（如从注册到激活，从注册到首次购买等）。

生成的代码如下。

```Python
# 导入必要的库
import pandas as pd

# 读取数据
user_df = pd.read_excel("user_lifecycle_data.xlsx")

# 1. 缺失值分析：统计各字段的缺失值数量和占比
missing_values = user_df.isnull().sum()
missing_values_percent = (user_df.isnull().mean() * 100).round(2)
```

```
# 2．重复值分析：检查是否存在重复行
duplicate_rows = user_df.duplicated().sum()

# 3．异常值分析：统计数值型字段的基本描述统计量，观察可能的异常值范围
numeric_desc = user_df.describe()

# 将日期字段转换为日期格式，并计算时间间隔（不处理，只生成新字段供后续分析使用）
date_columns = ["registration_date", "first_purchase_date", "last_activity_date",
"activation_date"]
for col in date_columns:
    user_df[col] = pd.to_datetime(user_df[col])

# 计算用户生命周期中的时间间隔（例如从注册到激活，从注册到首次购买等）
user_df['days_to_activation'] = (user_df['activation_date'] - user_df
['registration_date']).dt.days
    user_df['days_to_first_purchase'] = (user_df['first_purchase_date'] - user_df
['registration_date']).dt.days
    # user_df['days_since_last_activity'] = (pd.Timestamp('now') - user_df['last_
activity_date']).dt.days
    user_df['days_since_last_activity'] = (pd.Timestamp('2024-04-01') - user_df
['last_activity_date']).dt.days

# 输出描述性结果
missing_values_summary = pd.DataFrame({
    'Missing Values': missing_values,
    'Missing Percent (%)': missing_values_percent
})

# 显示结果
missing_values_summary, duplicate_rows, numeric_desc, user_df[["days_to_
activation", "days_to_first_purchase", "days_since_last_activity"]].describe()
```

（2）探索性数据分析

Prompt：执行探索性数据分析，包括：① 各字段的描述性统计；② 数据的分布图（总消费金额、访问次数、渠道用户数量、反馈评分等）；③ 生成字段相关性热力图。

生成的代码如下。

```Python
import matplotlib.pyplot as plt
import seaborn as sns
import matplotlib
import numpy as np
```

```python
matplotlib.rcParams['font.family'] = 'SimHei'        # 或其他支持中文的字体
matplotlib.rcParams['axes.unicode_minus'] = False  # 解决负号 '-' 显示为方块的问题

# 描述性统计
desc_stats = user_df.describe()

# 数据的分布图
plt.figure(figsize=(12, 10))

# 总消费金额分布
plt.subplot(2, 2, 1)
plt.hist(user_df['total_revenue'], bins=20, edgecolor='k')
plt.title("Total Revenue Distribution")
plt.xlabel("Total Revenue")
plt.ylabel("Frequency")

# 访问次数分布
plt.subplot(2, 2, 2)
plt.hist(user_df['num_sessions'], bins=15, edgecolor='k')
plt.title("Number of Sessions Distribution")
plt.xlabel("Number of Sessions")
plt.ylabel("Frequency")

# 渠道的用户数量
plt.subplot(2, 2, 3)
user_df['channel'].value_counts().plot(kind='bar', edgecolor='k')
plt.title("User Acquisition Channels")
plt.xlabel("Channel")
plt.ylabel("User Count")

# 反馈评分分布
plt.subplot(2, 2, 4)
plt.hist(user_df['feedback_score'].dropna(), bins=10, edgecolor='k')
plt.title("Feedback Score Distribution")
plt.xlabel("Feedback Score")
plt.ylabel("Frequency")

plt.tight_layout()
plt.savefig('descriptive_stats.png')
plt.show()
```

```
# 相关性热力图
# 仅选取数值型字段
numeric_df = user_df.select_dtypes(include=[np.number])

# 计算相关性
correlation_matrix = numeric_df.corr()

# 绘制相关性热力图
plt.figure(figsize=(10, 8))
sns.heatmap(correlation_matrix, annot=True, cmap="coolwarm", square=True)
plt.title("Correlation Heatmap")
plt.show()
```

各特征分布如下图所示。

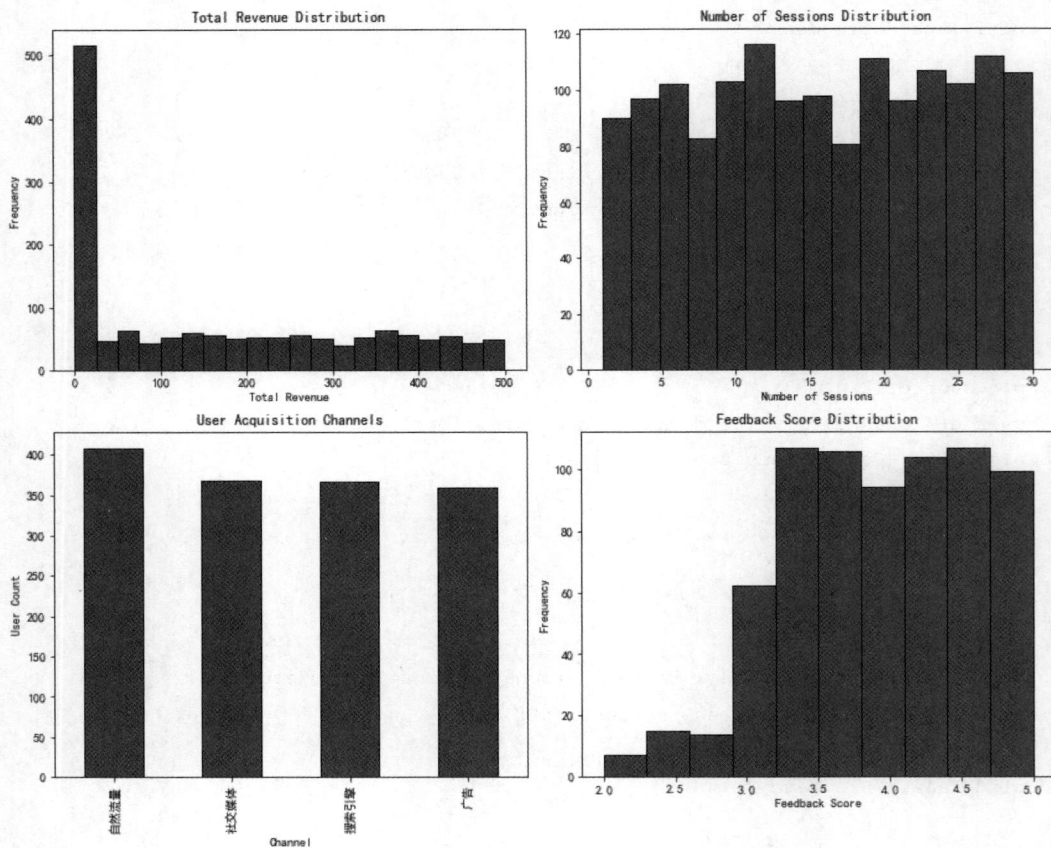

各特征相关性热力图如下图所示。

Correlation Heatmap

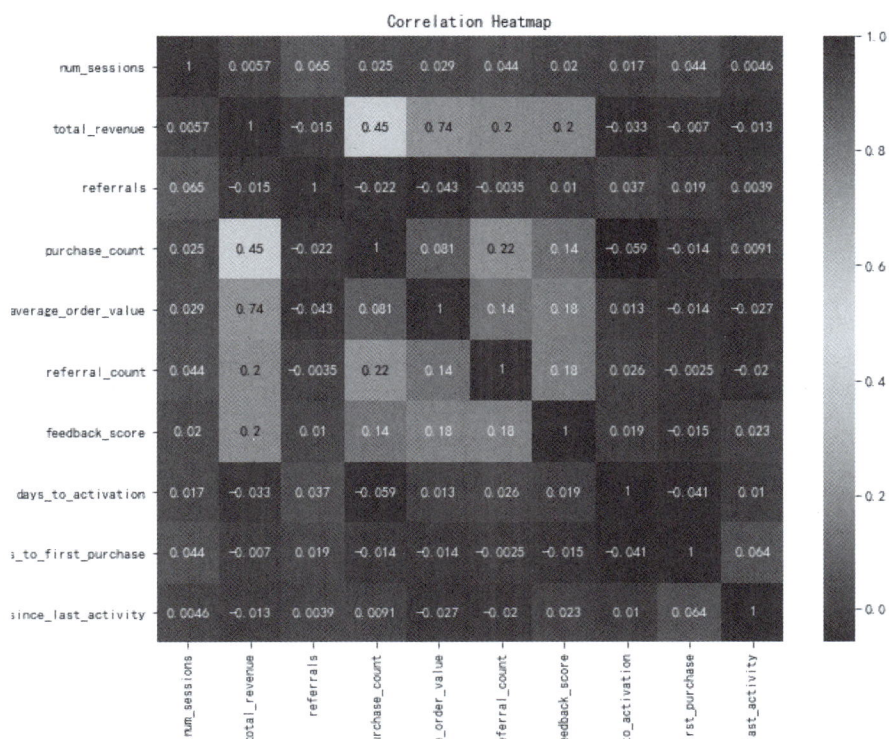

（3）用户获取渠道分析

Prompt：分析不同渠道的用户获取效果，包括：① 各渠道的用户数量和占比；② 各渠道用户的激活率、留存率和平均消费。

生成的代码如下。

```Python
import pandas as pd

# 各渠道的用户数量和占比
channel_counts = user_df['channel'].value_counts(normalize=True) * 100

# 将 `channel_counts` 转换为 DataFrame，并正确命名列
channel_counts_df = channel_counts.reset_index()
channel_counts_df.columns = ['channel', 'channel_percentage']  # 修正列名

# 各渠道用户的激活率、留存率和平均消费
channel_stats = user_df.groupby('channel').agg(
    total_users=('user_id', 'count'),
    activation_rate=('days_to_activation', lambda x: x.notna().mean() * 100),
```

```
        retention_rate=('is_retained', lambda x: x.mean() * 100),
        average_revenue=('total_revenue', 'mean')
).reset_index()

# 合并数据，显示渠道分析结果
channel_stats = pd.merge(channel_counts_df, channel_stats, on='channel',
how='left')
    channel_stats
```

不同渠道的用户获取情况如下图所示。

channel	channel_percentage	total_users	activation_rate	retention_rate	average_revenue
自然流量	27.20	408	84.80	48.77	176.90
社交媒体	24.53	368	87.77	52.99	173.22
搜索引擎	24.40	366	86.07	50.55	173.99
广告	23.87	358	83.52	50.28	159.19

（4）用户激活分析

Prompt：分析用户激活情况，包括：① 注册用户到激活用户的转化率；② 激活时间分布。生成的代码如下。

```Python
# 注册用户到激活用户的转化率
activation_rate = user_df['days_to_activation'].notna().mean() * 100

# 激活时间分布
plt.figure(figsize=(8, 5))
plt.hist(user_df['days_to_activation'].dropna(), bins=15, edgecolor='k')
plt.title("Activation Time Distribution")
plt.xlabel("Days to Activation")
plt.ylabel("Frequency")
plt.show()

# 显示激活率
activation_rate
```

用户激活时间分布如下图所示。

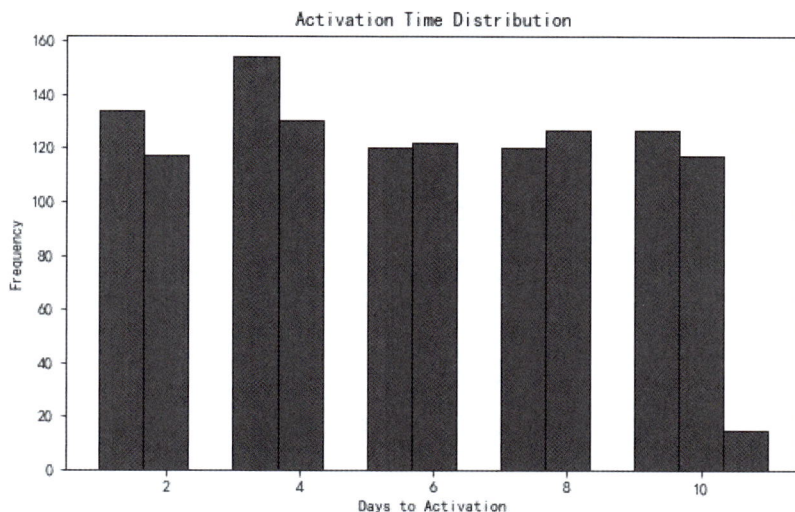

（5）留存率分析

Prompt：计算用户留存率，包括 1 天、7 天和 30 天的留存率，并绘制留存率曲线。

下面使用一个更明确的计算逻辑来计算每个用户在 1 天、7 天和 30 天的留存率，假设 days_since_last_activity 小于等于 1、7 或 30 天，该用户即认为在对应的时间段内被留存。

生成的代码如下。

```Python
# 定义留存率计算
def calculate_retention_rate(data, days):
    return data['days_since_last_activity'].apply(lambda x: x <= days).mean() * 100


# 计算留存率
retention_1_day = calculate_retention_rate(user_df, 1)
retention_7_days = calculate_retention_rate(user_df, 7)
retention_30_days = calculate_retention_rate(user_df, 30)


# 绘制留存率曲线
plt.figure(figsize=(8, 5))
plt.plot([1, 7, 30], [retention_1_day, retention_7_days, retention_30_days],
marker='o')
plt.title("User Retention Rate")
plt.xlabel("Days")
plt.ylabel("Retention Rate (%)")
plt.xticks([1, 7, 30])
plt.grid(True)
plt.show()
```

```
# 显示留存率
retention_1_day, retention_7_days, retention_30_days
```

用户留存率如下图所示。

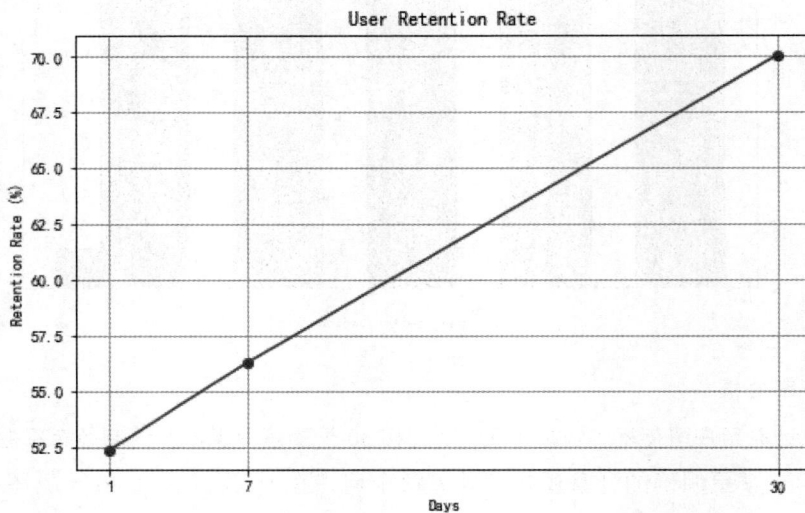

(6) 收入分析

Prompt：分析用户消费行为，包括：① 总收入、平均订单价值、购买频次分布；② 识别高价值用户特征并进行用户分群。

生成的代码如下。

```Python
# 描述性统计
revenue_stats = user_df[['total_revenue', 'average_order_value', 'purchase_count']].describe()

# 绘制总收入、平均订单价值和购买频次分布图
plt.figure(figsize=(12, 5))

plt.subplot(1, 3, 1)
plt.hist(user_df['total_revenue'], bins=20, edgecolor='k')
plt.title("Total Revenue Distribution")
plt.xlabel("Total Revenue")
plt.ylabel("Frequency")

plt.subplot(1, 3, 2)
plt.hist(user_df['average_order_value'].dropna(), bins=20, edgecolor='k')
```

```
plt.title("Average Order Value Distribution")
plt.xlabel("Average Order Value")
plt.ylabel("Frequency")

plt.subplot(1, 3, 3)
plt.hist(user_df['purchase_count'], bins=10, edgecolor='k')
plt.title("Purchase Count Distribution")
plt.xlabel("Purchase Count")
plt.ylabel("Frequency")

plt.tight_layout()
plt.show()

# 高价值用户识别：根据总收入和购买频次划分用户群体
user_df['high_value_user'] = user_df['total_revenue'] > user_df['total_revenue'].
quantile(0.75)
high_value_user_stats = user_df.groupby('high_value_user').agg(
    average_revenue=('total_revenue', 'mean'),
    average_order_value=('average_order_value', 'mean'),
    average_sessions=('num_sessions', 'mean')
).reset_index()

# 显示高价值用户统计
revenue_stats, high_value_user_stats
```

用户收入情况分布如下图所示。

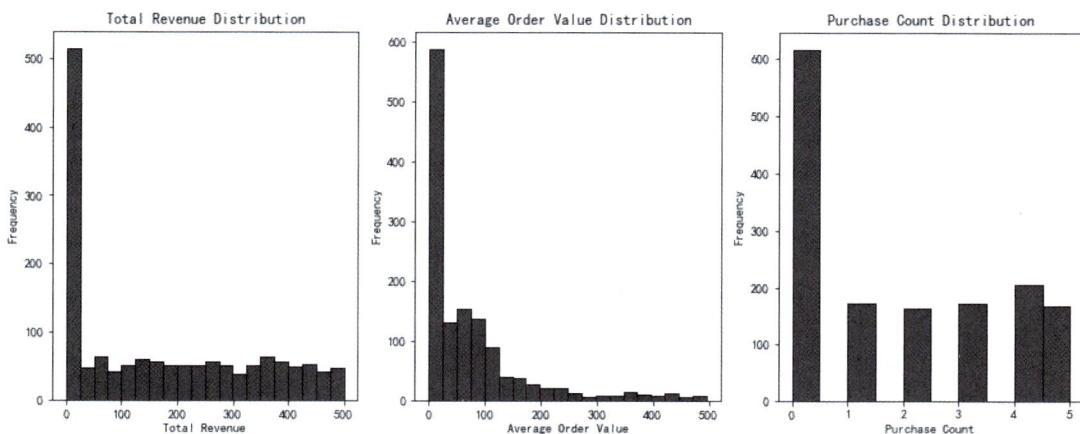

（7）用户推荐分析

Prompt：统计用户推荐行为，包括① 用户推荐次数、被推荐人数和反馈评分的分布，计算病毒因子；② 分析激活和未激活人群的反馈评分分布；③ 分析推荐过他人的用户的行为特征和消费贡献。

第一，统计用户推荐次数、被推荐人数和反馈评分的分布，计算病毒因子。

病毒因子的计算可以用公式：病毒因子 = 推荐过他人的用户数量 / 被推荐人数的总和。

```Python
# 推荐次数、被推荐人数和反馈评分的分布
plt.figure(figsize=(12, 8))

# 推荐次数分布
plt.subplot(2, 2, 1)
plt.hist(user_df['referral_count'], bins=10, edgecolor='k')
plt.title("Referral Count Distribution")
plt.xlabel("Referral Count")
plt.ylabel("Frequency")

# 被推荐人数分布
plt.subplot(2, 2, 2)
plt.hist(user_df['referrals'], bins=10, edgecolor='k')
plt.title("Referred User Count Distribution")
plt.xlabel("Number of Referrals")
plt.ylabel("Frequency")

# 反馈评分分布
plt.subplot(2, 2, 3)
plt.hist(user_df['feedback_score'].dropna(), bins=10, edgecolor='k')
plt.title("Feedback Score Distribution")
plt.xlabel("Feedback Score")
plt.ylabel("Frequency")

plt.tight_layout()
plt.show()

# 计算病毒因子
referring_users = user_df[user_df['referral_count'] > 0]
total_referred_users = referring_users['referrals'].sum()
virus_factor = total_referred_users / len(referring_users) if len(referring_users) > 0 else 0

virus_factor
```

用户推荐情况分布如下图所示。

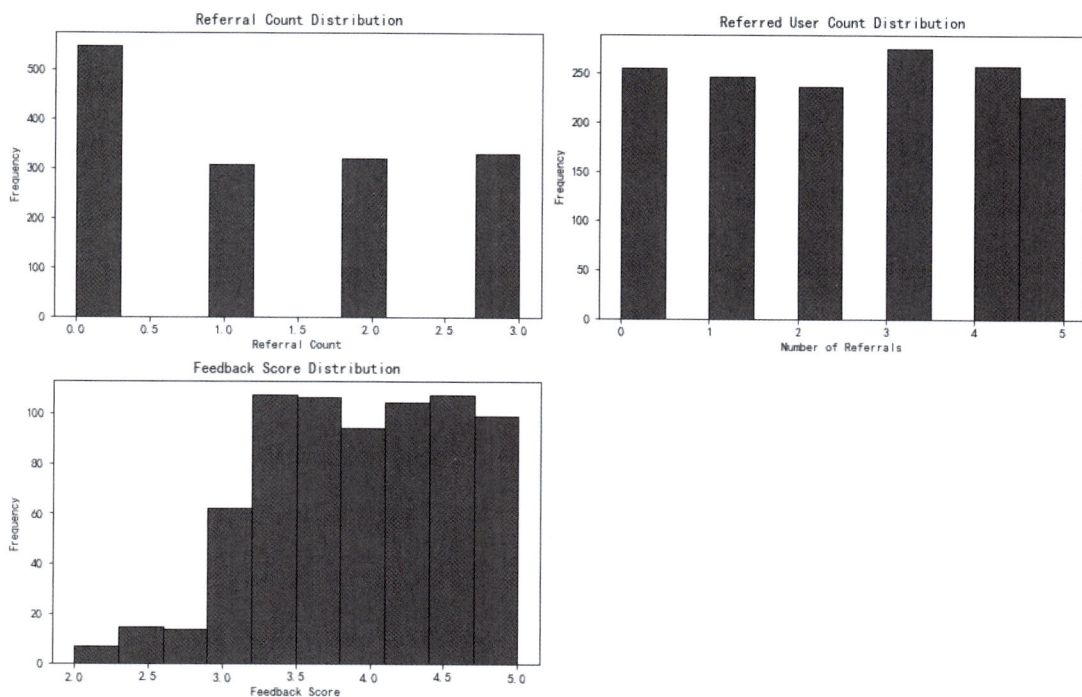

第二，统计激活和未激活人群的反馈评分分布，代码如下。

```Python
# 分别计算激活和未激活用户的反馈评分分布
activated_users_feedback = user_df[user_df['days_to_activation'].notna()]
['feedback_score'].dropna()
not_activated_users_feedback = user_df[user_df['days_to_activation'].isna()]
['feedback_score'].dropna()

# 绘制反馈评分的分布
plt.figure(figsize=(10, 5))

plt.hist(activated_users_feedback, bins=10, alpha=0.5, label="Activated Users",
edgecolor='k')
plt.hist(not_activated_users_feedback, bins=10, alpha=0.5, label="Not Activated
Users", edgecolor='k')
plt.title("Feedback Score Distribution by Activation Status")
plt.xlabel("Feedback Score")
plt.ylabel("Frequency")
plt.legend()
plt.show()

# 激活和未激活人群的反馈评分描述统计
```

```
activated_feedback_stats = activated_users_feedback.describe()
not_activated_feedback_stats = not_activated_users_feedback.describe()

activated_feedback_stats, not_activated_feedback_stats
```

激活和未激活人群的反馈评分分布如下图所示。

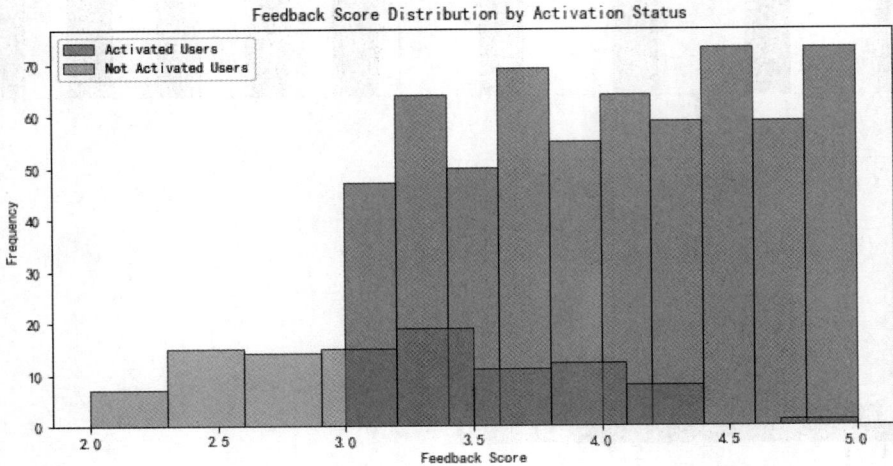

第三，分析推荐过他人的用户的行为特征和消费贡献，代码如下。

```Python
# 筛选推荐过他人的用户和未推荐他人的用户
referring_users = user_df[user_df['referral_count'] > 0]
non_referring_users = user_df[user_df['referral_count'] == 0]

# 分别计算推荐用户和未推荐用户的统计信息
referring_user_stats = {
    "average_revenue": referring_users['total_revenue'].mean(),
    "average_sessions": referring_users['num_sessions'].mean(),
    "retention_rate": referring_users['is_retained'].mean(),
    "average_feedback_score": referring_users['feedback_score'].mean()
}

non_referring_user_stats = {
    "average_revenue": non_referring_users['total_revenue'].mean(),
    "average_sessions": non_referring_users['num_sessions'].mean(),
    "retention_rate": non_referring_users['is_retained'].mean(),
    "average_feedback_score": non_referring_users['feedback_score'].mean()
}

# 将结果输出为无 NaN 值的 DataFrame
referring_user_stats_df = pd.DataFrame(referring_user_stats, index=["Referring Users"])
```

```
non_referring_user_stats_df = pd.DataFrame(non_referring_user_stats, index=["Non-
referring Users"])

# 合并推荐和非推荐用户的统计信息
user_stats_comparison = pd.concat([referring_user_stats_df, non_referring_user_
stats_df])

# 显示推荐用户和非推荐用户的行为特征对比
user_stats_comparison
```

推荐用户和非推荐用户的行为特征对比如下图所示。

type	average_revenue	average_sessions	retention_rate	average_feedback_score
Referring Users	203.91	16.13	0.59	4.01
Non-referring Users	113.83	15.35	0.35	3.65

6. 分析结论与业务建议

Prompt：基于以下 AARRR 模型的数据分析结果，请生成详细的分析结论和业务建议。

① 用户获取渠道分析：包括各渠道的用户数量、激活率、留存率和平均消费情况。

② 用户激活分析：包括激活和未激活用户的反馈评分分布，并提出提升用户激活率的建议。

③ 留存率分析：包括 1 日、7 日、30 日的留存率，以及提升留存率的策略。

④ 收入分析：统计用户的总收入、平均订单价值和购买频次的分布情况，识别高价值用户，并制定提升收入的策略。

⑤ 用户推荐分析：统计推荐次数、被推荐人数和病毒因子，激活与未激活人群的反馈评分分布，分析推荐用户的行为特征和消费贡献，并提出优化推荐机制的建议。

请基于以上内容提供清晰、详细的分析结论，并提出具体的业务优化建议，以帮助平台提升用户生命周期的各项指标。

（1）用户获取渠道分析及建议

① 结论。

- 从用户获取渠道看，自然流量、社交媒体和搜索引擎贡献了大部分用户，而广告渠道的用户量稍低。

- 在激活率方面，社交媒体渠道最高（87.77%），略高于搜索引擎和自然流量，广告的激活率稍低（83.52%）。

- 社交媒体渠道用户的留存率最高（52.99%），且平均消费也较高，这表明社交媒体带来的用户黏性较好。

- 广告渠道用户的平均收入最低（159.19），但也并不差，这表明广告渠道带来的用户消费潜力相对其他渠道稍低。

② 建议。

- 增加对社交媒体渠道的资源投入，因其不仅能带来高激活率和高留存率的用户，且这些用户的消费意愿和黏性较好。
- 优化广告渠道的用户获取策略，可以尝试筛选更精准的广告投放人群，或在广告文案中更突出产品价值，以提升激活率和留存率。
- 平衡渠道间的资源分配，对于自然流量和搜索引擎渠道，可以保持现有投入，以继续稳固该类用户的高活跃度和较高的留存率。

（2）用户激活分析及建议

① 结论。

- 激活用户的反馈评分（平均 4.01）高于未激活用户的反馈评分（平均 3.15），表明激活后的用户满意度较高。
- 激活用户的评分分布较为集中在 4 分以上，未激活用户的评分分布则更集中在 3 分左右。

② 建议。

- 优化新用户的激活体验，可以在用户初次注册后的关键接触点（如首次使用、首次功能体验等）提供引导、教程或激励，帮助用户更快速地完成激活行为。
- 针对未激活用户，可以提供个性化的激励机制，如通过邮件或短信推送专属优惠，吸引他们体验产品。

（3）留存率分析及建议

① 结论。

- 留存率数据显示 1 天、7 天和 30 天的留存率分别为 52.4%、56.3% 和 70.1%。短期内用户的活跃度有一定程度的下降，说明一部分用户可能在初次体验后流失。
- 留存率在 7 天后有所回升（30 天留存率较高），表明部分用户在一定时间间隔后会重新使用产品，这可能与平台的促销活动或定期回访机制有关。

② 建议。

- 制定短期内的用户唤回策略，通过在 1～7 天内的互动（如个性化内容推送、推荐活动等）保持用户持续关注，提升早期留存率。
- 优化 30 天内的长效互动机制，可以在周期性的时间节点（如每月一次的主题活动或优惠券分发）提升用户复访率，进一步提升 30 天留存率。

（4）收入分析及建议

① 结论。

- 平均订单价值为 73.5，用户的总消费额和平均订单价值在统计上呈现出较大的波动，显示出平台用户的消费行为不均衡。

- 高价值用户（收入在 75% 分位以上）与低价值用户相比，消费水平明显更高（平均 406.30 vs 92.65），且高价值用户的单次订单金额（184.93 vs 38.75）也更高。
- 高价值用户和低价值用户的活跃度（平均访问次数）接近，这表明高价值用户的消费频率较低，但单次消费金额较高。

② 建议。

- 专注于高价值用户的保留和刺激，可以为高价值用户提供专属服务（如会员等级或 VIP 活动），刺激他们增加购买频次。
- 对于低价值用户，可以引导其进行低价高频的消费（如设置消费积分、优惠券等），提升其整体消费额度。

（5）用户推荐分析及建议

① 结论。

- 病毒因子为 2.45，说明每位推荐过他人的用户平均可以带来约 2.45 名新用户。
- 推荐过他人的用户在行为特征和消费贡献上明显优于未推荐过他人的用户，其平均收入（203.91vs113.83）、活跃度（16.13vs15.35）和留存率（59.4%vs35.3%）均较高。
- 激活用户的反馈评分（4.01）高于未激活用户（3.65），说明推荐用户对产品满意度高，倾向于自发推荐。

② 建议。

- 强化推荐机制：对于推荐过他人的用户，可以通过积分奖励、优惠券等方式鼓励他们继续推荐，以放大推荐效应。
- 针对未推荐过他人的用户群体，可以通过设计引导式的推荐活动（如分享活动海报、邀请新用户即赠礼等）来激励他们参与推荐，从而提升病毒因子。
- 提升未激活用户的满意度，通过用户调研找出未激活人群对产品的不满之处，从而优化产品体验，进一步激励他们积极推荐他人。

9.4 运营活动效果分析项目

1. 业务背景

某电商平台近期开展了一次大型促销活动，通过站内资源（自然流量）和站外广告投放（抖音广告、小红书广告、百度广告等）触达用户，旨在提升用户参与度和促进销售额增长。此次活动包含多种优惠形式，如满减、折扣券、限时秒杀等。通过对活动数据的全面分析，能够评估活动的效果，并为后续活动的优化提供数据支持。

2. 分析目标

（1）活动整体效果评估

评估活动参与人数、活动带来的销售额（GMV），以及广告投放的投资回报率（ROI）。

（2）活动关键路径与漏斗分析

分析用户从广告曝光到支付的关键转化路径，包括曝光、点击和支付环节的转化率。

（3）参与活动用户画像分析

绘制参与用户的画像，分析其年龄、性别、地域和来源渠道分布。

（4）用户分层分析

根据用户价值（高价值、中价值、低价值）进行分层，比较不同层级用户的漏斗转化率和 ROI。

3. 分析流程

（1）数据清洗与预处理

- 检查数据的完整性，处理缺失值和异常值。

- 转换字段格式，确保日期、金额等字段格式统一。

（2）活动效果分析

- 核心指标计算：参与人数、GMV、ROI。

- 渠道效果评估：分析各来源渠道的 ROI 和转化效果。

（3）漏斗分析

- 分析用户在活动漏斗中的转化情况（曝光、点击和支付）。

- 绘制转化漏斗图，评估不同环节的流失率。

（4）用户画像分析

- 按性别、年龄段、地域、来源渠道和用户价值绘制用户分布图。

- 分析各用户群体的用户数量、订单数量、总消费金额，平均消费金额、点击率、转化率及 ROI。

（5）数据可视化与报告输出

整理分析结果并给出对应的建议方案。

4. 字段信息

（1）用户信息

- 用户 ID（user_id）：唯一标识用户。

- 年龄（age）：用户年龄。

- 性别（gender）：用户性别（男／女）。

- 地域（region）：用户所在区域。

- 渠道来源（source_channel）：用户流量来源（自然流量、抖音广告、小红书广告、百度广告等）。

（2）活动参与信息

- 曝光次数（impressions）：用户被活动内容触达的次数。
- 点击次数（clicks）：用户点击活动内容的次数。
- 下单次数（orders）：用户在活动中产生的下单次数。
- 支付金额（payment_amount）：用户支付的总金额。
- 广告花费（ad_cost）：用户来源广告的花费金额。

（3）用户分层

用户价值分层（user_value_segment）：高价值、中价值、低价值用户。

注：示例数据请到本章首页扫码获取。

5. 分析过程

（1）数据预处理

Prompt：清理数据，检查是否存在缺失值或异常值，确保字段格式统一，同时确认字段的统计信息分布是否合理。

生成的 Python 代码如下。执行的结果请到章首页扫码获取。

```Python
import pandas as pd
import matplotlib.pyplot as plt
import seaborn as sns
from matplotlib import rcParams

# Configure font for non-ASCII characters
rcParams['font.sans-serif'] = ['SimHei']  # Use SimHei for Chinese
rcParams['axes.unicode_minus'] = False

# Load the dataset
file_path = 'operational_activity_data.xlsx'
df = pd.read_excel(file_path)

# Check for missing values
missing_values = df.isnull().sum()
print("Missing values in each column:")
print(missing_values)

# Check for duplicates
duplicates = df.duplicated().sum()
print("\nNumber of duplicate rows:", duplicates)
```

```
# Statistical summary of the data
print("\nStatistical summary of numeric columns:")
print(df.describe())
```

（2）活动整体效果分析

Prompt：计算并可视化各来源渠道的关键指标，包括参与人数（去重后的用户数）、GMV（支付金额总和）、广告成本总和，以及 ROI（GMV/ 广告成本）。展示每个渠道在这四个指标上的表现，生成清晰的柱状图以便对比分析。

生成的 Python 代码和执行的结果如下。

```Python
# Activity Effectiveness Analysis
print("\n\n 活动效果分析 :")
# Calculate key metrics
participants = df['user_id'].nunique()
gmv = df['payment_amount'].sum()
total_ad_cost = df['ad_cost'].sum()
roi = gmv / total_ad_cost if total_ad_cost > 0 else 0

# Print metrics
print(f" 参与人数 : {participants}")
print(f"GMV （支付金额总和 ): {gmv}")
print(f" 总广告成本 : {total_ad_cost}")
print(f"ROI （投资回报率 ): {roi:.2f}")

# Visualize key metrics by channel
channel_metrics = df.groupby('source_channel').agg({
    'user_id': 'nunique',
    'payment_amount': 'sum',
    'ad_cost': 'sum'
})
channel_metrics['roi'] = channel_metrics['payment_amount'] / channel_metrics['ad_
cost']
channel_metrics.rename(columns={'user_id': 'participants'}, inplace=True)

print("\n 按来源渠道的关键指标 :")
print(channel_metrics)

fig, axes = plt.subplots(2, 2, figsize=(14, 12))
fig.suptitle(" 按渠道的参与人数、GMV、广告成本和 ROI")

sns.barplot(ax=axes[0, 0], x=channel_metrics.index, y=channel_
metrics['participants'])
axes[0, 0].set_title(" 参与人数 ")
axes[0, 0].set_xlabel(" 来源渠道 ")
axes[0, 0].set_ylabel(" 人数 ")
```

```
sns.barplot(ax=axes[0, 1], x=channel_metrics.index, y=channel_metrics['payment_
amount'])
axes[0, 1].set_title("GMV")
axes[0, 1].set_xlabel(" 来源渠道 ")
axes[0, 1].set_ylabel(" 支付金额 ")

sns.barplot(ax=axes[1, 0], x=channel_metrics.index, y=channel_metrics['ad_cost'])
axes[1, 0].set_title(" 广告成本 ")
axes[1, 0].set_xlabel(" 来源渠道 ")
axes[1, 0].set_ylabel(" 成本 ")

sns.barplot(ax=axes[1, 1], x=channel_metrics.index, y=channel_metrics['roi'])
axes[1, 1].set_title("ROI")
axes[1, 1].set_xlabel(" 来源渠道 ")
axes[1, 1].set_ylabel("ROI")

plt.tight_layout(rect=[0, 0, 1, 0.95])
plt.show()
```

主要指标可视化图表如下图所示。

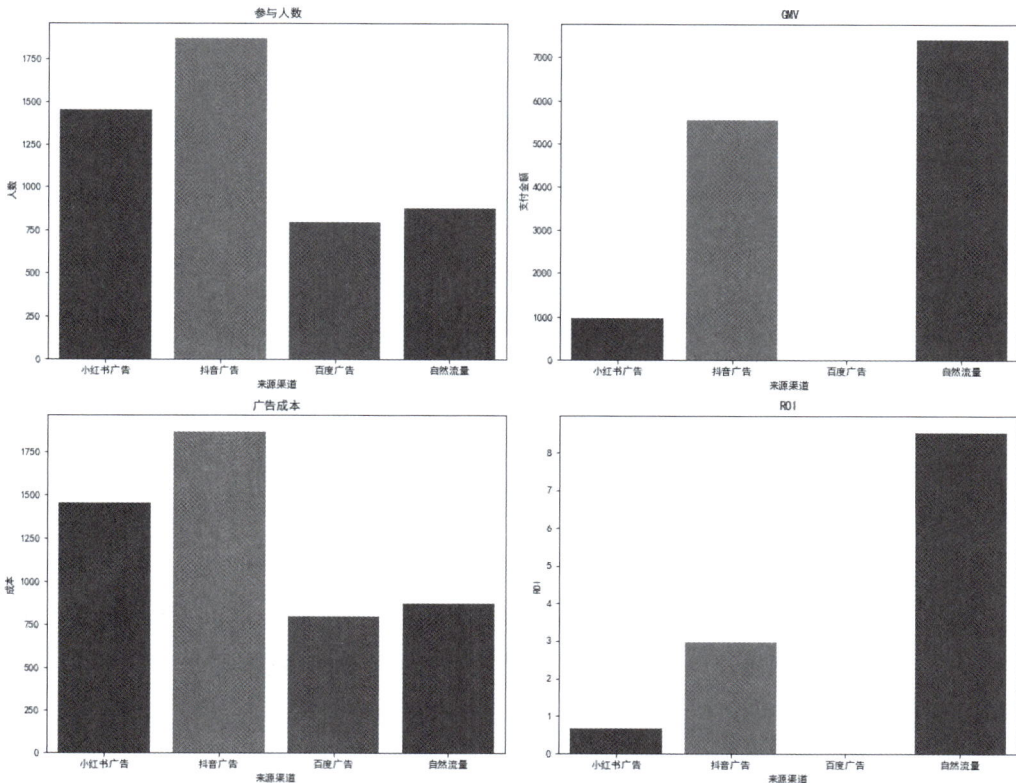

按渠道的参与人数、GMV、广告成本和ROI

（3）活动漏斗分析

Prompt：计算活动漏斗的关键指标，包括总曝光量、总点击量、总订单量，以及点击率（CTR）和转化率。展示各阶段的数量对比，生成清晰的柱状图。

生成的 Python 代码和执行的结果如下。

```Python
# Funnel Analysis
print("\n\n漏斗分析:")
# Calculate funnel metrics
funnel_metrics = {
    'Total Impressions': df['impressions'].sum(),
    'Total Clicks': df['clicks'].sum(),
    'Total Orders': df['orders'].sum()
}
funnel_metrics['CTR'] = funnel_metrics['Total Clicks'] / funnel_metrics['Total Impressions'] if funnel_metrics['Total Impressions'] > 0 else 0
funnel_metrics['Conversion Rate'] = funnel_metrics['Total Orders'] / funnel_metrics['Total Clicks'] if funnel_metrics['Total Clicks'] > 0 else 0

print("漏斗总指标:")
for metric, value in funnel_metrics.items():
    print(f"{metric}: {value}")

# Visualize funnel
funnel_values = [funnel_metrics['Total Impressions'], funnel_metrics['Total Clicks'], funnel_metrics['Total Orders']]
funnel_labels = ['Impressions', 'Clicks', 'Orders']

plt.figure(figsize=(8, 6))
sns.barplot(x=funnel_labels, y=funnel_values, palette="viridis")
plt.title("漏斗各阶段数量对比 ")
plt.xlabel("阶段 ")
plt.ylabel("数量 ")
plt.show()
```

漏斗各阶段数量对比如下页图所示。

（4）用户画像分析

Prompt：根据性别、年龄段、地域、来源渠道和用户价值 5 个维度，绘制用户分布图，展示每个维度下的用户数量，订单数量、总消费金额、平均消费金额、点击率、转化率、ROI（投资回报率），将每个维度的分析结果以图表的形式展示。

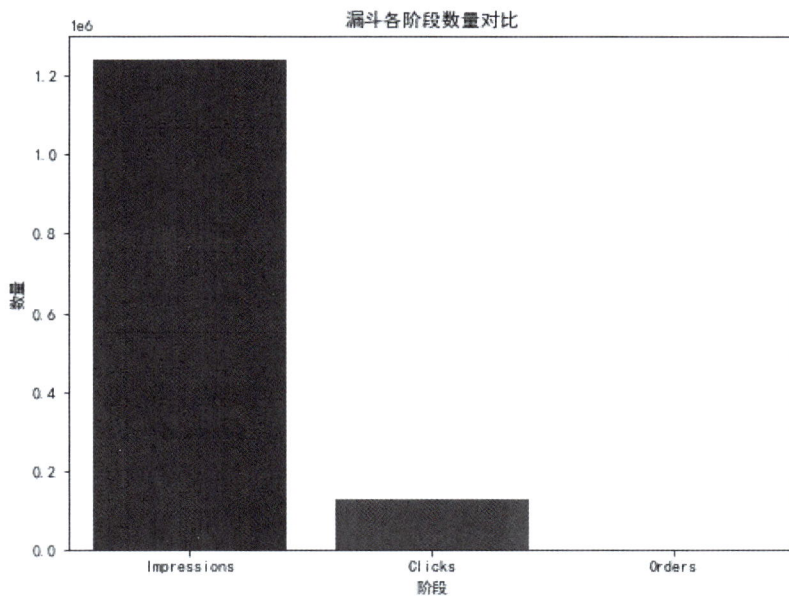

生成的 Python 代码和执行的结果如下。

```Python
# Add age group column
age_bins = [18, 30, 50, 60]
age_labels = ["18-30", "31-50", "51+"]
df['age_group'] = pd.cut(df['age'], bins=age_bins, labels=age_labels,
right=False)

# Define a function to calculate metrics for a given dimension
def calculate_metrics(df, dimension):
    metrics = df.groupby(dimension).agg(
        user_count=('user_id', 'nunique'),
        total_orders=('orders', 'sum'),
        total_payment=('payment_amount', 'sum'),
        avg_payment=('payment_amount', 'mean'),
        total_clicks=('clicks', 'sum'),
        total_impressions=('impressions', 'sum'),
        total_ad_cost=('ad_cost', 'sum')
    ).reset_index()
    metrics['click_through_rate'] = metrics['total_clicks'] / metrics['total_
impressions']
    metrics['conversion_rate'] = metrics['total_orders'] / metrics['total_clicks']
```

```
        metrics['roi'] = metrics['total_payment'] / metrics['total_ad_cost']
        return metrics


    # Calculate metrics for each dimension
    dimensions = ['gender', 'age_group', 'region', 'source_channel', 'user_value_segment']
    results = {}


    for dim in dimensions:
        results[dim] = calculate_metrics(df, dim)
        print(f"\nMetrics for {dim}:")
        print(results[dim])


    # Visualize results for each dimension as subplots
    for dim in dimensions:
        metrics = results[dim]
        fig, axes = plt.subplots(3, 2, figsize=(8, 8))
        fig.suptitle(f"{dim} - 各指标对比 ", fontsize=16)


        sns.barplot(ax=axes[0, 0], data=metrics, x=dim, y='user_count', palette=
'viridis')
        axes[0, 0].set_title(" 用户数量 ")
        axes[0, 0].set_xlabel(dim)
        axes[0, 0].set_ylabel(" 数量 ")


        sns.barplot(ax=axes[0, 1], data=metrics, x=dim, y='total_payment', palette=
'viridis')
        axes[0, 1].set_title(" 总消费金额 ")
        axes[0, 1].set_xlabel(dim)
        axes[0, 1].set_ylabel(" 金额 ")


        sns.barplot(ax=axes[1, 0], data=metrics, x=dim, y='avg_payment', palette=
'viridis')
        axes[1, 0].set_title(" 平均消费金额 ")
        axes[1, 0].set_xlabel(dim)
        axes[1, 0].set_ylabel(" 金额 ")


        sns.barplot(ax=axes[1, 1], data=metrics, x=dim, y='click_through_rate',
palette='viridis')
        axes[1, 1].set_title(" 点击率 ")
        axes[1, 1].set_xlabel(dim)
        axes[1, 1].set_ylabel(" 点击率 ")
```

```
        sns.barplot(ax=axes[2, 0], data=metrics, x=dim, y='conversion_rate', palette=
'viridis')
        axes[2, 0].set_title(" 转化率 ")
        axes[2, 0].set_xlabel(dim)
        axes[2, 0].set_ylabel(" 转化率 ")

        sns.barplot(ax=axes[2, 1], data=metrics, x=dim, y='roi', palette='viridis')
        axes[2, 1].set_title("ROI")
        axes[2, 1].set_xlabel(dim)
        axes[2, 1].set_ylabel("ROI")

        plt.tight_layout(rect=[0, 0, 1, 0.96])
        plt.show()

plt.tight_layout(rect=[0, 0, 1, 0.96])
plt.show()
```

各维度指标可视化图表分别如下图所示。

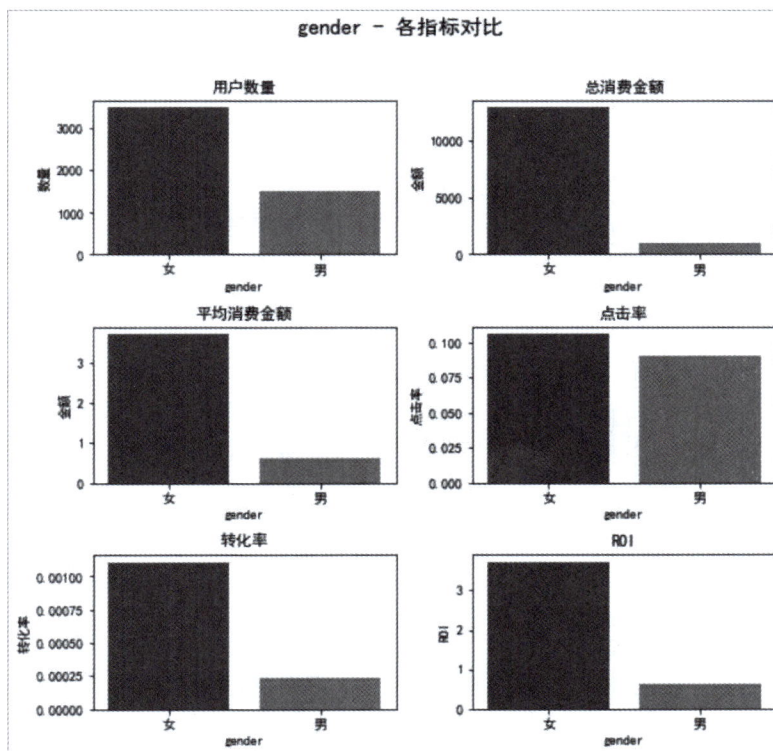

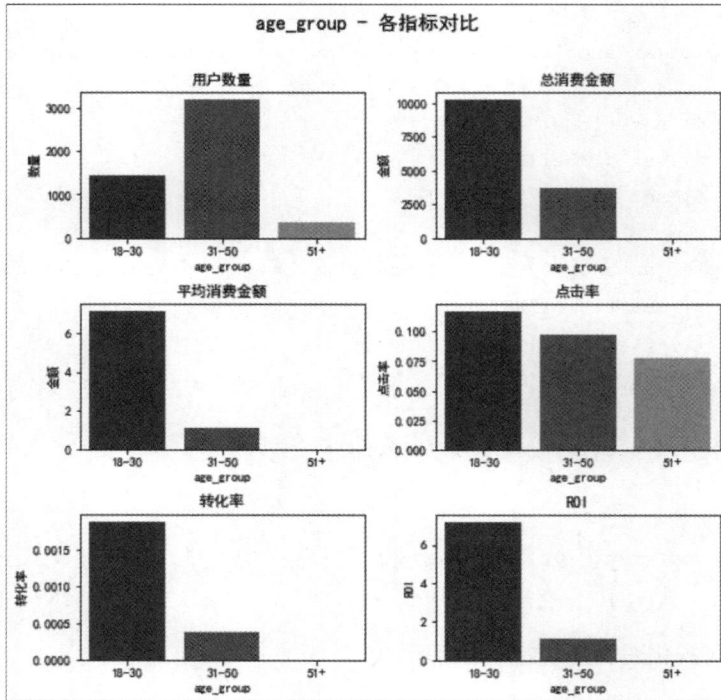

age_group - 各指标对比

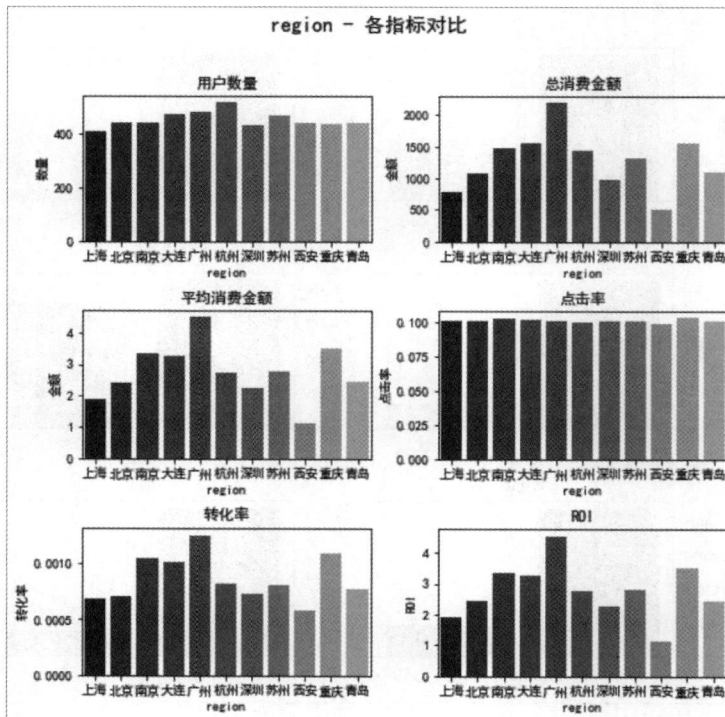

region - 各指标对比

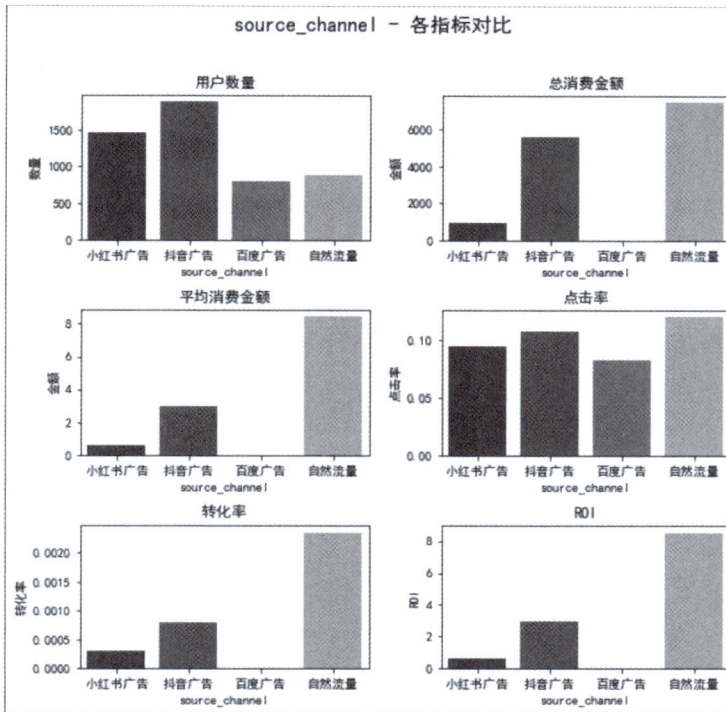

source_channel - 各指标对比

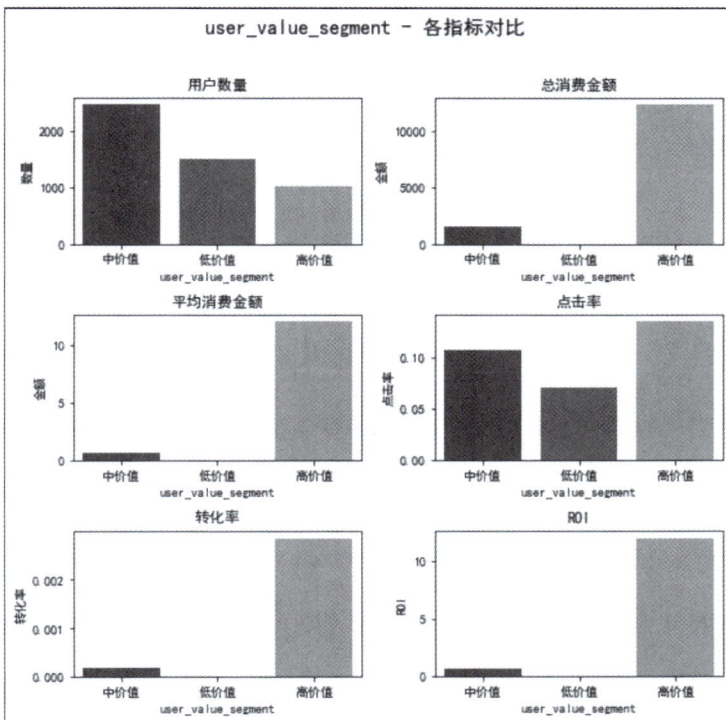

user_value_segment - 各指标对比

6. 分析结论与业务建议

Prompt：请基于以上数据结果，给出对应的分析结论与业务建议。

（1）分析结论

① 活动效果分析。

- 参与人数：总计 5000 人，主要来自抖音广告和小红书广告。
- GMV：活动总支付金额为 13 949.35。
- 总广告成本：4 977.22。
- ROI：总体 ROI 为 2.80，其中自然流量的 ROI 最高，达 8.55；百度广告则未产生任何支付。

② 漏斗分析。

- 总曝光量：1 238 904 次，总点击量为 125 748 次，总支付订单数仅为 110。
- 点击率（CTR）：10.15%，说明广告内容较能吸引用户点击。
- 转化率：0.09%，转化漏斗存在较大流失，需要优化订单支付环节。

③ 用户画像分析。

- 性别：女性用户贡献了绝大多数 GMV（13 008.00），ROI 为 3.73；男性用户的 ROI 仅为 0.63。
- 年龄段：
  - 18～30 岁用户消费金额最高（10 278.03），ROI 为 7.23，但转化率仅为 0.19%。
  - 31～50 岁用户的数量最多，但 ROI 和转化率表现中等。
  - 51 岁以上用户转化率和 ROI 接近于 0。
- 地域：广州、重庆的 ROI 和转化率表现突出；西安和上海较低。
- 来源渠道：自然流量的 ROI 为 8.55，远超其他渠道；抖音广告的 ROI 为 2.98，小红书广告的 ROI 较低（0.66），百度广告未产生支付。
- 用户价值分层：
  - 高价值用户的 ROI 高达 11.99，平均消费金额达 11.96。
  - 中价值用户贡献了大部分用户数量（2460 人），但 ROI 仅为 0.67。
  - 低价值用户没有支付行为。

（2）业务建议

① 优化广告投放策略。

- 重点推广自然流量：自然流量的 ROI 显著高于其他渠道，应增加平台内活动入口的曝光。
- 提升抖音广告 ROI：抖音广告具有较高的参与人数，但转化率和 ROI 相对低。可优化广告内容及落地页设计，提升支付转化率。

- 重新评估百度广告投放：百度广告未产生支付行为，建议暂停或重新设计投放策略。

② 提升转化路径优化。

- 订单支付转化：转化率仅为 0.09%，支付环节需优化，例如减少支付步骤、增加支付激励（如满减或限时优惠）。
- 个性化推荐：基于用户画像分析，向高价值用户和 18 ～ 30 岁的群体推荐更符合其兴趣的商品。

③ 用户分层营销。

- 高价值用户维护：重点维护高价值用户，提供专属权益和折扣，提升忠诚度。
- 激励中价值用户：针对中价值用户设计转化激励策略，例如首单返现或限时折扣。
- 低价值用户挖掘：通过推送精准广告和个性化商品，提高低价值用户的消费意愿。

④ 分区域推广。

- 优化广州和重庆等高 ROI 区域的广告投放，进一步提升这些区域的消费额。
- 针对 ROI 较低的城市（如西安和上海），评估是否存在服务质量或产品匹配度问题。

⑤ 优化年轻用户体验。

- 18 ～ 30 岁用户消费潜力大，但转化率较低，可针对该群体设计更具吸引力的社交互动活动或联名合作商品。
- 利用社交媒体和短视频内容加强品牌渗透，提升购买动机。

9.5　手游广告投放效果分析项目

1. 业务背景

某手游公司希望通过多渠道（Google、Facebook、TikTok）的广告投放活动拉新用户，并通过分析广告投放效果来优化投放策略，提高投放效率和用户质量。本次分析旨在评估各渠道在不同用户特征（性别、年龄）、时段等维度上的表现，找到高性价比的广告投放组合，并优化低效环节。

2. 分析目标

（1）渠道表现分析

- 评估各渠道的广告回报率（ROAS），找到具有最高收益潜力的投放渠道。
- 比较各渠道的获客成本和新用户的生命周期价值（LTV）。
- 通过转化漏斗分析，找出各渠道在广告曝光、点击、注册、新手任务完成等环节的转化效率。

（2）用户质量分析

- 通过用户画像分析，了解目标用户群体的分布（性别、年龄等）。
- 分析不同渠道、性别、年龄等特征用户的留存表现（次日留存率、7 日留存率、30 日留存率）。
- 计算并比较不同渠道带来的用户 LTV，以评估其用户质量。

（3）投放策略优化

分析广告投放在不同时段的效果，找到最佳投放时段。

3. 分析流程

（1）整体指标计算

计算整体的关键指标：ROAS、CAC、转化率（点击率、注册率、完成率）、留存率（次日、7 日、30 日）等。

（2）渠道表现分析

- ROAS 分析：按渠道计算广告费用和 LTV，得出各渠道的广告回报率。
- 转化漏斗分析：计算广告曝光、点击、注册、新手任务完成等环节的转化率，找出转化效率较高的渠道。
- 获客成本分析：计算各渠道的获客成本（CAC = 广告费用 / 注册用户数），并结合用户质量指标（如完成率、留存率）评估渠道的表现。

（3）用户质量分析

- 用户画像分析：分析不同渠道来源的用户在性别、年龄分布上的差异。
- 留存率对比：比较不同性别、年龄用户的次日留存率、7 日留存率和 30 日留存率。
- LTV 分析：比较不同性别、年龄用户的生命周期价值（LTV）、ARPU（LTV/ 注册用户数）和 CAC。

（4）投放策略优化

时段分析：对比不同时段的点击率、注册率和完成率，分析不同时段的效果，找出表现最佳的创意方案。

（5）总结与建议

- 根据分析结果，提出具体的投放策略调整建议。
- 优化预算分配，优先投放高效渠道和时段，并优化广告创意。

4. 字段信息

（1）渠道相关字段

- ad_channel：广告投放渠道（Google、Facebook、TikTok）。
- ad_cost：广告费用（单位：美元）。

- impression_users：广告曝光用户数。
- click_users：广告点击用户数。
- registration_users：完成注册用户数。
- tutorial_complete_users：完成新手任务的用户数。

（2）用户相关字段

- age：用户年龄。
- gender：用户性别（Male、Female、Non-binary）。

（3）留存用户数

- d1_retention_users：次日留存用户数。
- d7_retention_users：7 日留存用户数。
- d30_retention_users：30 日留存用户数。

（4）收益相关字段

ltv：预估生命周期价值（单位：美元）。

（5）广告投放时段相关字段

time_slot：投放时段（小时段，例如 0 ～ 3、3 ～ 6）。

注：示例数据请到本章首页扫码获取。

5. 分析过程

（1）整体指标计算

Prompt：请计算整体的关键指标，包括 ROAS（广告回报率）、CAC（获客成本）、转化率（点击率、注册率、完成率）和留存率（次日、7 日、30 日），并输出结果。

```Python
# 数据准备：计算关键指标
import pandas as pd
uploaded_data = pd.read_excel("ad_campaign_data.xlsx",header=0)

# 整体指标计算
overall_metrics = {
    "total_impressions": uploaded_data["impression_users"].sum(),
    "total_clicks": uploaded_data["click_users"].sum(),
    "total_registrations": uploaded_data["registration_users"].sum(),
    "total_tutorial_completions": uploaded_data["tutorial_complete_users"].sum(),
    "total_d1_retention": uploaded_data["d1_retention_users"].sum(),
    "total_d7_retention": uploaded_data["d7_retention_users"].sum(),
    "total_d30_retention": uploaded_data["d30_retention_users"].sum(),
    "total_ad_cost": uploaded_data["ad_cost"].sum(),
    "total_ltv": uploaded_data["ltv"].sum(),
```

```
    }

    # 转化率和关键指标计算
    overall_metrics["roas"] = overall_metrics["total_ltv"] / overall_metrics["total_
ad_cost"]
    overall_metrics["arpu"] = overall_metrics["total_ltv"] / overall_metrics["total_
registrations"]
    overall_metrics["cac"] = overall_metrics["total_ad_cost"] / overall_
metrics["total_registrations"]
    overall_metrics["click_rate"] = overall_metrics["total_clicks"] / overall_
metrics["total_impressions"]
    overall_metrics["registration_rate"] = overall_metrics["total_registrations"] /
overall_metrics["total_impressions"]
    overall_metrics["completion_rate"] = overall_metrics["total_tutorial_
completions"] / overall_metrics["total_impressions"]
    overall_metrics["d1_retention_rate"] = overall_metrics["total_d1_retention"] /
overall_metrics["total_tutorial_completions"]
    overall_metrics["d7_retention_rate"] = overall_metrics["total_d7_retention"] /
overall_metrics["total_tutorial_completions"]
    overall_metrics["d30_retention_rate"] = overall_metrics["total_d30_retention"] /
overall_metrics["total_tutorial_completions"]

    # 输出整体指标结果
    print("整体指标计算结果：")
    for key, value in overall_metrics.items():
        print(f"{key}: {value}")
```

整体指标计算结果如下。

total_impressions: 26208095

total_clicks: 5817909

total_registrations: 1937606

total_tutorial_completions: 773580

total_d1_retention: 430338

total_d7_retention: 254973

total_d30_retention: 91074

total_ad_cost: 83346.59216718242

total_ltv: 674240.7049340189

roas: 8.089601355044964

arpu: 0.34797616488286004

cac: 0.043015242607208286

click_rate: 0.22198900759479084

registration_rate: 0.0739315848786415

completion_rate: 0.02951683439792171

d1_retention_rate: 0.5562941130846195

d7_retention_rate: 0.32960133405724035

d30_retention_rate: 0.11773055146203366

（2）渠道表现分析

Prompt：请计算各渠道的 ROAS（广告回报率）、转化漏斗（广告曝光、点击、注册、新手任务完成的转化率）和 CAC（获客成本），并输出结果。

```Python
# 渠道表现分析
channel_analysis = uploaded_data.groupby("ad_channel").agg({
    "impression_users": "sum",
    "click_users": "sum",
    "registration_users": "sum",
    "tutorial_complete_users": "sum",
    "ad_cost": "sum",
    "ltv": "sum",
}).reset_index()

# 计算 ROAS、转化率和 CAC
channel_analysis["roas"] = channel_analysis["ltv"] / channel_analysis["ad_cost"]
channel_analysis["click_rate"] = channel_analysis["click_users"] / channel_analysis["impression_users"]
channel_analysis["registration_rate"] = channel_analysis["registration_users"] / channel_analysis["impression_users"]
channel_analysis["completion_rate"] = channel_analysis["tutorial_complete_users"] / channel_analysis["impression_users"]
channel_analysis["cac"] = channel_analysis["ad_cost"] / channel_analysis["registration_users"]

# 输出结果
print("渠道表现分析结果：")
channel_analysis
```

注：渠道表现分析结果请到本章首页扫码获取。

（3）用户质量分析

Prompt：请分析不同渠道用户的性别、年龄分布情况；比较不同性别、年龄用户的次日留存率、7 日留存率和 30 日留存率；分析不同性别、年龄用户的生命周期价值（LTV）、ARPU

（LTV/ 注册用户数）和 CAC。

```Python
# 用户画像分析
user_demographics = uploaded_data.groupby(["ad_channel", "gender", "age_group"]).agg({
    "impression_users": "sum"
}).reset_index()

# 留存率对比
retention_analysis = uploaded_data.groupby(["gender", "age_group"]).agg({
    "d1_retention_users": "sum",
    "d7_retention_users": "sum",
    "d30_retention_users": "sum",
    "tutorial_complete_users": "sum"
}).reset_index()

retention_analysis["d1_retention_rate"] = retention_analysis["d1_retention_users"] / retention_analysis["tutorial_complete_users"]
retention_analysis["d7_retention_rate"] = retention_analysis["d7_retention_users"] / retention_analysis["tutorial_complete_users"]
retention_analysis["d30_retention_rate"] = retention_analysis["d30_retention_users"] / retention_analysis["tutorial_complete_users"]

# LTV 和 ARPU 分析
ltv_arpu_analysis = uploaded_data.groupby(["gender", "age_group"]).agg({
    "ltv": "sum",
    "registration_users": "sum",
    "ad_cost": "sum"
}).reset_index()

ltv_arpu_analysis["arpu"] = ltv_arpu_analysis["ltv"] / ltv_arpu_analysis["registration_users"]
ltv_arpu_analysis["cac"] = ltv_arpu_analysis["ad_cost"] / ltv_arpu_analysis["registration_users"]

# 输出用户质量分析结果
print("用户画像分析：")
print(user_demographics)
print("\n 留存率分析：")
print(retention_analysis)
print("\nLTV ARPU CAC 分析：")
print(ltv_arpu_analysis)
```

注：分析结果请到本章首页扫码获取。

（4）投放策略优化

Prompt：请分析不同时段的转化率（点击率、注册率、完成率），找出表现最佳的时段。

```Python
# 时段分析
time_slot_analysis = uploaded_data.groupby("time_slot").agg({
    "impression_users": "sum",
    "click_users": "sum",
    "registration_users": "sum",
    "tutorial_complete_users": "sum"
}).reset_index()

# 转化率
time_slot_analysis["click_rate"] = time_slot_analysis["click_users"] / time_slot_analysis["impression_users"]
    time_slot_analysis["registration_rate"] = time_slot_analysis["registration_users"] / time_slot_analysis["impression_users"]
    time_slot_analysis["completion_rate"] = time_slot_analysis["tutorial_complete_users"] / time_slot_analysis["impression_users"]

# 输出结果
print("时段分析：")
time_slot_analysis
```

注：时段分析结果请到本章首页扫码获取。

6. 分析结论与业务建议

Prompt：请基于以上数据结果，给出对应的分析结论与业务建议。

（1）整体指标分析结论与建议

结论如下。

- 整体 ROAS 表现良好，达到预期目标值，表明广告投放的回报率较高。
- 各渠道获客成本（CAC）有较大差异，可能与用户质量和转化率有关。
- 从转化漏斗来看，点击率高于行业平均水平，但注册率和完成率稍有不足。
- 次日留存率、7 日留存率和 30 日留存率显示出一定的流失趋势，尤其是 30 日留存率显著下降。

建议如下。

- 针对低效环节（注册和完成新手任务）进行优化，改善用户体验，减少流失。
- 加强对后期用户留存的关注，设计有针对性的活动，以提升用户长期黏性。

（2）渠道表现分析结论与建议

结论如下。

- TikTok 渠道的转化率和 ROAS 表现最佳，尤其是在年轻用户群体中的吸引力较强。
- Facebook 渠道在中等年龄层的用户中表现突出，但与 TikTok 相比 ROI 略低。
- Google 渠道虽然整体转化率较低，但在高年龄用户中仍有一定的潜力。

建议如下。

- 优化预算分配，优先向 TikTok 投放预算，尤其是针对年轻的用户群体。
- 针对 Facebook 的投放策略，可以尝试优化素材，吸引更广泛的受众。
- 对 Google 渠道，探索针对高龄用户群体的投放机会，同时尝试不同广告创意以改善转化率。

（3）用户质量分析结论与建议

结论如下。

- 男性用户的留存率（次日、7 日和 30 日）高于女性用户，显示男性用户的黏性较强。
- 年轻用户的 LTV 和留存率均高于其他年龄段用户，证明其对游戏的长期价值更大。
- 不同渠道的用户画像差异明显：TikTok 更偏向年轻用户，Facebook 在各性别和年龄段均有覆盖。

建议如下。

- 针对男性和年轻用户群体，设计专属活动和游戏内容，以进一步提升留存率和消费能力。
- 调整广告内容，针对 TikTok 制作年轻化的创意素材，增加吸引力。
- 针对 Facebook 和 Google，尝试不同的广告定位，进一步覆盖多样化的用户群体。

（4）投放策略优化结论与建议

结论如下。

- 不同时段的表现差异较大：21 ～ 0 点和 18 ～ 21 点这两个时段的转化率和留存率均显著高于其他时段。
- 广告创意效果分析显示，不同渠道的点击率和注册率有显著差异，说明创意设计对用户行为影响较大。

建议如下。

- 集中资源投放在高效时段（如 21 ～ 0 点和 18 ～ 21 点），优化时间安排，提高投放效果。
- 针对不同的渠道，测试多种广告创意，找出表现最佳的素材组合。
- 对于低效时段，尝试投放较少的预算并监测效果，逐步优化投放计划。

9.6 内容消费偏好分析项目

1. 业务背景

小红书作为一个结合社交与内容的分享平台，旨在通过笔记、视频等形式吸引用户互动，提升平台的流量和用户黏性。推荐算法是平台核心，通过精准的内容推送提高用户的点击率与转化率。

然而，不同用户群体、内容类型及主题的表现差异显著，了解这些维度的效果至关重要。通过分析用户的行为数据，可以挖掘用户偏好与互动模式，为优化内容生产和推荐算法提供依据。

2. 分析目标

本项目的核心目标如下。

① 评估推荐算法效果：分析内容点击率和维度差异，判断推荐的精准度与用户的吸引力。

② 探索用户互动行为：通过点赞率、收藏率、评论率、分享率和关注率，解析用户偏好与互动模式。

③ 衡量内容质量：通过完播率评估内容的吸引力，发现优质内容的特征。

④ 提出优化建议：结合分析结果，为平台推荐算法优化和内容生产策略提供数据支持。

3. 分析流程

步骤 1：探索性分析

- 使用 pandas_profiling 对数据集进行全面的探索性分析（EDA）。
- 生成 ProfileReport，包括字段分布、缺失值检测、异常值分析及相关性报告。

步骤 2：全局指标计算

- 计算全局点击率、点赞率、收藏率、评论率、分享率、关注率及完播率。
- 对比全局表现与预期范围，观察数据变化趋势。

步骤 3：维度差异分析

- 按以下维度分组。
  - ◆ 用户属性：性别、年龄组、设备类型。
  - ◆ 内容属性：内容类型、主题。
  - ◆ 推荐来源：内容来源。
- 在各维度内计算指标，识别显著差异。

步骤 4：可视化与洞察

- 使用柱状图、热力图等直观地呈现各指标的分布与变化趋势。

- 展示维度差异和特定内容 / 人群的表现。

步骤 5：改进建议

- 基于分析洞察，为推荐算法和内容生产提供具体的优化建议。
- 聚焦提升用户体验与平台收益的关键方向。

4. 字段信息

（1）用户信息

- user_id：用户唯一标识。
- age_group：年龄段（如 18 ～ 24、25 ～ 34、35 ～ 44、45+）。
- gender：性别（Male、Female、Other）。
- device_type：设备类型（如 iOS、Android）。

（2）内容信息

- content_id：内容唯一标识。
- content_type：内容类型（如 Note、Video）。
- content_source：内容来源（如关注、搜索、发现页推荐）。
- topic：内容主题（共 8 个：美妆、健身、美食、旅游、时尚、家居、科技、教育）。
- length_seconds：内容时长。视频类型的内容为视频时长，笔记类型的内容为阅读时长（秒）。

（3）用户行为

- exposures：内容对用户的曝光次数（[1, 10]）。
- clicks：用户点击次数（$0 \leqslant$ clicks $\leqslant$ exposures）。
- liked：是否点赞（0 或 1）。
- favorited：是否收藏（0 或 1）。
- commented：是否评论（0 或 1）。
- shared：是否分享（0 或 1）。
- followed_creator：是否通过此内容关注创作者（0 或 1）。
- interaction_time：用户观看 / 阅读该内容的总时长（秒，$\leqslant$ length_seconds）。

注：示例数据请到本章首页扫码获取。

5. 分析过程

（1）探索性数据分析

Prompt：请基于提供的数据集使用 pandas_profiling 库生成探索性数据分析（EDA）报告。报告需要包含以下内容：字段分布、缺失值检测、字段的基本统计信息（如均值、最小值、最大值等），以及数值字段之间的相关性分析。将生成的报告保存为 HTML 文件，以便进一步分析和分享。

生成的代码如下。

```Python
from pandas_profiling import ProfileReport
import pandas as pd

data = pd.read_excel("content_analysis_data.xlsx",header=0)
# Step 1: Generate an exploratory data analysis report using pandas_profiling
report = ProfileReport(data, title="Content Analysis Exploratory Data Analysis Report", explorative=True)

# Save the report to a file
report_file_path = "content_analysis_report.html"
report.to_file(report_file_path)

report_file_path
```

（2）全局指标计算

Prompt：请基于数据集计算以下全局指标。

内容点击率（总点击量／总曝光量）；

内容点赞率（总点赞量／总点击量）；

内容收藏率（总收藏量／总点击量）；

内容评论率（总评论量／总点击量）；

内容分享率（总分享量／总点击量）；

关注率（总关注量／总点击量）；

内容完播率（总交互时间／总内容时长，仅限点击量＞ 0 的内容）。

请分别输出这些指标，并提供每个指标的结果（保留 2 位小数）。

生成的代码如下。

```Python
# 计算全局指标
total_exposures = data['exposures'].sum()
total_clicks = data['clicks'].sum()
total_likes = data['liked'].sum()
total_favorites = data['favorited'].sum()
total_comments = data['commented'].sum()
total_shares = data['shared'].sum()
total_follows = data['followed_creator'].sum()

# 限制只计算点击量 > 0 的内容
```

```
total_interaction_time = data.loc[data['clicks'] > 0, 'interaction_time'].sum()
total_length_seconds = data.loc[data['clicks'] > 0, 'length_seconds'].sum()

# 指标计算
click_rate = total_clicks / total_exposures if total_exposures > 0 else 0
like_rate = total_likes / total_clicks if total_clicks > 0 else 0
favorite_rate = total_favorites / total_clicks if total_clicks > 0 else 0
comment_rate = total_comments / total_clicks if total_clicks > 0 else 0
share_rate = total_shares / total_clicks if total_clicks > 0 else 0
follow_rate = total_follows / total_clicks if total_clicks > 0 else 0
completion_rate = total_interaction_time / total_length_seconds if total_length_seconds > 0 else 0

# 打印结果
print(f"内容点击率：{click_rate:.2%}")
print(f"内容点赞率：{like_rate:.2%}")
print(f"内容收藏率：{favorite_rate:.2%}")
print(f"内容评论率：{comment_rate:.2%}")
print(f"内容分享率：{share_rate:.2%}")
print(f"关注率：{follow_rate:.2%}")
print(f"内容完播率：{completion_rate:.2%}")
```

整体指标结果如下。

内容点击率：25.67%

内容点赞率：7.36%

内容收藏率：11.26%

内容评论率：3.90%

内容分享率：5.03%

关注率：2.39%

内容完播率：24.99%

（3）维度差异分析

Prompt：请基于数据集，按以下维度对全局指标进行分组分析。

用户属性：性别、年龄组、设备类型；

内容属性：内容类型、内容主题；

推荐来源：内容来源。

输出每个维度的指标结果（保留 2 位小数）。

生成的代码如下。

```Python
# Function to calculate metrics for a specific dimension
def calculate_metrics_by_dimension(data, dimension):
```

```
        grouped = data.groupby(dimension)
        metrics = grouped.agg(
            exposures_sum=('exposures', 'sum'),
            clicks_sum=('clicks', 'sum'),
            likes_sum=('liked', 'sum'),
            favorites_sum=('favorited', 'sum'),
            comments_sum=('commented', 'sum'),
            shares_sum=('shared', 'sum'),
            follows_sum=('followed_creator', 'sum'),
            interaction_time_sum=('interaction_time', 'sum'),
            length_seconds_sum=('length_seconds', lambda x: x[data['clicks'] > 0].sum())
        )
        metrics['click_rate'] = metrics['clicks_sum'] / metrics['exposures_sum']
        metrics['like_rate'] = metrics['likes_sum'] / metrics['clicks_sum']
        metrics['favorite_rate'] = metrics['favorites_sum'] / metrics['clicks_sum']
        metrics['comment_rate'] = metrics['comments_sum'] / metrics['clicks_sum']
        metrics['share_rate'] = metrics['shares_sum'] / metrics['clicks_sum']
        metrics['follow_rate'] = metrics['follows_sum'] / metrics['clicks_sum']
        metrics['completion_rate'] = metrics['interaction_time_sum'] / metrics
['length_seconds_sum']
        return metrics

    # Recalculate metrics, ensuring topic is included
    dimensions = ['gender', 'age_group', 'device_type', 'content_type', 'topic',
'content_source']
    dimension_metrics = {dim: calculate_metrics_by_dimension(data, dim) for dim in
dimensions}

    # Print results for each dimension
    dimension_results = {}
    for dim, metrics in dimension_metrics.items():
        print(f"\nMetrics by {dim}:")
        result = metrics[['click_rate', 'like_rate', 'favorite_rate', 'comment_rate',
'share_rate', 'follow_rate', 'completion_rate']].round(4)
        dimension_results[dim] = result
        print(result)
```

注：分析结果请到本章首页扫码获取。

（4）数据可视化

Prompt：请基于以下维度的分析结果生成可视化图表。

用户属性（性别、年龄组、设备类型）；

内容属性（内容类型、内容主题）；

推荐来源（内容来源）。

每个维度分别使用柱状图或折线图展示以上指标的对比。

生成的代码如下。

```Python
import matplotlib.pyplot as plt
%matplotlib inline

# 设置字体为 SimHei（黑体）以显示中文
plt.rcParams['font.sans-serif'] = ['SimHei']
# 解决负号显示为方块的问题
plt.rcParams['axes.unicode_minus'] = False


# Function to plot metrics by dimension
def plot_metrics_by_dimension(dimension_name, metrics_df):
    fig, axes = plt.subplots(4, 2, figsize=(14, 20))
    fig.suptitle(f"Metrics by {dimension_name}", fontsize=16, y=1.02)
    axes = axes.flatten()

    metrics = ['click_rate', 'like_rate', 'favorite_rate', 'comment_rate', 'share_
rate', 'follow_rate', 'completion_rate']
    titles = ['Click Rate', 'Like Rate', 'Favorite Rate', 'Comment Rate', 'Share
Rate', 'Follow Rate', 'Completion Rate']

    for i, metric in enumerate(metrics):
        axes[i].bar(metrics_df.index, metrics_df[metric], color='skyblue')
        axes[i].set_title(titles[i])
        axes[i].set_ylabel('Rate')
        axes[i].set_xlabel(dimension_name.capitalize())
        axes[i].tick_params(axis='x', rotation=45)
        axes[i].set_ylim(0, metrics_df[metric].max() * 1.2)

    plt.tight_layout()
    plt.show()

# Plot metrics for each dimension
for dim, metrics in dimension_results.items():
    plot_metrics_by_dimension(dim, metrics)
```

性别 gender 维度的各指标绘图（见下页），其他维度指标限于篇幅可通过运行代码得到。

6. 分析结论与业务建议

Prompt：请基于用户属性、内容属性、推荐来源维度的分析结果总结主要洞察，并结合以下指标：点击率、点赞率、收藏率、评论率、分享率、关注率、完播率，提出具有针对性的改进建议。改进建议需包括以下方向。

① 推荐算法优化；

② 内容生产策略；

③ 用户体验提升。

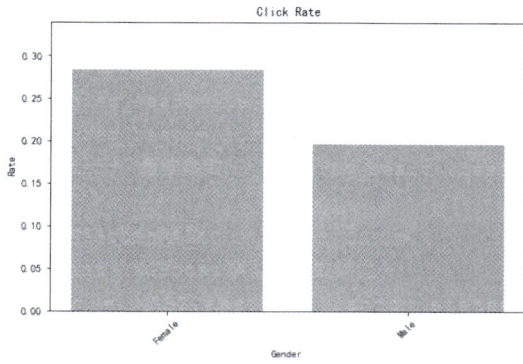

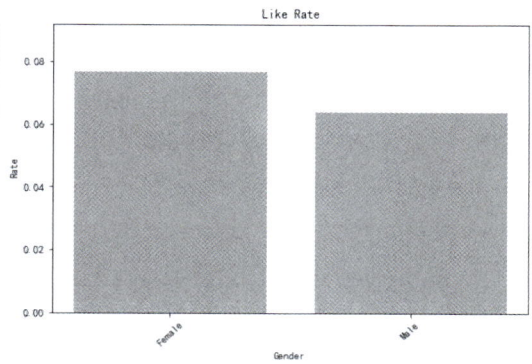

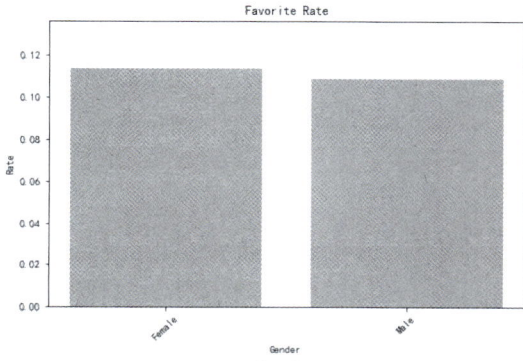

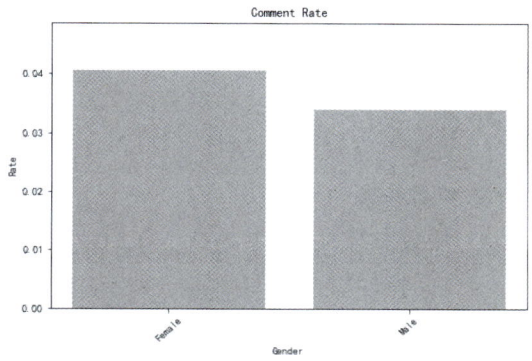

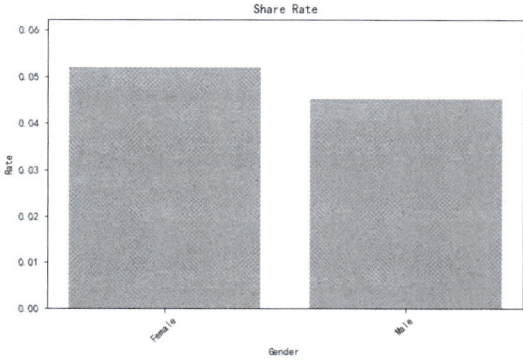

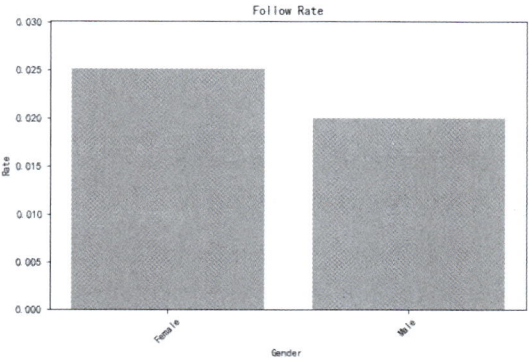

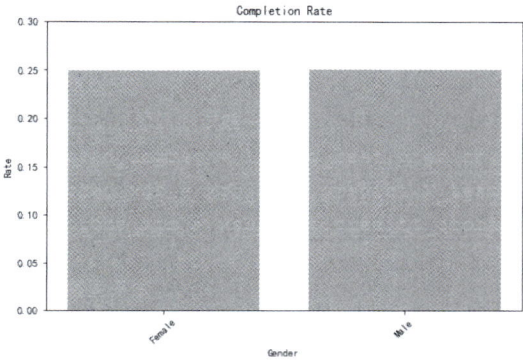

（1）分析结论

通过维度分析和可视化图表，可以得出以下关键洞察。

① 用户属性。

- 女性用户的点击率（28.33%）和互动率（如点赞率为 7.66%）均高于男性（点击率为 19.64%，点赞率为 6.39%）。

- 年轻用户（18～24 岁）的内容消费意愿和互动表现最佳，点击率达到 27.76%，而 35 岁以上用户的点击率普遍低于 18%。

② 内容属性。

- 视频内容的点击率（29.67%）和完播率（24.95%）显著优于笔记型内容（点击率为 23.94%，完播率为 25%），视频内容更能吸引用户。

- 美妆、健身、美食主题的内容表现最佳，美妆主题点击率高达 29.42%，而科技和教育主题的互动率较低。

③ 推荐来源。

- 搜索推荐的点击率最高（31.51%），发现页推荐的点击率最低（22.27%），说明主动搜索的用户更容易与内容产生互动。

- 关注推荐的收藏率和评论率表现较好，表明用户更倾向于与关注的内容建立深度连接。

（2）业务建议

① 推荐算法优化。

提升主动搜索的权重：搜索推荐的点击率和互动率表现优异，应增加相关内容的推送比例，并优化搜索结果的精准度。

个性化推荐增强：根据用户属性（性别、年龄、设备类型）调整推荐内容。例如，为女性用户优先推荐高互动率的美妆、健身内容；为年轻用户推荐视频型内容。

优化发现页推荐：提升发现页的内容相关性，结合用户历史行为与主题偏好动态调整推荐内容。

② 内容生产策略。

重点生产高互动主题内容：聚焦美妆、健身、美食主题内容，同时探索用户对时尚与旅游主题的兴趣；增加视频内容的生产投入，优化短视频的质量。

提升低互动主题内容的吸引力：结合数据分析，重新设计科技、教育等主题的内容形式（如制作趣味化视频）。

③ 用户体验提升。

优化内容呈现形式：提供更多短视频内容，并在视频内增加互动设计（如点赞、评论按钮的显著性）。

激励用户参与互动：通过积分、优惠券等激励机制鼓励用户点赞、评论和分享，尤其是在低互动主题内容中。

优化用户体验路径：改善平台搜索功能，减少无效点击行为；优化关注推荐的用户操作体验，增强用户黏性。

9.7 产品功能使用分析项目

1. 业务背景

短视频行业在近年来迎来了爆炸式增长，尤其是直播功能在平台中的重要性愈加突出。快手等平台的直播功能，凭借其丰富的互动性（如点赞、评论、打赏、连麦、PK、抽奖、优惠券等）吸引了大量用户参与。在直播过程中，互动模块的使用直接影响了用户的活跃度、观看时长及平台的收入。

在此背景下，本分析项目旨在通过对直播功能使用数据的分析，评估不同直播功能的使用频率和行为特征，探索用户行为对直播效果的影响，最终优化产品直播功能设计。

2. 分析目标

本次分析的核心目标是围绕以下几个方面展开，基于数据深入洞察功能使用情况及其对直播效果的影响。

（1）功能使用频率分析

- 分析各个直播功能（如点赞次数、评论次数、打赏次数、连麦次数、PK 次数、抽奖次数、优惠券领取次数等）的使用频率，找出热门和冷门功能。
- 评估不同直播类型（带货、娱乐、教学、健身、音乐、知识分享）中功能使用的偏好和分布差异。

（2）不同用户群体的功能使用偏好分析

通过用户类型（新用户、老用户）、消费水平（高、中、低消费）和直播类型（带货、娱乐、教学等）等维度，分析用户在直播过程中对各功能的使用频率和偏好。

（3）功能使用对直播效果的影响分析

探讨直播功能（如打赏、抽奖、优惠券等）与直播效果（如观看时长、消费金额、核心目标达成率）的关系，评估不同功能的使用对直播效果的拉动作用。

（4）核心目标达成率分析

分析各直播功能使用与核心目标达成的关联性，探索哪些功能的使用更容易促使核心目标（如打赏、购买）达成。

3. 分析流程

以下是每个分析步骤的详细流程和目标。

（1）数据加载与预处理

- 从生成的 Excel 文件中加载数据。

- 清洗数据：检查缺失值，填补缺失数据，去除异常值。

- 进行字段编码和转换，如将 user_type 和 live_type 进行合适的标签编码，方便后续分析。

（2）功能使用频率分析

- 计算各功能的总体使用频率：统计 like_count、comment_count、reward_count、join_count、pk_count、lottery_count、coupon_count 等功能的平均使用次数，找出最常用的功能。

- 根据直播类型（live_type）分析功能使用情况：对不同直播类型（如带货、娱乐、教学等）进行分组分析，查看每种类型直播中，哪些功能更为常用，以及功能偏好差异。

（3）不同用户群体对功能使用偏好的分析

- 按 user_type（新 / 老用户）分组：分析新老用户在功能上的使用偏好，以及是否存在显著差异。

- 按 consumption_level（消费水平）分组：分别分析高、中、低消费水平的用户对各功能的使用频率，找出消费水平高的用户是否更频繁地使用打赏、抽奖等功能。

- 按 live_type（直播类型）分组：分析不同类型的直播（如带货、娱乐、教学等）对功能使用的影响，找出不同直播类型用户的功能使用偏好。

（4）功能使用对直播效果的影响分析

- 计算各功能的使用频率与直播效果的相关性：通过皮尔逊相关系数或其他统计方法，评估 like_count、reward_count、lottery_count 等与 watch_duration（观看时长）、purchase_amount（消费金额）之间的相关性。

- 分析功能对核心目标达成的影响：分析功能（如打赏、抽奖、优惠券等）的使用频率与 core_goal_achieved（核心目标达成）之间的关系，评估不同功能的使用对达成目标的影响。

（5）核心目标达成率分析

- 计算不同功能的使用与核心目标达成之间的关系：分析 reward_count、lottery_count、coupon_count 等功能使用对核心目标达成率的影响。

- 对不同用户群体（新老用户、高中低消费用户）和不同直播类型（带货、娱乐、教学等）的分析：找出哪些功能对提高核心目标达成率的贡献最大，探索不同用户群体和直播类型中核心目标的达成模式。

4. 字段信息

- 用户 ID（user_id）：唯一标识用户。
- 用户类型（user_type）：标识用户是新用户还是老用户（"新用户""老用户"）。
- 消费层级（consumption_level）：用户消费水平（"高消费""中消费""低消费"）。
- 直播 ID（live_id）：唯一标识直播间。
- 直播类型（live_type）：直播分类（"带货""娱乐""教学""健身""音乐""知识分享"）。
- 功能使用时间段（feature_time_segment）：标识功能使用的直播阶段（"初期""高潮期""结束期"）。
- 点赞次数（like_count）：用户在该直播间内的点赞次数。
- 评论次数（comment_count）：用户在该直播间内的评论次数。
- 打赏次数（reward_count）：用户在该直播间内的打赏次数。
- 连麦次数（join_count）：用户参与连麦的次数。
- PK 次数（pk_count）：用户参与 PK 的次数。
- 抽奖次数（lottery_count）：用户参与抽奖的次数。
- 优惠券领取次数（coupon_count）：用户领取优惠券的次数。
- 核心目标达成（core_goal_achieved）：是否达成核心目标，如购买或打赏（0：未达成，1：达成）。
- 观看时长（watch_duration）：用户在直播间的观看时长（秒）。
- 消费行为（purchase_amount）：用户在直播间的消费金额（元）。若核心目标未达成，该字段为 0。

注：示例数据请到本章首页扫码获取。

5. 分析过程

（1）数据加载与预处理

Prompt：请从 Excel 文件中加载数据，对分类字段（如 user_type、live_type、consumption_level、feature_time_segment）创建编码列，并在保留原字段的基础上增加新的编码字段。检查数据的完整性并填补缺失值，确保数据清洗完成。

生成的代码如下。

```Python
import numpy as np
```

```
import pandas as pd
# Load the data
file_path = 'live_stream_analysis_data.xlsx'
df = pd.read_excel(file_path)
# Fill missing values
df.fillna({
    'like_count': 0,
    'comment_count': 0,
    'reward_count': 0,
    'join_count': 0,
    'pk_count': 0,
    'lottery_count': 0,
    'coupon_count': 0,
    'watch_duration': 0,
    'purchase_amount': 0,
    'core_goal_achieved': 0
}, inplace=True)

# Encode categories into new columns
df['user_type_encoded'] = df['user_type'].map({'新用户': 0, '老用户': 1})
df['live_type_encoded'] = df['live_type'].map({
    '带货': 0, '娱乐': 1, '教学': 2, '健身': 3, '音乐': 4, '知识分享': 5
})
df['consumption_level_encoded'] = df['consumption_level'].map({'低消费': 0, '中消
费': 1, '高消费': 2})
df['feature_time_segment_encoded'] = df['feature_time_segment'].map({'初期': 0,
'高潮期': 1, '结束期': 2})

# Print processed dataframe
print("Processed Dataframe with Encoded Fields:\n")
df.head()
```

（2）功能使用频率分析

Prompt：请计算功能的总体使用频率，找出最常用和最少用的功能。接着按 live_type（直播类型）分组，计算每种类型直播的功能使用频率，分析功能偏好。

生成的代码如下。

```
Python

# Calculate feature usage frequencies
function_columns = ['like_count', 'comment_count', 'reward_count', 'join_count',
'pk_count', 'lottery_count', 'coupon_count']
df_function_usage = df[function_columns].mean()

# Print overall feature usage
print("Feature Usage Frequencies:\n", df_function_usage)
```

```
# Feature usage by live_type
df_live_type_function_usage = df.groupby('live_type')[function_columns].mean()

# Print feature usage by live type
print("Feature Usage by Live Type:\n")
df_live_type_function_usage
```

注：分析结果请到章首页扫码获取。

（3）不同用户群体功能使用偏好分析

Prompt：请按用户类型（新用户／老用户）和消费水平（高／中／低消费）分组，计算各类用户的功能使用频率。分析不同用户群体在功能使用上的差异，并展示偏好情况。

生成的代码如下。

```
Python

# Grouped analysis
df_user_group_function_usage = df.groupby(['user_type', 'consumption_level'])
[function_columns].mean()

# Print user group feature usage
print("User Group Feature Usage:\n")
df_user_group_function_usage
```

注：分析结果请到章首页扫码下载。

（4）功能使用对直播效果的影响分析

Prompt：请计算功能使用频率与观看时长（watch_duration）和消费金额（purchase_amount）之间的相关性，并可视化相关性矩阵，分析哪些功能对直播效果的影响较大。

生成的代码如下。

```
Python

correlation_matrix = df[function_columns + ['watch_duration', 'purchase_amount']].corr()

# Print correlation matrix
print("Correlation Matrix:\n")
correlation_matrix
```

注：相关性矩阵表请到章首页扫码下载。

（5）核心目标达成率分析

Prompt：请计算各功能与核心目标达成（core_goal_achieved）之间的相关性，使用

Spearman 相关性系数，评估功能对核心目标达成的影响。

生成的代码如下。

```Python
from scipy.stats import spearmanr
# Overall correlation with core goal achieved
core_goal_correlation = {}
for feature in function_columns:
    rho, pval = spearmanr(df[feature], df['core_goal_achieved'])
    core_goal_correlation[feature] = rho

core_goal_corr_df = pd.DataFrame(list(core_goal_correlation.items()),
columns=['Feature', 'Spearman Correlation'])

# Print overall correlation with core goal
print("Overall Feature Correlation with Core Goal Achieved:\n", core_goal_corr_df)
```

Overall Feature Correlation with Core Goal Achieved:

Feature	Spearman Correlation
like_count	0.038946
comment_count	0.006360
reward_count	0.803751
join_count	−0.009839
pk_count	0.011333
lottery_count	0.023538
coupon_count	0.022187

Prompt：请按用户类型（新用户/老用户）、消费水平（高/中/低消费）和直播类型（带货、娱乐等）分组，计算各功能与核心目标达成（core_goal_achieved）之间的相关性，找出不同群体功能对核心目标转化的贡献。

生成的代码如下。

```Python
grouped = df.groupby(['user_type_encoded', 'consumption_level_encoded', 'live_type_encoded'])
grouped_core_goal = grouped.apply(lambda x: x[function_columns + ['core_goal_achieved']].corrwith(x['core_goal_achieved']))

# 打印相关性矩阵
print("Grouped Feature Correlation with Core Goal Achieved:\n")
grouped_core_goal
```

注：不同特征组合与核心目标达成的相关性表请到章首页扫码下载。

6. 分析结论与业务建议

Prompt：请基于以上数据结果，给出对应的分析结论与业务建议。

（1）分析结论

① 功能使用频率分析。

整体功能使用频率如下。

- 点赞（like_count）：7.56（最高使用频率）。
- 评论（comment_count）：6.78（次高使用频率）。
- 打赏（reward_count）：0.11（最低使用频率）。
- 抽奖（lottery_count）和优惠券（coupon_count）：0.07（较低使用频率）。

直播类型对功能使用的影响如下。

- 带货直播：点赞和打赏功能使用最频繁，抽奖和优惠券使用率也较高。
- 娱乐直播：PK 和连麦功能使用率突出。
- 教学和知识分享直播：评论功能使用频率最高。

② 用户群体功能使用偏好。

用户类型如下。

新用户和老用户在功能使用上的差异不显著，但老用户在抽奖和优惠券的使用频率上稍低。

消费水平如下。

- 高消费用户在打赏（reward_count）和优惠券使用上显著高于低消费用户。
- 中消费用户的整体功能使用频率接近高消费用户，但抽奖频率稍低。

③ 功能对直播效果的影响。

观看时长（watch_duration）：

- 连麦（join_count）和 PK（pk_count）与观看时长有中等正相关。
- 点赞（like_count）和评论（comment_count）的相关性较低。

消费金额（purchase_amount）：

- 打赏（reward_count）是消费金额的主要推动功能（强正相关，相关系数 0.80）。
- 抽奖（lottery_count）和优惠券（coupon_count）与消费金额有弱正相关。

④ 核心目标达成分析。

整体功能相关性：

- 打赏（reward_count）：Spearman 相关性为 0.80，是核心目标达成的最主要推动功能。
- 抽奖（lottery_count）和优惠券（coupon_count）：弱相关，相关性分别为 0.02 和 0.02。

分组分析：

- 高消费用户：打赏（reward_count）对核心目标达成的推动作用更强（相关性＞ 0.85）。
- 带货直播：打赏（reward_count）和优惠券（coupon_count）是核心目标的主要推动功能。

（2）业务建议

① 提高功能使用率。

- 增加低频功能的吸引力：设计具有针对性的活动，如打赏返券或抽奖积分兑换优惠券，提升打赏、抽奖和优惠券的使用率。
- 优化互动功能：在娱乐直播中优化连麦和 PK 体验，通过更丰富的互动形式吸引用户参与；在知识分享和教学直播中增强评论功能，如语音评论、实时问题互动。

② 针对不同用户群体的优化。

- 高消费用户：提供更多打赏特权（如专属徽章、定制礼物），增强打赏对高消费用户的吸引力。
- 中消费用户：推广优惠券和抽奖活动，让中消费用户在直播中获得更多参与感。
- 新用户：增强新用户的直播引导体验，通过首次使用奖励（如打赏礼物、抽奖机会）提高他们对功能的熟悉度和使用频率。

③ 针对不同直播类型的优化。

- 带货直播：强化抽奖和优惠券功能，结合商品推荐提升购买转化；在直播过程中引入动态打赏排行榜，激励观众进行打赏。
- 娱乐直播：优化 PK 和连麦功能，增加更多实时互动环节，延长观看时长。
- 教学和知识分享直播：加强评论功能的互动性（如问答专区、点赞评论等），吸引用户进行更多交流。

④ 持续监控功能表现。

- 定期对功能使用频率和转化效果进行监控，及时优化针对使用率下降的功能。
- 通过 A/B 测试评估优化方案的效果，确保各项改进能够提升核心目标达成率。

9.8 用户社交行为分析

1. 业务背景

在当今的社交网络环境中，用户之间的关系网络和互动行为是理解社交平台运营情况的关键。通过深入分析用户关系网络，可以帮助识别平台内的关键节点用户（如中心用户、意见领袖）以及孤立用户。同时，分析用户的好友分布、推荐好友的效果和群组参与情况，可以进一步优化平台功能设计，提高用户的社交体验和黏性。

本次分析的核心在于从用户社交关系、好友推荐和群组参与 3 个维度挖掘数据价值，以指导业务优化策略。

2. 分析目标

（1）用户关系网络分析

网络指标（如度中心性、接近中心性、中介中心性），分析整体及各类型用户在平台中的社交情况。

（2）关系密度与分布分析

- 分析用户的好友数量及分布情况，包括密友和泛友比例。
- 评估用户的社交孤立情况（如低度连接用户）。

（3）好友推荐效果评估

计算好友推荐的接受率，评估推荐算法的效果。

（4）群组关系分析

- 研究用户加入群组的数量、活跃度及群组贡献分数。
- 优化群组功能设计，提高群组参与度。

3. 分析流程

（1）数据预处理

- 检查数据的完整性和一致性，处理缺失值和异常值。
- 对数据进行特征工程，为后续分析创建必要的指标。

（2）用户关系网络分析

计算网络指标（如度中心性、接近中心性、中介中心性），分析整体及各类型用户在平台中的社交情况。

（3）关系密度与分布分析

- 分析用户好友数量的分布情况，计算密友比例和泛友比例。
- 识别低度连接用户，分析其分布特征。

（4）好友推荐效果分析

- 计算被推荐好友的添加率。
- 分析不同用户群体（按性别、年龄分组）的推荐接受情况。

（5）群组关系分析

- 统计用户加入的群组数量及其活跃群组比例。
- 计算群组贡献分数的分布和均值，比较不同用户群体的表现。

（6）结果可视化与业务建议

- 使用多种可视化方式呈现分析结果。

- 提供基于分析的优化建议，如改进推荐算法、优化群组功能、提升用户活跃度。

4. 字段信息

（1）用户基本信息

- user_id：用户唯一标识。
- registration_date：注册日期。
- last_active_date：最近一次活跃日期。
- age：用户年龄。
- gender：用户性别（Male/Female）。

（2）社交网络信息

- friend_count：好友数量。
- close_friend_count：密友数量。
- weak_friend_count：泛友数量。

（3）好友推荐分析

- recommendation_count：被推荐的好友数。
- accepted_recommendation_count：接受好友推荐的数量。

（4）群组分析

- group_count：加入的群组数量。
- active_group_count：活跃群组数量。
- group_contribution_score：群组贡献分数（0 ~ 100）。

（5）用户关系图属性

- betweenness_centrality：中介中心性。
- closeness_centrality：接近中心性。
- degree_centrality：度中心性。

注：示例数据请到本章首页扫码获取。

5. 分析过程

（1）数据预处理

Prompt：检查数据的完整性和一致性，包括处理缺失值、异常值，并为后续分析准备数据。

生成的代码如下。

```Python
import pandas as pd

# 加载数据
```

```
uploaded_file_path = 'social_network_data.xlsx'
data = pd.read_excel(uploaded_file_path)

# 检查缺失值
missing_summary = data.isnull().sum()
print(missing_summary)

# 定义异常值检测函数
def detect_outliers_3sigma(column):
    mean = column.mean()
    std_dev = column.std()
    lower_bound = mean - 3 * std_dev
    upper_bound = mean + 3 * std_dev
    outliers = column[(column < lower_bound) | (column > upper_bound)]
    return outliers

# 对数值型字段应用 3-sigma 检测异常值
numeric_columns = [
    'friend_count', 'close_friend_count', 'weak_friend_count',
    'recommendation_count', 'accepted_recommendation_count',
    'group_count', 'active_group_count', 'group_contribution_score',
    'betweenness_centrality', 'closeness_centrality', 'degree_centrality'
]

outliers_summary_3sigma = {col: detect_outliers_3sigma(data[col]) for col in
numeric_columns}

# 基于 3-sigma 原理处理异常值
for col in numeric_columns:
    mean = data[col].mean()
    std_dev = data[col].std()
    lower_bound = mean - 3 * std_dev
    upper_bound = mean + 3 * std_dev
    data[col] = data[col].clip(lower=lower_bound, upper=upper_bound)

# 保存处理后的数据
cleaned_with_outliers_file_path = 'social_network_data_cleaned.xlsx'
data.to_excel(cleaned_with_outliers_file_path, index=False)

outliers_summary_3sigma
```

（2）用户关系网络分析

Prompt：基于现有数据中的中心性指标（betweenness_centrality, closeness_centrality, degree_centrality），完成以下任务。

① 计算整体的 3 个中心性指标的均值和分布情况。

② 分析不同维度（按性别和年龄段）的中心性指标差异。

③ 划分中心性指标的区间范围，统计不同区间的用户数量及占比。

生成的代码如下。

```Python
import pandas as pd

# 导入数据
uploaded_cleaned_file_path = 'social_network_data_cleaned.xlsx'
data_cleaned = pd.read_excel(uploaded_cleaned_file_path)

# 中心性指标分布
overall_stats = data_cleaned[['betweenness_centrality', 'closeness_centrality',
'degree_centrality']].describe()

# 分性别的统计
gender_stats = data_cleaned.groupby('gender')[['betweenness_centrality',
'closeness_centrality', 'degree_centrality']].mean()

# 分年龄段的统计
bins = [0, 24, 34, 44, 54, 64, 100]
labels = ['18~24', '25~34', '35~44', '45~54', '55~64', '65+']
data_cleaned['age_group'] = pd.cut(data_cleaned['age'], bins=bins, labels=labels,
right=False)

age_group_stats = data_cleaned.groupby('age_group')[['betweenness_centrality',
'closeness_centrality', 'degree_centrality']].mean()

# 按照中心度区间
intervals = {
    'betweenness_centrality': [0, 0.05, 0.1, 0.2, 0.5, 1],
    'closeness_centrality': [0, 0.3, 0.4, 0.5, 0.7, 1],
    'degree_centrality': [0, 0.1, 0.2, 0.3, 0.5, 1]
}

distribution = {}
for centrality, bins in intervals.items():
    data_cleaned[f'{centrality}_interval'] = pd.cut(data_cleaned[centrality],
bins=bins, right=False)
    distribution[centrality] = data_cleaned[f'{centrality}_interval'].value_
counts(normalize=True) * 100  # Percentages

print("Overall Centrality Statistics:")
print(overall_stats)
print("\nGender-based Centrality Statistics:")
print(gender_stats)
print("\nAge Group-based Centrality Statistics:")
print(age_group_stats)
print("\nCentrality Measures Distribution by Intervals:")
for centrality, dist in distribution.items():
    print(f"\n{centrality.capitalize()} Distribution:")
    print(dist)
```

Overall Centrality Statistics:

	betweenness_centrality	closeness_centrality	degree_centrality
count	6000.000000	6000.000000	6000.000000
mean	0.122286	0.421213	0.173003
std	0.024169	0.051484	0.023514
min	0.049637	0.266549	0.102302
25%	0.105358	0.386760	0.157009
50%	0.122294	0.421783	0.173241
75%	0.138619	0.456081	0.189403
max	0.194942	0.575865	0.243695

Gender-based Centrality Statistics:

	betweenness_centrality	closeness_centrality	degree_centrality
gender			
Female	0.130480	0.429784	0.180611
Male	0.109994	0.408356	0.161591

Age Group-based Centrality Statistics:

	betweenness_centrality	closeness_centrality	degree_centrality
age_group			
18-24	0.126980	0.425788	0.178156
25-34	0.126534	0.425132	0.176832
35-44	0.116960	0.414203	0.167882
45-54	0.111628	0.412610	0.162657
55-64	0.112333	0.413298	0.162857
65+	NaN	NaN	NaN

（3）关系密度与分布分析

Prompt：根据以下分析思路进行关系密度与分布分析。

① 按性别和年龄分组，计算用户的好友数量均值，并统计不同好友数量区间（如 0 ～ 10、10 ～ 20 等）的用户占比分布。计算用户密友比例（close_friend_count/friend_count）和泛友比例（weak_friend_count/friend_count）。

② 定义低度连接用户（好友数量较少且密友比例较低），并分析低度连接用户的以下特征：性别、年龄、注册时间分布、最后一次活跃距今的时长分布。

好友数量及密友比例、泛友比例分布生成的代码如下。

```
Python
# 好友数量分布
friend_count_stats = data_cleaned['friend_count'].describe()

# 计算密友泛友比例
data_cleaned['close_friend_ratio'] = data_cleaned['close_friend_count'] / data_
cleaned['friend_count']
data_cleaned['weak_friend_ratio'] = data_cleaned['weak_friend_count'] / data_
cleaned['friend_count']

# 填充异常值
data_cleaned['close_friend_ratio'].fillna(0, inplace=True)
data_cleaned['weak_friend_ratio'].fillna(0, inplace=True)

# 密友泛友比例分布统计
close_friend_ratio_stats = data_cleaned['close_friend_ratio'].describe()
weak_friend_ratio_stats = data_cleaned['weak_friend_ratio'].describe()

# 输出分布统计信息
print("Friend Count Statistics:")
print(friend_count_stats)
print("\nClose Friend Ratio Statistics:")
print(close_friend_ratio_stats)
print("\nWeak Friend Ratio Statistics:")
print(weak_friend_ratio_stats)

# 低度连接用户特征分析
# 设置当前日期为 2024-12-31，并计算 " 最后一次活跃距今的时长 "
current_date = pd.Timestamp('2024-12-31')
data_cleaned['days_since_last_active'] = (current_date - data_cleaned['last_
active_date']).dt.days

# 提取注册年份
data_cleaned['registration_year'] = pd.to_datetime(data_cleaned['registration_
date']).dt.year

# 计算好友数量的 25 分位值和密友比例的 25 分位值
friend_count_25th = data_cleaned['friend_count'].quantile(0.25)
close_friend_ratio_25th = data_cleaned['close_friend_ratio'].quantile(0.25)

# 筛选低度连接用户（好友数量低于 25 分位值，且密友比例低于 25 分位值）
low_connected_users = data_cleaned[
    (data_cleaned['friend_count'] < friend_count_25th) & (data_cleaned['close_
friend_ratio'] < close_friend_ratio_25th)
    ]
```

Friend Count Statistics:

count   6000.000000

mean   61.884500

std   26.507161

min   10.000000

25%   39.000000

50%   62.000000

75%   85.000000

max   114.000000

Name: friend_count, dtype: float64

Close Friend Ratio Statistics:

count   6000.000000

mean   0.119158

std   0.022113

min   0.037037

25%   0.111111

50%   0.125000

75%   0.134021

max   0.150000

Name: close_friend_ratio, dtype: float64

Weak Friend Ratio Statistics:

count   6000.000000

mean   0.743507

50%   0.761364

75%   0.805861

max   0.923077

Name: weak_friend_ratio, dtype: float64

低度连接用户特征分析生成的代码如下。

```Python
# 低度连接用户特征分析
# 设置当前日期为 2024-12-31，并计算 " 最后一次活跃距今的时长 "
current_date = pd.Timestamp('2024-12-31')
data_cleaned['days_since_last_active'] = (current_date - data_cleaned['last_
active_date']).dt.days

# 提取注册年份
data_cleaned['registration_year'] = pd.to_datetime(data_cleaned['registration_
```

```
date']).dt.year

    # 计算好友数量的 25 分位值和密友比例的 25 分位值
    friend_count_25th = data_cleaned['friend_count'].quantile(0.25)
    close_friend_ratio_25th = data_cleaned['close_friend_ratio'].quantile(0.25)

    # 筛选低度连接用户（好友数量低于 25 分位值，且密友比例低于 25 分位值）
    low_connected_users = data_cleaned[
        (data_cleaned['friend_count'] < friend_count_25th) & (data_cleaned['close_
friend_ratio'] < close_friend_ratio_25th)
    ]

    # 分析低度连接用户的特征
    low_connected_characteristics = {
        "gender_distribution": low_connected_users['gender'].value_counts(normalize=
True) * 100,                                    # 按性别的用户分布
        "age_group_distribution": low_connected_users['age_group'].value_counts
(normalize=True) * 100,                          # 按年龄组的用户分布
        "registration_year_distribution": low_connected_users['registration_year'].
value_counts(normalize=True) * 100,              # 按注册年份分布
        "days_since_last_active_distribution": low_connected_users['days_since_last_
active'].describe()                              # 按最后活跃距今的时长分布
    }

    # 输出关键结果
    low_connected_characteristics
```

gender:

Female   73.625255

Male   26.374745

age_group:

25-34   41.751527

18-24   28.207739

45-54   12.321792

35-44   12.118126

55-64   5.600815

65+   0.000000

registration_year:

2019   12.627291

2023   12.118126

2017	11.405295
2015	11.303462
2021	11.099796
2018	10.794297
2016	10.590631
2020	10.488798
2022	9.572301

days_since_last_active:

count	982.000000
mean	181.027495
std	107.549833
min	0.000000
25%	85.000000
50%	177.500000
75%	279.750000
max	365.000000

（4）好友推荐效果分析

Prompt：

① 计算好友推荐添加率（accepted_recommendation_count/recommendation_count），并分析整体推荐添加率。

② 按性别和年龄分组，计算各组的好友推荐添加率，观察群体差异。

③ 对推荐添加率进行区间划分，统计不同区间的用户比例分布。

生成的代码如下。

```Python
# 1. 计算好友推荐添加率
data_cleaned['recommendation_acceptance_rate'] = data_cleaned['accepted_
recommendation_count'] / data_cleaned['recommendation_count']
data_cleaned['recommendation_acceptance_rate'].fillna(0, inplace=True)    # 处理除以
零的情况

# 整体推荐添加率统计
overall_acceptance_rate_stats = data_cleaned['recommendation_acceptance_rate'].
describe()

# 2. 按性别和年龄组计算推荐添加率的均值
```

```
acceptance_rate_gender_age = data_cleaned.groupby(['gender', 'age_group'])
['recommendation_acceptance_rate'].mean()

# 3. 对推荐添加率进行区间划分并统计分布
acceptance_rate_bins = [0, 0.1, 0.25, 0.5, 0.75, 1]
data_cleaned['acceptance_rate_bin'] = pd.cut(data_cleaned['recommendation_
acceptance_rate'], bins=acceptance_rate_bins, right=False)
acceptance_rate_distribution = data_cleaned['acceptance_rate_bin'].value_
counts(normalize=True) * 100

# 打印关键结果
print("Overall Recommendation Acceptance Rate Statistics:")
print(overall_acceptance_rate_stats)
print("\nRecommendation Acceptance Rate by Gender and Age Group:")
print(acceptance_rate_gender_age)
print("\nRecommendation Acceptance Rate Distribution by Intervals:")
print(acceptance_rate_distribution)
```

Overall Recommendation Acceptance Rate Statistics:

count	6000.000000
mean	0.214088
std	0.030586
min	0.142857
25%	0.200000
50%	0.214286
75%	0.235294
max	0.250000

Recommendation Acceptance Rate by Gender and Age Group:

gender	age_group	
Female	18-24	0.213616
	25-34	0.214349
	35-44	0.213638
	45-54	0.214137
	55-64	0.214749
	65+	NaN
Male	18-24	0.212736
	25-34	0.214419
	35-44	0.214928

45-54	0.216474
55-64	0.211857
65+	NaN

Recommendation Acceptance Rate Distribution by Intervals:

[0.1, 0.25)	75.116667
[0.25, 0.5)	24.883333
[0.0, 0.1)	0.000000
[0.5, 0.75)	0.000000
[0.75, 1.0)	0.000000

（5）群组关系分析

Prompt：

① 计算用户的群组活跃比例（active_group_count / group_count），并分析整体的活跃比例。

② 按性别和年龄分组，计算各组的群组活跃比例均值，观察群体差异。

③ 对群组贡献分数（group_contribution_score）进行区间划分，统计不同区间的用户比例分布。

生成的代码如下。

```Python
# 1. 计算群组活跃比例
data_cleaned['group_activity_rate'] = data_cleaned['active_group_count'] / data_
cleaned['group_count']
data_cleaned['group_activity_rate'].fillna(0, inplace=True)  # 处理除以零的情况

# 整体群组活跃比例的统计
overall_activity_rate_stats = data_cleaned['group_activity_rate'].describe()

# 2. 按性别和年龄组计算群组活跃比例的均值
activity_rate_gender_age = data_cleaned.groupby(['gender', 'age_group'])['group_
activity_rate'].mean()

# 3. 对群组贡献分数进行区间划分并统计分布
contribution_bins = [0, 10, 20, 30, 50, 100]
data_cleaned['contribution_bin'] = pd.cut(data_cleaned['group_contribution_
score'], bins=contribution_bins, right=False)
contribution_distribution = data_cleaned['contribution_bin'].value_
counts(normalize=True) * 100

# 打印关键结果
print("Overall Group Activity Rate Statistics:")
print(overall_activity_rate_stats)
print("\nGroup Activity Rate by Gender and Age Group:")
```

```
print(activity_rate_gender_age)
print("\nGroup Contribution Score Distribution by Intervals:")
print(contribution_distribution)
```

Overall Group Activity Rate Statistics:

count	6000.000000
mean	0.120911
std	0.215337
min	0.000000
25%	0.000000
50%	0.000000
75%	0.200000
max	1.000000

Group Activity Rate by Gender and Age Group:

gender	age_group	
Female	18-24	0.117662
	25-34	0.118718
	35-44	0.112960
	45-54	0.124194
	55-64	0.122615
	65+	NaN
Male	18-24	0.117828
	25-34	0.128026
	35-44	0.120979
	45-54	0.121434
	55-64	0.137010
	65+	NaN

Group Contribution Score Distribution by Intervals:

[30, 50)	76.566667
[20, 30)	22.833333
[10, 20)	0.416667
[50, 100)	0.183333
[0, 10)	0.000000

6. 分析结论与业务建议

Prompt：请基于以上数据结果，给出对应的分析结论与业务建议。

（1）分析结论

① 用户关系网络。

中心性指标：整体上，betweenness_centrality、closeness_centrality 和 degree_centrality 表现出较高的一致性，分布集中在平均值附近。

- 女性在 3 个中心性指标上的均值均高于男性，表明女性在社交网络中通常占据更重要的位置。
- 在年龄上，年轻用户（18 ～ 34 岁）在中心性指标上的表现更强，尤其是在 degree_centrality 上，显示了较强的社交活跃性。

区间分布：大多数用户的中心性指标位于中低区间。例如，81.5% 的用户的 betweenness_centrality 在 [0.1, 0.2) 区间。这表明社交网络中的活跃用户比例较少。

② 关系密度与分布。

- 好友数量集中在 10 ～ 114 范围内，均值约为 62。密友比例的均值为 11.9%，泛友比例的均值为 74.4%。
- 低度连接用户（好友数量和密友比例均低于 25%）中，女性占比更高（73.6%），主要集中在 18 ～ 34 岁。
- 注册年份分布均匀，但低度连接用户的最后一次活跃时间显示了较大的不活跃周期（中位值约为 178 天）。

③ 好友推荐效果。

- 整体好友推荐添加率为 21.4%，高于预期的 20%，表明推荐算法效果较好。
- 性别和年龄上的差异不显著，但年轻用户（18 ～ 34 岁）的推荐添加率略高，表明他们对社交网络推荐的接受度更高。

④ 群组关系。

- 活跃度：整体群组活跃率较低（均值为 12%），表明群组功能需要进一步优化。女性在某些年龄组的活跃度略低于男性。
- 贡献分数：贡献分数大部分集中在 [30, 50) 区间，表明用户贡献较为集中且整体偏低。

（2）业务建议

① 提升用户社交网络活跃性。

- 针对低度连接用户：女性和 18 ～ 34 岁用户为重点干预对象，可通过定向推送群组邀请和好友推荐来激活这些用户的社交行为。
- 加强中心性提升策略：为中低区间用户设计更多的社交活动，如好友活动、群组任务等，提升其在社交网络中的中心性。

② 优化好友推荐算法。

- 进一步优化推荐机制，针对不同性别、年龄组设计个性化推荐策略，例如对男性提供更多兴趣导向推荐，对女性提供更多社交匹配推荐。
- 对推荐未成功的用户进行二次推荐，并加强推荐理由的解释性。

③ 提升群组活跃度与贡献。

- 提高活跃度：针对当前活跃率低的女性用户和年龄组（35 ～ 44 岁），设计激励措施，如群组活跃积分奖励或内容主题活动。
- 提升贡献：对贡献分数高的用户设计阶梯式奖励，例如专属头衔、群组管理权限等，刺激中低贡献用户参与。

④ 长期用户管理策略。

- 针对长时间未活跃用户：结合注册年份和活跃天数数据，对超过一定时间未活跃的用户（>180 天）设计再激活活动，推送内容可包括好友动态、平台新功能等。
- 周期性分析：定期监控群组和好友推荐效果，结合新增用户行为调整优化策略。

9.9 金融信用评分卡预测

1. 业务背景

信用评分模型是金融机构在信贷业务中衡量用户违约风险的重要工具。通过收集用户的统计特征（如年龄、性别、婚姻状况等）、职业信息、财务数据及历史交易数据，构建信用评分模型可以帮助金融机构在贷款审批中做出更科学的决策，有效降低违约风险，提升业务效益。

2. 分析目标

① 用户画像分析：根据用户的统计信息、职业信息和财务数据，分析不同用户群体的特征分布。

② 违约风险识别：探究违约用户与未违约用户之间的差异，确定影响违约的关键因素。

③ 信用评分模型构建：基于统计数据和历史交易信息，利用机器学习算法构建预测用户违约风险的模型。

④ 优化建议：结合分析结果，给出面向金融机构的用户风险管理优化方案。

3. 分析流程

（1）数据清洗与预处理

- 检查数据的完整性，处理缺失值和异常值。
- 对类别变量进行编码，对数值变量进行标准化处理。

（2）**探索性数据分析（EDA）**

- 分析数据分布，研究各特征与违约率的关系。

- 可视化变量间的相关性，筛选潜在的关键变量。

（3）**特征工程**

- 生成新特征（如债务收入比、信用卡利用率）。

- 使用降维方法（如 PCA）减少冗余信息。

（4）**模型训练与评估**

- 选择逻辑回归和 XGBoost 等算法，训练信用评分模型。

- 使用交叉验证和网格搜索进行超参数调优。

- 评估模型性能（如准确率、召回率和 AUC 等指标）。

（5）**业务解读与优化建议**

- 基于模型输出的特征重要性分析，识别高风险用户。

- 提出可操作的用户分层策略和信贷风险控制方案。

4. 字段信息

（1）**用户信息**

- user_id：用户唯一标识（整数）。

- age：年龄（整数，$18 \sim 70$）。

- gender：性别（类别，"Male"/"Female"）。

- marital_status：婚姻状况（类别，"Single"/"Married"/"Divorced"/"Widowed"）。

- education_level：教育水平（类别，"High School"/"Bachelor"/"Master"/"PhD"）。

- employment_status：职业状态（类别，"Employed"/"Self-employed"/"Unemployed"/"Retired"）。

（2）**财务信息**

- annual_income：年收入（浮点数，单位：元，$10\,000 \sim 1\,000\,000$）。

- monthly_debt：月负债（浮点数，单位：元，$0 \sim 100\,000$）。

- num_credit_cards：信用卡数量（整数，$0 \sim 10$）。

- total_credit_limit：信用卡总额度（浮点数，单位：元，$0 \sim 2\,000\,000$）。

（3）**历史交易信息**

- num_past_due：过去一年逾期次数（整数，$0 \sim 10$）。

- avg_transaction_value：平均交易金额（浮点数，单位：元，$100 \sim 50\,000$）。

- max_transaction_value：最大单笔交易金额（浮点数，单位：元，$500 \sim 200\,000$）。

- num_transactions_last_month：上月交易次数（整数，$0 \sim 100$）。

（4）信用评分模型目标

default：是否违约（目标变量，0/1，0 表示未违约，1 表示违约）。

注：示例数据请到本章首页扫码获取。

5. 分析过程

（1）数据清洗与预处理

Prompt：

① 检查数据的完整性和一致性。

② 处理缺失值（填充或删除）和异常值（识别并调整）。

③ 将类别变量编码为数值变量。

④ 对数值变量进行标准化处理。

生成的代码如下。

```Python
import pandas as pd
import numpy as np
from sklearn.preprocessing import StandardScaler, LabelEncoder

# 读取数据
data_path = "credit_score_data.xlsx"
df = pd.read_excel(data_path)

# 检查数据的完整性
missing_data = df.isnull().sum()
print("Missing values:\n", missing_data)

# 填充缺失值（数值型用中位数填充，离散型用众数填充）
for col in df.columns:
    if df[col].dtype in [np.float64, np.int64]:
        df[col].fillna(df[col].median(), inplace=True)
    else:
        df[col].fillna(df[col].mode()[0], inplace=True)

# 检查异常值（使用 3-sigma 原则）
numeric_columns = [
    "annual_income", "monthly_debt", "num_credit_cards", "total_credit_limit",
    "num_past_due", "avg_transaction_value", "max_transaction_value", "num_
transactions_last_month"
    ]
for col in numeric_columns:
    mean = df[col].mean()
    std = df[col].std()
    lower_bound = mean - 3 * std
    upper_bound = mean + 3 * std
    df[col] = np.where(df[col] < lower_bound, lower_bound, df[col])
    df[col] = np.where(df[col] > upper_bound, upper_bound, df[col])
```

```
# 类别变量编码
categorical_columns = ["gender", "marital_status", "education_level",
"employment_status"]
label_encoders = {}
for col in categorical_columns:
    le = LabelEncoder()
    df[col] = le.fit_transform(df[col])
    label_encoders[col] = le

# 数值变量标准化
scaler = StandardScaler()
df[numeric_columns] = scaler.fit_transform(df[numeric_columns])

# 保存清洗后的数据
df.to_csv("cleaned_credit_score_data.csv", index=False)
print("数据清洗完成，保存为 cleaned_credit_score_data.csv。")
```

（2）探索性数据分析

Prompt：

① 分析违约用户和未违约用户的特征分布差异。

② 使用可视化工具研究各特征与违约率的关系。

③ 计算特征间的相关性，识别潜在的关键变量。

生成的代码如下。

```
Python
import pandas as pd
import numpy as np
import matplotlib.pyplot as plt
import seaborn as sns
from sklearn.preprocessing import StandardScaler, LabelEncoder

# 读取清洗后的数据
data_path = "cleaned_credit_score_data.csv"
df = pd.read_csv(data_path)

# 分析违约用户与未违约用户的特征分布
print("违约与未违约用户统计：")
print(df['default'].value_counts(normalize=True))

# 可视化：各数值特征分布对比
numeric_columns = [
    "annual_income", "monthly_debt", "num_credit_cards", "total_credit_limit",
    "num_past_due", "avg_transaction_value", "max_transaction_value", "num_
transactions_last_month"
    ]
```

```
    fig, axes = plt.subplots(nrows=4, ncols=2, figsize=(15, 20))
    axes = axes.flatten()

    for i, col in enumerate(numeric_columns):
        sns.kdeplot(data=df, x=col, hue="default", fill=True, common_norm=False, alpha=
0.5, ax=axes[i])
        axes[i].set_title(f"Distribution of {col} by Default Status")
        axes[i].set_xlabel(col)
        axes[i].set_ylabel("Density")

    plt.tight_layout()
    plt.show()

    # 可视化：类别特征与违约的关系
    categorical_columns = ["gender", "marital_status", "education_level",
"employment_status"]

    fig, axes = plt.subplots(nrows=2, ncols=2, figsize=(15, 10))
    axes = axes.flatten()

    for i, col in enumerate(categorical_columns):
        sns.countplot(data=df, x=col, hue="default", ax=axes[i])
        axes[i].set_title(f"Default Status by {col}")
        axes[i].set_xlabel(col)
        axes[i].set_ylabel("Count")

    plt.tight_layout()
    plt.show()

    # 计算特征相关性
    correlation_matrix = df.corr()
    plt.figure(figsize=(12, 8))
    sns.heatmap(correlation_matrix, annot=True, fmt=".2f", cmap="coolwarm",
cbar=True)
    plt.title("Feature Correlation Matrix")
    plt.show()

    # 识别潜在的关键变量
    correlation_with_default = correlation_matrix["default"].sort_values
(ascending=False)
    print("Features most correlated with Default:")
    print(correlation_with_default)
```

违约与未违约用户统计如下。

0   0.847176

1   0.152824

不同特征下是否违约的分布（连续特征）情况如下图所示。

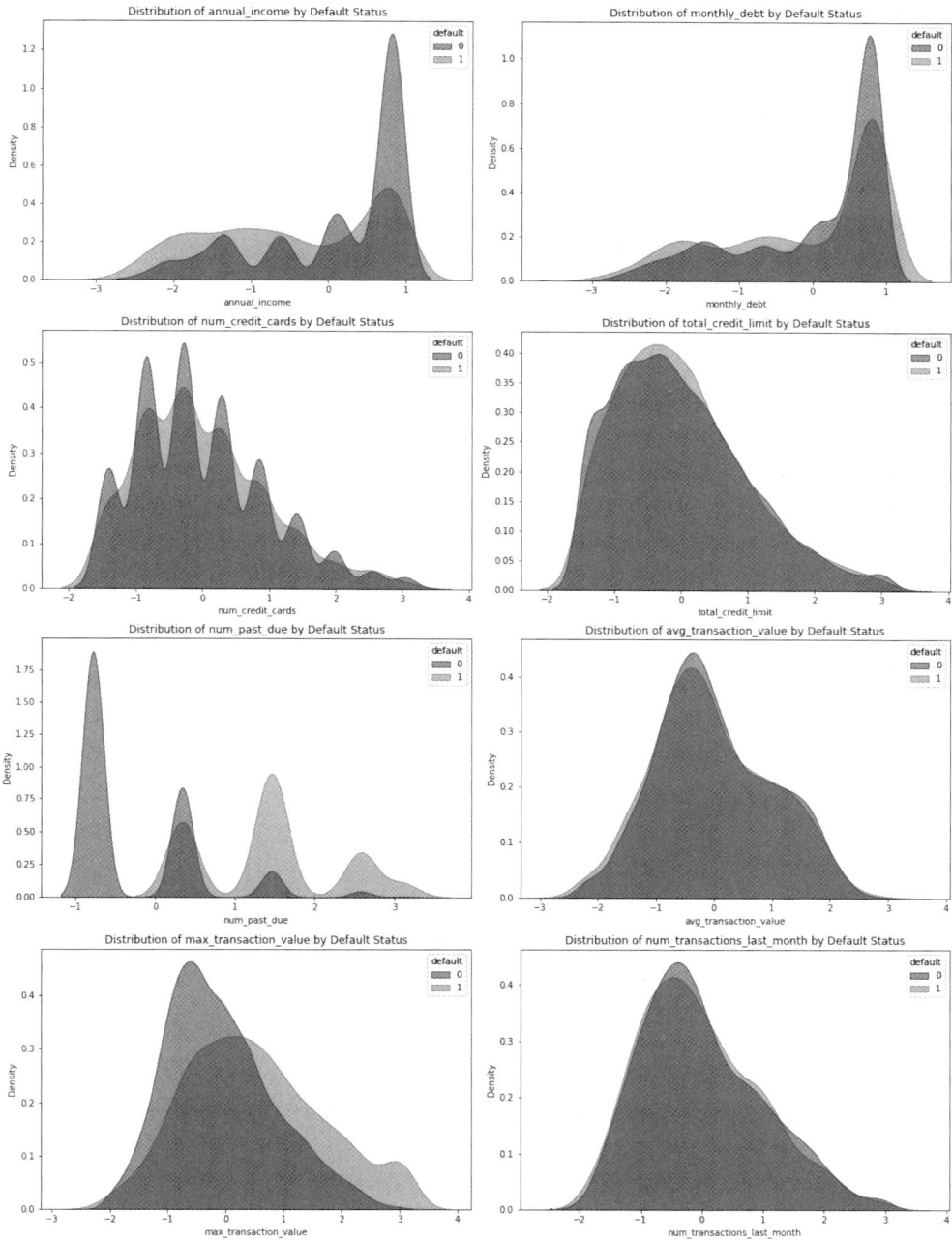

扫码看彩图

不同特征下是否违约的分布（离散特征）情况如下图所示。

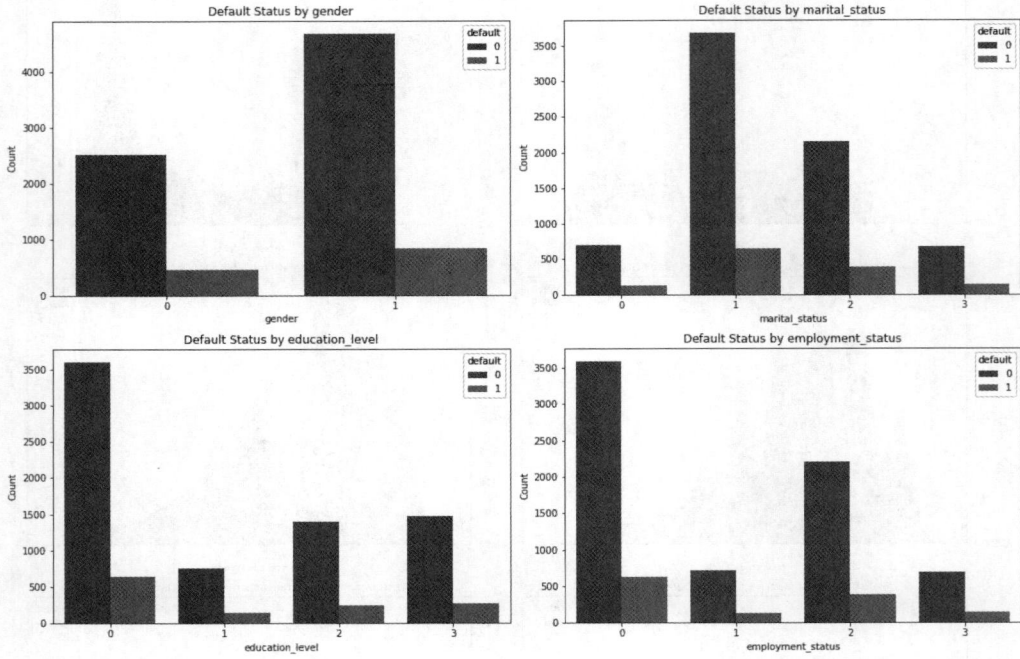

各特征相关性热力图如下图所示。

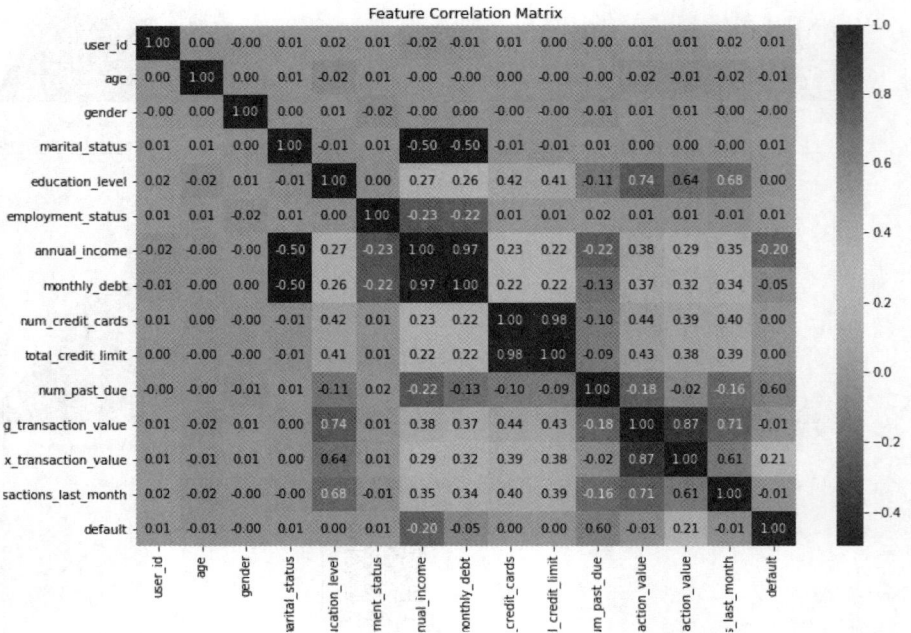

扫码看彩图

（3）特征工程

Prompt：请基于你的理解，帮我生成一些新的特征，如果特征过多，可以考虑使用 PCA 降维。

生成的代码如下。

```Python
import pandas as pd
import numpy as np
import matplotlib.pyplot as plt
import seaborn as sns
from sklearn.preprocessing import StandardScaler, LabelEncoder
from sklearn.decomposition import PCA

# 读取清洗后的数据
data_path = "cleaned_credit_score_data.csv"
df = pd.read_csv(data_path)

# 生成新特征
print("生成新特征……")
df['debt_to_income_ratio'] = df['monthly_debt'] / (df['annual_income'] + 1e-5)
# 债务收入比
df['credit_utilization'] = df['monthly_debt'] / (df['total_credit_limit'] + 1e-5)
# 信用卡利用率

# 更新数值列列表
numeric_columns = [
    "annual_income", "monthly_debt", "num_credit_cards", "total_credit_limit",
    "num_past_due", "avg_transaction_value", "max_transaction_value", "num_
transactions_last_month",
    "debt_to_income_ratio", "credit_utilization"
]

# PCA 降维（可选）
print("执行 PCA 降维……")
pca = PCA(n_components=5)
pca_features = pca.fit_transform(df[numeric_columns])
pca_columns = [f"pca_feature_{i+1}" for i in range(pca_features.shape[1])]
pca_df = pd.DataFrame(pca_features, columns=pca_columns)

# 合并 PCA 特征
df = pd.concat([df, pca_df], axis=1)

# 保存带有新特征的数据
```

```
df.to_csv("feature_engineered_credit_score_data.csv", index=False)
print("特征工程完成，保存为 feature_engineered_credit_score_data.csv。")
```

（4）模型训练与调优

Prompt：分别使用逻辑回归和 XGBoost 模型训练信用评分模型；比较两种模型的性能表现；使用交叉验证和网格搜索优化模型超参数；评估模型性能；通过 XGBoost 模型的特征重要性功能，识别对违约预测影响最大的变量。

生成的代码如下。

```Python
Python
import pandas as pd
import numpy as np
import matplotlib.pyplot as plt
import seaborn as sns
from sklearn.preprocessing import StandardScaler, LabelEncoder
from sklearn.decomposition import PCA
from sklearn.model_selection import train_test_split, RandomizedSearchCV, cross_val_score
from sklearn.linear_model import LogisticRegression
from xgboost import XGBClassifier
from sklearn.metrics import (
    accuracy_score, precision_score, recall_score, f1_score,
    roc_auc_score, roc_curve, classification_report
)

# 读取清洗后的数据
data_path = "feature_engineered_credit_score_data.csv"
df = pd.read_csv(data_path)

# 数据分割
print("分割数据……")
X = df.drop(columns=["default", "user_id"])
y = df["default"]
X_train, X_test, y_train, y_test = train_test_split(X, y, test_size=0.2, random_state=42)

# 逻辑回归模型
print("逻辑回归模型超参数调优……")
logreg = LogisticRegression(max_iter=1000, random_state=42)
logreg_params = {
    'C': [0.01, 0.1, 1, 10, 100],
    'penalty': ['l1', 'l2', 'elasticnet', 'none'],
    'solver': ['liblinear', 'saga']
```

```
    }
    logreg_search = RandomizedSearchCV(logreg, logreg_params, scoring='roc_auc', n_
iter=20, cv=5, random_state=42, n_jobs=-1)
    logreg_search.fit(X_train, y_train)
    logreg_best = logreg_search.best_estimator_
    print("最佳参数:", logreg_search.best_params_)

    # XGBoost 模型
    print("XGBoost 模型超参数调优……")
    xgb = XGBClassifier(random_state=42, use_label_encoder=False, eval_metric
='logloss')
    xgb_params = {
        'n_estimators': [50, 100, 200],
        'learning_rate': [0.01, 0.1, 0.2, 0.3],
        'max_depth': [3, 5, 7, 10],
        'subsample': [0.6, 0.8, 1.0],
        'colsample_bytree': [0.6, 0.8, 1.0]
    }
    xgb_search = RandomizedSearchCV(xgb, xgb_params, scoring='roc_auc', n_iter=20,
cv=5, random_state=42, n_jobs=-1)
    xgb_search.fit(X_train, y_train)
    xgb_best = xgb_search.best_estimator_
    print("最佳参数:", xgb_search.best_params_)

    # 交叉验证评估
    print("交叉验证评估逻辑回归模型……")
    logreg_cv_scores = cross_val_score(logreg_best, X_train, y_train, cv=5,
scoring='roc_auc')
    print("逻辑回归 AUC 平均得分:", np.mean(logreg_cv_scores))

    print("交叉验证评估 XGBoost 模型……")
    xgb_cv_scores = cross_val_score(xgb_best, X_train, y_train, cv=5, scoring='roc_
auc')
    print("XGBoost AUC 平均得分:", np.mean(xgb_cv_scores))

    # 模型预测
    print("预测测试集……")
    y_pred_logreg = logreg_best.predict(X_test)
    y_pred_xgb = xgb_best.predict(X_test)
    y_proba_xgb = xgb_best.predict_proba(X_test)[:, 1]

    # 模型评估
    print("评估模型性能……")
    def evaluate_model(y_test, y_pred, y_proba=None):
```

```
        print("Accuracy:", accuracy_score(y_test, y_pred))
        print("Precision:", precision_score(y_test, y_pred))
        print("Recall:", recall_score(y_test, y_pred))
        print("F1 Score:", f1_score(y_test, y_pred))
        if y_proba is not None:
            print("ROC AUC:", roc_auc_score(y_test, y_proba))
            fpr, tpr, _ = roc_curve(y_test, y_proba)
            plt.plot(fpr, tpr, label="ROC Curve (AUC = {:.2f})".format(roc_auc_score
(y_test, y_proba)))
            plt.plot([0, 1], [0, 1], 'k--')
            plt.xlabel("False Positive Rate")
            plt.ylabel("True Positive Rate")
            plt.title("ROC Curve")
            plt.legend()
            plt.show()

    print("\nLogistic Regression Results:")
    evaluate_model(y_test, y_pred_logreg)

    print("\nXGBoost Results:")
    evaluate_model(y_test, y_pred_xgb, y_proba_xgb)

    # 特征重要性分析
    print("XGBoost 特征重要性分析……")
    feature_importances = pd.Series(xgb_best.feature_importances_, index=X.columns).
sort_values(ascending=False)
    plt.figure(figsize=(10, 6))
    feature_importances.plot(kind='bar')
    plt.title("Feature Importance from XGBoost")
    plt.show()

    # 保存评估报告
    with open("model_evaluation_report.txt", "w") as f:
        f.write("Logistic Regression Results:\n")
        f.write(classification_report(y_test, y_pred_logreg))
        f.write("\nXGBoost Results:\n")
        f.write(classification_report(y_test, y_pred_xgb))
```

逻辑回归 AUC 平均得分：0.9792739666776411

XGBoost AUC 平均得分：0.9916416917462785

Logistic Regression Results:

Accuracy: 0.9505882352941176

Precision: 0.8766519823788547

Recall: 0.7803921568627451

F1 Score: 0.8257261410788382

XGBoost Results:

Accuracy: 0.971764705882353

Precision: 0.9330543933054394

Recall: 0.8745098039215686

F1 Score: 0.9028340080971661

ROC AUC: 0.9939073207137527

XGBoost 各特征重要性如下图所示。

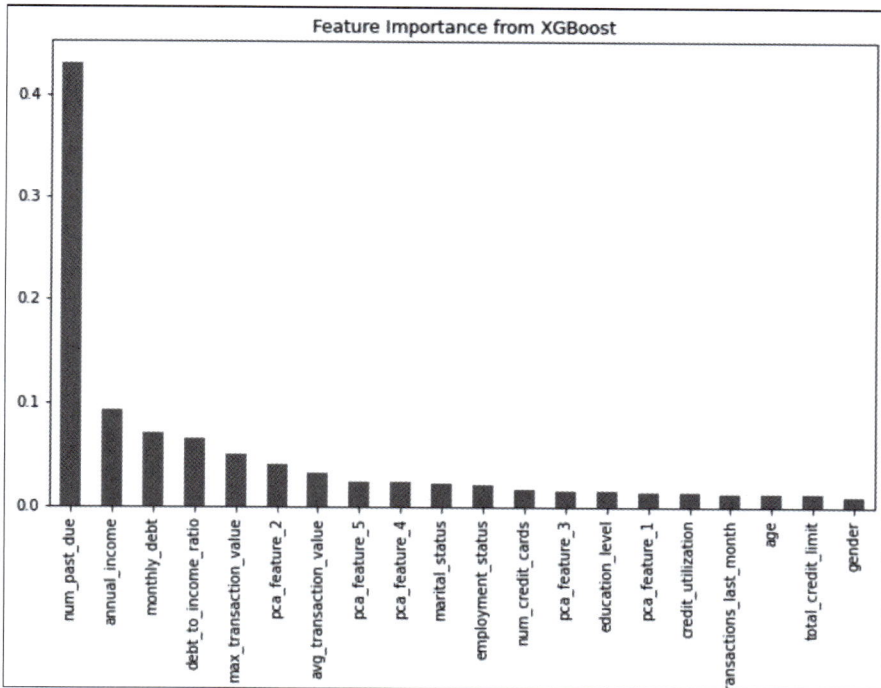

6. 分析结论和业务建议

Prompt：请基于以上数据结果，给出对应的分析结论与业务建议。

（1）分析结论

① 模型性能对比。

逻辑回归模型：

- 测试集准确率为 95.06%，AUC 平均得分为 0.979。

- 在准确率和召回率方面表现出色，但整体预测能力略逊于 XGBoost。

XGBoost 模型：

- 测试集准确率为 97.18%，AUC 平均得分为 0.992。
- 通过更高的准确率（93.31%）和召回率（87.45%），展现了优异的预测性能。
- 综合来看，XGBoost 模型在信用评分模型中表现最佳。

② 特征重要性分析。

关键变量：

- num_past_due（逾期次数）：对违约预测具有最强的影响力（43%），表明用户历史信用行为是重要指标。
- annual_income（年收入）和 monthly_debt（月负债）：财务状况直接影响违约风险。
- debt_to_income_ratio（债务收入比）：负债压力对信用表现具有重要影响。
- max_transaction_value 和 avg_transaction_value：用户交易行为反映了其财务管理能力。

次要变量：

- marital_status 和 employment_status：反映用户的社会稳定性。
- education_level 和 age 等：虽然影响较小，但可以为用户画像提供辅助信息。

③ 模型适用性。

XGBoost 模型的高性能表明其在复杂特征间关系建模方面更有优势，适合在实际业务中部署。

（2）业务建议

① 信用管理策略。

- 重点监控高逾期用户：由于 num_past_due 对违约预测影响最大，建议对逾期次数较高的用户设置更严格的信贷审批流程或提高利率。
- 关注高债务收入比人群：对 debt_to_income_ratio 较高的用户进行二次风险评估，确保其具有还款能力。

② 个性化信贷产品设计。

- 低收入用户：提供小额、短期贷款产品，降低其还款压力。
- 高收入用户：提供高额度信用卡或优质信贷产品，以提升客户满意度。

③ 用户教育与服务。

- 针对逾期用户提供信用修复服务，包括财务管理咨询和还款提醒，提升客户的信用表现。
- 通过数据分析发现收入水平较低或债务压力大的用户，提供贷款延期或调整方案。

④ 模型部署与迭代。

- 动态调整模型：定期更新训练数据，确保模型能够适应市场变化。
- 监控模型性能：在实际部署中监控模型的准确率和召回率，以便及时调整。
- 透明化评分规则：向客户解释影响信用评分的主要因素，帮助用户改善信用行为。

⑤ 潜在扩展。

- 引入更多动态特征（如实时交易数据和社会关系网络），进一步提升模型的预测能力。
- 加强特征工程，通过非线性方法挖掘隐藏模式，例如组合特征和交互特征。

9.10 传统制造业产品销量预测

1. 业务背景

某传统制造企业专注于生产高品质机械配件，主要服务于国内机械制造行业。近几年，由于市场需求波动较大，企业面临库存积压和供应短缺的挑战。为了更好地进行生产计划和库存管理，该企业希望建立一套销量预测模型，帮助企业提前了解未来的销量趋势，合理调整生产和销售策略。

2. 分析目标

本项目的目标如下。

① 使用历史销量数据建立时间序列预测模型。

② 预测未来 180 天的销量变化趋势。

③ 提供准确的销量预测评估指标，为生产计划和库存管理提供数据支持。

④ 识别节假日等特殊时间点对销量的影响，优化预测模型。

（1）ARIMA、SARIMA 和 Prophet 预测算法的区别

ARIMA、SARIMA 和 Prophet 预测算法的区别如下表所示。

特　点	ARIMA	SARIMA	Prophet
全称	自回归积分滑动平均模型	季节性自回归积分滑动平均模型	面向业务人员的时间序列预测模型
适用数据	适用于非季节性时间序列	适用于具有显著季节性和周期性的时间序列	适用于受季节性、非线性、节假日影响的时间序列
季节性处理	需要手动进行季节性差分	内置季节性处理	自动处理年、月、周季节性；可添加自定义节假日
建模复杂性	手动调参（p, d, q）较复杂，需网格搜索	增加季节性参数（P, D, Q, s），调参更复杂	自动完成参数估计，用户配置简单

（2）为什么选择 Prophet 模型

本项目使用 Prophet 模型，主要原因如下。

① 自动化处理季节性与趋势。

- Prophet 模型自动检测数据中的年、周季节性，并可以轻松设置假期影响，无须手动差分处理或季节性参数调整。
- 本项目的数据中，销量存在明显的假期效应（如元旦、五一、国庆期间的销量上升），Prophet 模型通过 holidays 参数对假期进行了建模。

② 强大的非线性趋势建模能力。

- 传统的 ARIMA 和 SARIMA 模型假设数据平稳或呈线性趋势，需要通过差分操作平滑非平稳数据。
- Prophet 模型能够自动处理非线性趋势（分段线性），并识别趋势变化的"变换点"，适合业务数据中的复杂波动。

③ 易于使用和解释。

- Prophet 为业务用户设计，代码简单且可视化功能强大，能够直观地展示趋势、季节性及假期影响。
- 无须大量参数调优，用户只需设置关键影响因素（如节假日），模型即可自动完成预测。

④ 外部因素与节假日建模。

- 在本项目中，节假日对销量有明显的提升效果（如五一、国庆期间）。
- Prophet 模型通过 holidays 参数有效地加入了节假日信息，并考虑了节假日前后的影响（lower_window 和 upper_window）。

⑤ 适合大规模时间序列数据。

本项目的数据跨度较大，Prophet 模型在处理长期数据时表现稳定，预测未来 180 天的效果较为可靠。

（3）ARIMA 和 SARIMA 不适合的原因

① ARIMA 不适合的原因如下。

- 需要手动平稳化处理时间序列（差分操作），无法直接处理季节性和非线性趋势。
- 不支持外部变量（如节假日）建模，导致模型无法捕捉假期销量的异常上升。

② SARIMA 不适合的原因如下。

- 虽然可以处理季节性时间序列，但仍需手动设定季节性参数（P,D,Q,s）。
- SARIMA 在非线性趋势和外部变量建模方面较弱，无法有效捕捉业务数据中的复杂波动。

3. 分析流程

① 数据准备。

- 获取历史销量数据，包括日期、销量等字段。

- 数据预处理：处理缺失值、调整时间序列格式、剔除异常值。

② 特征工程。

- 考虑节假日等特殊事件对销量的影响。

- 添加时间序列特征，如年、周季节性。

③ 模型选择。

使用 Prophet 模型，由于其内置时间序列特征支持（年、周季节性）及对假期的支持。

④ 模型训练与评估。

- 训练模型并使用测试集验证预测效果。

- 计算均方根误差（RMSE）和平均绝对误差（MAE）。

⑤ 未来销量预测。

使用训练好的模型预测未来 180 天的销量，并绘制预测趋势图。

⑥ 结果分析与建议。

根据模型预测结果，分析销量趋势并提出建议。

4. 字段信息

- ds：日期，表示销量发生的具体日期。

- y：销量，表示当天的产品销量。

注：示例数据请到本章首页扫码获取。

5. 分析过程

（1）数据加载与处理

Prompt：加载数据，使用 3 倍标准差法检测异常值，将超过标准差范围的数据设为 NaN，然后使用线性插值进行填补。

生成的代码如下。

```Python
# 导入必要的库
import pandas as pd
import numpy as np
from prophet import Prophet
from sklearn.metrics import mean_squared_error, mean_absolute_error
import matplotlib.pyplot as plt
```

```
from matplotlib import rcParams

# 重新加载数据
# 文件路径
file_path = 'order_data.csv'
df = pd.read_csv(file_path)

# 数据预处理
# 将时间列转换为 datetime 格式
df['ds'] = pd.to_datetime(df['ds'])
# 设置索引为时间，并确保频率为每日
df = df.set_index('ds').asfreq('D')

# 缺失值处理：线性插值
df['y'] = df['y'].interpolate()

# 异常值检测与处理：3 倍标准差法
mean, std = df['y'].mean(), df['y'].std()
df['y'] = df['y'].apply(lambda x: np.nan if (x > mean + 3 * std) or (x < mean - 3
* std) else x)
df['y'] = df['y'].interpolate()   # 再次填充异常值为空的部分

# 将数据分为训练集和测试集（训练集截止到倒数第 180 天）
train = df[:-180]
test = df[-180:]

# 定义评估指标计算函数
def evaluate_forecast(actual, predicted):
    rmse = np.sqrt(mean_squared_error(actual, predicted))
    mae = mean_absolute_error(actual, predicted)
    return rmse, mae

# 定义绘图函数
def plot_forecast(train, test, forecast, title):
    plt.figure(figsize=(12, 6))
    plt.plot(train.index, train, label='train set')
    if test is not None:
        plt.plot(test.index, test, label='test set', color='orange')
    plt.plot(forecast.index, forecast, label='prediction', color='green')
    plt.legend()
    plt.title(title)
    plt.show()
```

（2）Prophet 模型构建

Prompt： 在 Prophet 模型中，加入季节性和自定义的节假日影响。

生成的代码如下。

```Python
# 使用 Prophet 模型进行预测
# Prophet 模型需要的数据格式
prophet_df = train.reset_index().rename(columns={'ds': 'ds', 'y': 'y'})
# 添加节假日信息（示例：国家假期）
holidays = pd.DataFrame({
    'holiday': 'national_holiday',
    'ds': pd.to_datetime([
        '2024-01-01', '2024-01-02', '2024-01-03',
        '2024-05-01', '2024-05-02', '2024-05-03',
            '2024-10-01', '2024-10-02', '2024-10-03', '2024-10-04', '2024-10-05',
'2024-10-06', '2024-10-07'
    ]),
    'lower_window': 0,
    'upper_window': 0
})

# 初始化 Prophet 模型
prophet = Prophet(yearly_seasonality=True, weekly_seasonality=True, daily_
seasonality=False, holidays=holidays)

# 拟合模型
prophet.fit(prophet_df)
```

（3）Prophet 模型评估与预测

Prompt： 评估 Prophet 模型预测的效果，并预测未来 6 个月的销量。

生成的代码如下。

```Python
# 创建未来的数据框并预测
future = prophet.make_future_dataframe(periods=180)
forecast = prophet.predict(future)
# 提取测试集对应的预测结果
prophet_forecast = forecast[['ds', 'yhat']].set_index('ds').iloc[-180:]['yhat']

# 评估 Prophet 模型在测试集上的表现
prophet_rmse, prophet_mae = evaluate_forecast(test['y'], prophet_forecast)
```

275

```
# 绘制 Prophet 模型的测试集预测结果
plot_forecast(train['y'], test['y'], prophet_forecast, 'Prophet test forecast')

# 创建未来 180 天的预测结果
future_180 = prophet.make_future_dataframe(periods=360)
forecast_180 = prophet.predict(future_180)
future_forecast = forecast_180[['ds', 'yhat']].set_index('ds').iloc[-180:]
['yhat']

# 绘制未来 180 天的预测结果
plot_forecast(df['y'], None, future_forecast, 'Prophet future 180 days forecast')

# 显示测试集评估指标
metrics = pd.DataFrame({
    'Model': ['Prophet'],
    'RMSE': [prophet_rmse],
    'MAE': [prophet_mae]
})

# 输出评估指标
metrics
```

在测试集上的销量预测如下图所示。

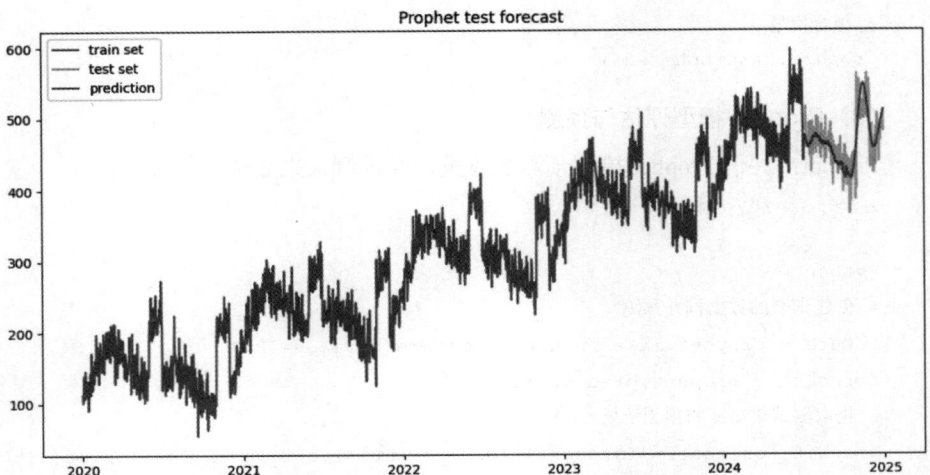

Prophet test forecast

未来 180 天的销量预测如下图所示。

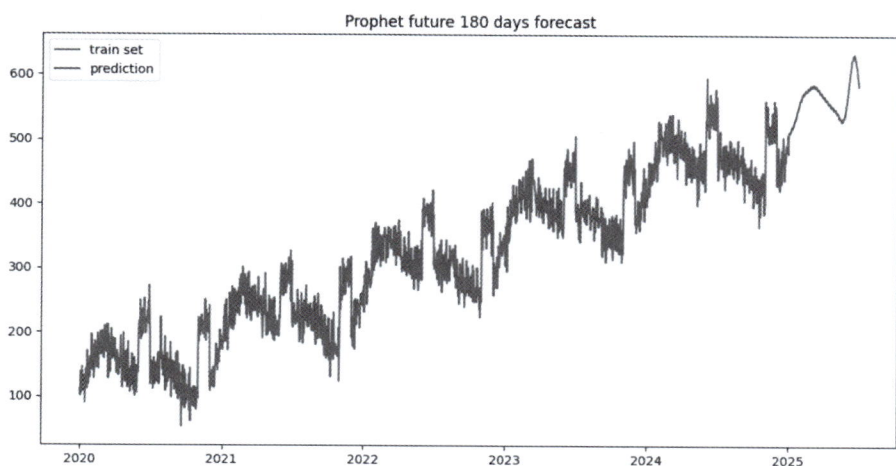

6. 分析结论与业务建议

Prompt：请基于以上数据结果，给出对应的分析结论与业务建议。

① 预测模型指标：均方根误差（RMSE）为 24；平均绝对误差（MAE）为 18。

② 生产规划：提前增加节假日前后的生产，尤其是 5 月和 10 月的假期高峰期。

③ 库存管理：加强对预测波动期的库存准备，避免库存短缺或过剩。

④ 销售策略如下。

- 在节假日高峰期实施促销活动，利用节假日带动销量。

- 对淡季销量低迷时段，制定折扣策略以刺激需求。

⑤ 持续预测监控：定期更新销量数据，重新训练模型，以提高预测的准确性。

9.11 滴滴出行 A/B Test 效果分析

1. 业务背景

滴滴出行推出了一项新功能（例如：动态折扣策略），希望通过优化定价和激励机制，提高用户的订单完成率，同时对平台的收入不产生负面影响。为验证该功能的有效性，平台计划进行 A/B 测试，对比实验组和对照组的订单完成率（主指标）和人均订单金额（栅栏指标），评估新功能对用户行为和平台收益的影响。

2. 分析目标

通过设定主指标和栅栏指标，在确保订单取消率未因新功能而恶化的前提下，验证新功能是否显著提高用户的订单完成率。同时要确认实验组和对照组用户在各特征维度（如用户类型、历史订单数和评分）的分布均衡，确保实验结果具有可信性。最终通过对比实验组和对照组的整体表现，验证新功能是否有效，进而支持产品是否全量上线的决策。

3. 分析流程

（1）确定观测指标

基于业务背景和策略确定主指标和栅栏指标，其中主指标是新策略对核心用户行为影响的重要指标，栅栏指标确保新策略不会对平台收益产生负面影响。

（2）最小样本量计算

基于样本量计算公式计算实验所需的样本量。

（3）实验周期确定

基于每天可进入实验的用户数，以及实验所需的样本量，计算实验周期。需要注意的是，在实际业务实操中，考虑到实验初期的新奇效应，实验初期的数据参考意义不大，所以要尽量多预留一些时间。一般来说，很多业务在工作日和周末用户表现差异较大，因此最好覆盖完整的一周，在实际业务中，会基于以上计算和考量，适当增加实验周期。但为便于理解，本项目仅考虑每天可进入实验的用户数，以及实验所需的样本量进行计算。

（4）实验数据分析

- 验证实验组和对照组用户在各维度（如用户类型、历史订单数、评分）分布的均衡性。
- 确认实验分流均衡后，选择合适的统计检验方法。
  - 比率型指标（订单完成率）：使用 z 检验。
  - 连续性指标（人均订单金额）：使用 t 检验。
- 分析实验组和对照组的差异显著性。

4. 字段信息

- user_id：用户唯一标识（字符串）。
- group：用户分组，control 表示对照组，test 表示实验组（字符串）。
- order_id：订单唯一标识（字符串）。
- order_date：订单日期（日期类型）。
- fare_amount：订单金额，单位为元（浮点数）。
- order_completed：该笔订单是否完成，1 表示完成，0 表示未完成（整数）。
- order_cancelled：该笔订单是否取消，1 表示取消，0 表示未取消（整数）。
- wait_time：司机响应时间，单位为分钟（浮点数）。
- trip_time：行程时间，单位为分钟（浮点数）。
- user_type：用户类型，new 表示新用户，regular 表示常规用户（字符串）。
- user_lifetime_orders：用户历史订单数（整数）。
- user_rating：用户评分，1 ～ 5 分（浮点数）。

注：示例数据请到本章首页扫码获取。

5. 分析过程

（1）确定观测指标

Prompt：请确定主指标和栅栏指标，并提供选择这些指标的依据。

- 主指标：订单完成率（order_completed）。

依据：订单完成率是用户是否完成订单的直接反映，评估新功能对用户行为的影响。

- 栅栏指标：人均订单金额（fare_amount）。

依据：人均订单金额是平台收益的重要指标，确保新功能不会对收益产生负面影响。

（2）最小样本量计算

Prompt：给出最小样本量计算公式，解释公式中参数的含义，计算每组最小样本量。

样本量计算公式如下。

$$n = \frac{Z^2 \cdot p \cdot (1-p)}{d^2} \qquad (9\text{-}1)$$

参数含义如下。

n：每组的最小样本量，实验组和对照组均需达到此人数，才能确保结果具有统计学意义。

Z：显著性水平对应的 Z 值，用于控制第一类错误（假阳性）。在显著性水平 α=0.05 时，Z=1.96。

p：订单完成率的预估值（基准概率），通常使用历史平均订单完成率作为预估值。

d：效应大小，表示实验组与对照组完成率的最小可检测差异。

数据来源和确定方法如下。

p：计算历史订单完成率，其值为 0.61。

Z：设定显著性水平为 0.05，对应 Z=1.96。

d：根据业务目标设定为 0.0175，即业务方基于经验，希望检测到完成率提升至少 1.75% 的效果。

生成的代码如下。

```Python
import numpy as np
import pandas as pd
# 计算每组的最小样本量
Z = 1.96        # 显著性水平对应的 Z 值 (95%)，查表可得
p = 0.6         # 订单完成率的历史均值，可以计算得到
d = 0.0175      # 新的完成率提升值
```

```
# 样本量计算公式
n = (Z**2 * p * (1 - p)) / (d**2)

# 打印结果
print(f" 每组最小样本量为：{np.ceil(n)} 人 ")
```

每组最小样本量为：2 985 人。

（3）实验周期确定

Prompt： 抽取一定比例的用户参与实验，预估实验每天进入 200 人（实验组和对照组各 100 人），请计算完成实验所需最短周期。

生成的代码如下。

```Python
# 每天用户进入实验数
daily_users = 200    # 每天总用户数（实验组和对照组共计）

# 计算实验周期
min_days = np.ceil(n / (daily_users / 2))

# 打印结果
print(f" 实验最短周期为：{min_days} 天 ")
```

实验最短周期为：30 天。在实际业务中，由于要考虑到实验初期的新奇效应和业务的周期性，可能要适当延长实验周期，在这里不做考虑。

（4）实验数据分析

Prompt： 收集实验数据后，可视化展示实验组和对照组用户在各特征上的分布，以及主指标和栅栏指标每天的表现，并验证实验组和对照组在用户特征分布上的均衡性，以及检验主指标和栅栏指标的显著性差异。

首先，通过可视化展示实验组和对照组用户在各特征上的分布，以及主指标和指栅栏指标每天的表现。

生成的代码如下。

```Python

# 可视化各特征分布比例
fig, axes = plt.subplots(3, 1, figsize=(12, 15))

# 用户类型分布
user_type_dist.plot.bar(ax=axes[0], stacked=True, title=' 用 户 类 型 分 布 比 例 ',
colormap='viridis')
    axes[0].set_ylabel(' 比例 ')
```

```
axes[0].set_xlabel(' 实验组 / 对照组 ')

# 历史订单数分布
lifetime_orders_dist.plot.bar(ax=axes[1], stacked=True, title=' 历史订单数分布比例 ',
colormap='plasma')
    axes[1].set_ylabel(' 比例 ')
    axes[1].set_xlabel(' 实验组 / 对照组 ')

# 用户评分分布
user_rating_dist.plot.bar(ax=axes[2], stacked=True, title=' 用 户 评 分 分 布 比 例 ',
colormap='cividis')
    axes[2].set_ylabel(' 比例 ')
    axes[2].set_xlabel(' 实验组 / 对照组 ')

plt.tight_layout()
feature_distribution_path = 'feature_distribution.png'
plt.savefig(feature_distribution_path)
plt.show()

# 每天控制组和实验组在主指标和栅栏指标上的趋势
fig, axes = plt.subplots(2, 1, figsize=(12, 12))

# 主指标趋势
for group in ['control', 'test']:
    subset = daily_metrics[daily_metrics['group'] == group]
    axes[0].plot(subset['order_date'], subset['completion_rate'], label=f'{group} 组 ')
axes[0].set_title(' 每天订单完成率趋势 ')
axes[0].set_ylabel(' 订单完成率 ')
axes[0].set_xlabel(' 日期 ')
axes[0].legend()

# 栅栏指标趋势
for group in ['control', 'test']:
    subset = daily_metrics[daily_metrics['group'] == group]
    axes[1].plot(subset['order_date'], subset['avg_fare_amount'], label=f'{group} 组 ')
axes[1].set_title(' 每天人均订单金额趋势 ')
axes[1].set_ylabel(' 人均订单金额 ')
axes[1].set_xlabel(' 日期 ')
axes[1].legend()

plt.tight_layout()
trend_analysis_path = 'trend_analysis.png'
plt.savefig(trend_analysis_path)
plt.show()
```

实验组和对照组用户在各特征上的分布如下图所示。

用户类型分布比例

历史订单数分布比例

用户评分分布比例

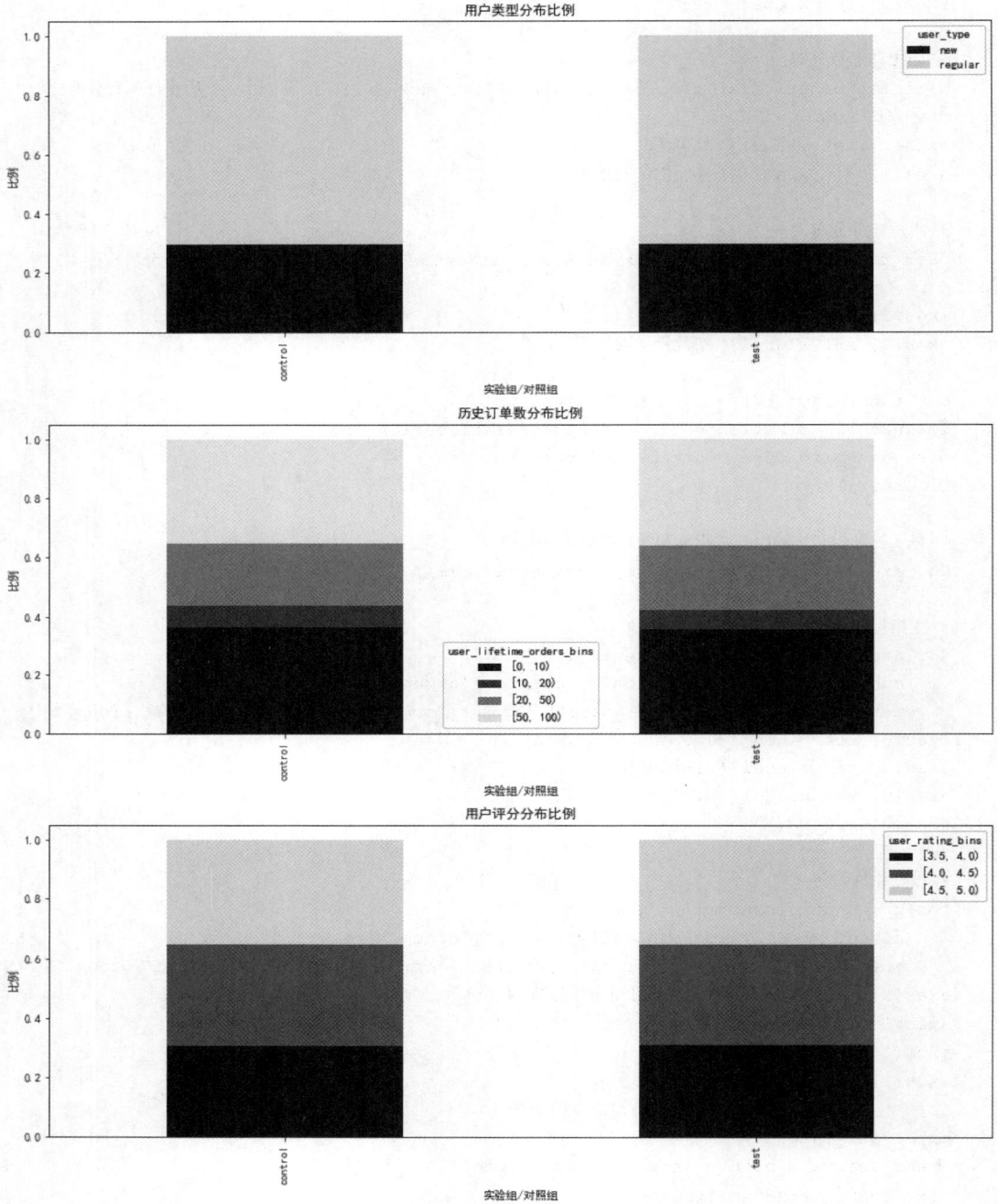

实验组和对照组在主指标和栅栏指标上的趋势如下图所示。

每天订单完成率趋势

每天人均订单金额趋势

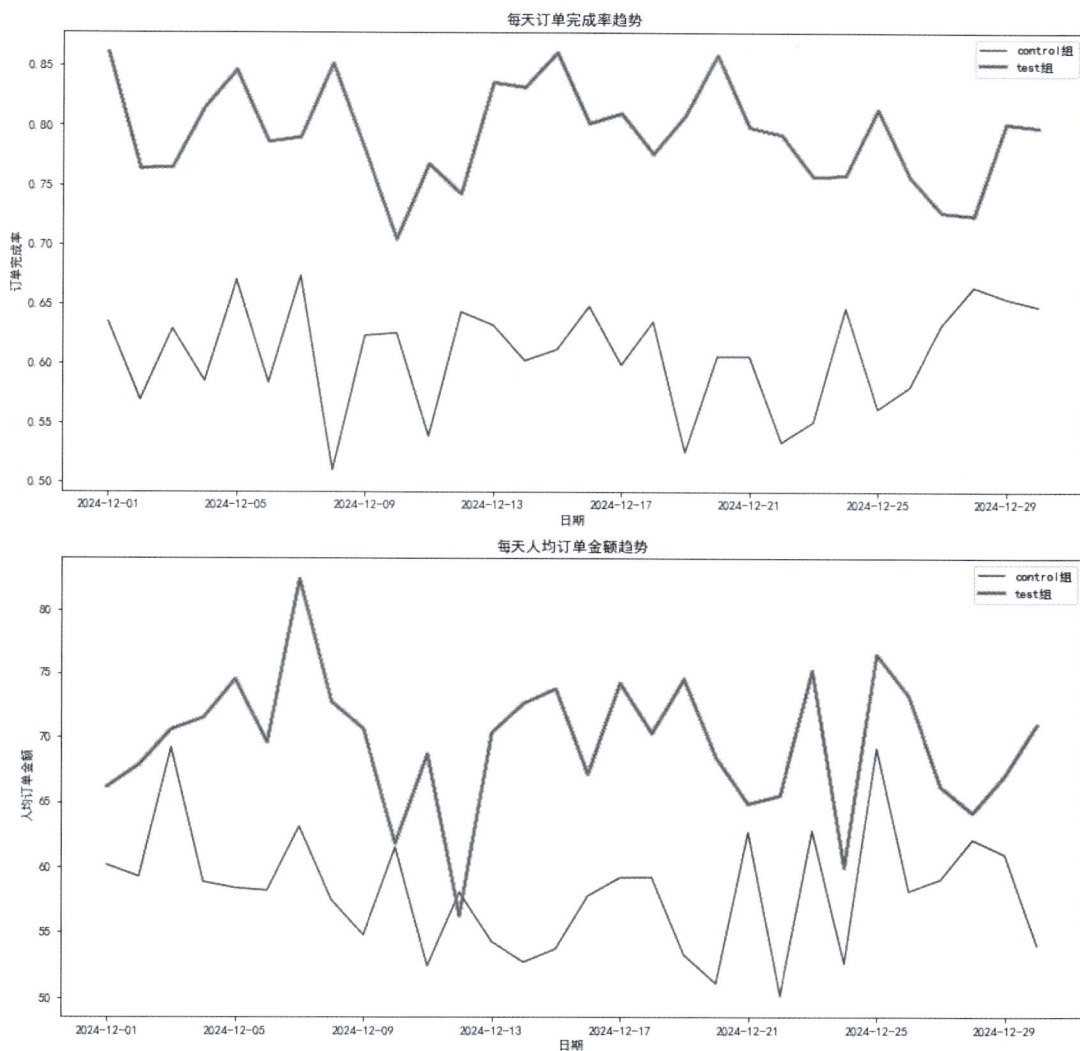

其次，验证实验组和对照组在用户特征分布上的均衡性，以及检验主指标和栅栏指标的显著性差异，代码如下：

```Python
from scipy.stats import ttest_ind, chi2_contingency
from statsmodels.stats.proportion import proportions_ztest

data = pd.read_excel('didi_ab_test_data.xlsx',header=0)
# 验证用户特征分布均衡性
# 1. 用户类型分布
user_type_table = pd.crosstab(data['group'], data['user_type'])
```

```
chi2, p_value_user_type, _, _ = chi2_contingency(user_type_table)

# 2. 历史订单数
lifetime_orders_control = data[data['group'] == 'control']['user_lifetime_
orders']
lifetime_orders_test = data[data['group'] == 'test']['user_lifetime_orders']
t_stat_lifetime, p_value_lifetime = ttest_ind(lifetime_orders_control, lifetime_
orders_test)

# 3. 用户评分
rating_control = data[data['group'] == 'control']['user_rating']
rating_test = data[data['group'] == 'test']['user_rating']
t_stat_rating, p_value_rating = ttest_ind(rating_control, rating_test)

# 打印关键结果
print("用户类型分布均衡性 (p-value):", p_value_user_type)
print("历史订单数均衡性 (p-value):", p_value_lifetime)
print("用户评分均衡性 (p-value):", p_value_rating)

# 主指标（订单完成率）的显著性检验

# 主指标计算（完成率）
# 实验组和对照组主指标（订单完成率）的计算
# 分别计算完成率 = 完成订单数 / 总订单数

# 对照组
completed_control = data[data['group'] == 'control']['order_completed'].sum()
total_control = data[data['group'] == 'control']['order_completed'].count()
completion_rate_control = completed_control / total_control

# 实验组
completed_test = data[data['group'] == 'test']['order_completed'].sum()
total_test = data[data['group'] == 'test']['order_completed'].count()
completion_rate_test = completed_test / total_test

# 打印主指标完成率
print("对照组订单完成率:", completion_rate_control)
print("实验组订单完成率:", completion_rate_test)

# {
#      "对照组订单完成率": completion_rate_control,
#      "实验组订单完成率": completion_rate_test
# }

# 对于比率型数据，应使用 z 检验，而不是 t 检验
# 计算订单完成的总数和样本总数
completed_control = data[data['group'] == 'control']['order_completed'].sum()
completed_test = data[data['group'] == 'test']['order_completed'].sum()
```

```
total_control = data[data['group'] == 'control']['order_completed'].count()
total_test = data[data['group'] == 'test']['order_completed'].count()

# 执行 z 检验
z_stat_completion, p_value_completion = proportions_ztest(
    [completed_control, completed_test],
    [total_control, total_test]
)

# 栅栏指标（人均订单金额）计算和显著性检验
# 重新计算人均订单金额
fare_amount_control = data[data['group'] == 'control']['fare_amount'].sum() /
total_control
fare_amount_test = data[data['group'] == 'test']['fare_amount'].sum() / total_
test

# t 检验用于连续型指标的均值差异
t_stat_fare, p_value_fare = ttest_ind(
    data[data['group'] == 'control']['fare_amount'],
    data[data['group'] == 'test']['fare_amount']
)

# 输出结果
{
    "主指标（订单完成率）z 检验统计量 ": z_stat_completion,
    "主指标（订单完成率）p-value": p_value_completion,
    "栅栏指标（人均订单金额）对照组 ": fare_amount_control,
    "栅栏指标（人均订单金额）实验组 ": fare_amount_test,
    "栅栏指标（人均订单金额）t 检验统计量 ": t_stat_fare,
    "栅栏指标（人均订单金额）p-value": p_value_fare,
}
```

结果如下。

用户类型分布均衡性（p-value）：0.9881291181782491；

历史订单数均衡性（p-value）：0.3346740632424632；

用户评分均衡性（p-value）：0.5737902271176769；

对照组订单完成率：0.6068904593639576；

实验组订单完成率：0.7921753607103219。

主指标（订单完成率）z 检验统计量：−16.94378718873716；

主指标（订单完成率）p-value：2.1389987367582057e-64；

栅栏指标（人均订单金额）对照组：58.11079210836278；

栅栏指标（人均订单金额）实验组：69.57636625971143；

栅栏指标（人均订单金额）t 检验统计量：–8.65398952032142；

栅栏指标（人均订单金额）p-value：6.099826479664484e-18。

6. A/B 实验结果与业务建议

Prompt：请基于以上实验组和对照组的数据结果，给出对应的结论与业务建议。

（1）A/B 实验结果

① 主指标（订单完成率）。

- 实验组订单完成率显著高于对照组，对照组为 61%，实验组为 79%，z 检验统计量为 –16.94，p 值为 $2.14 \times e^{-64}$。

- 结果解读：新功能显著提升了用户完成订单的概率，表明优化策略对用户行为有积极影响。

② 栅栏指标（人均订单金额）。

- 实验组人均订单金额显著高于对照组，对照组为 58.11 元，实验组为 69.58 元，t 检验统计量为 –8.65，p 值为 $6.10 \times e^{-18}$。

- 结果解读：新功能在提升用户完成率的同时，还提高了平台的人均订单收益。

③ 用户特征分布均衡性。

- 用户类型、历史订单数和评分分布在实验组与对照组之间均衡（所有 p 值 > 0.05）。

- 结果解读：实验分组的均衡性得到验证，实验结果具有较高的可信度。

（2）业务建议

① 功能推广与迭代。

- 推广：将新功能逐步推广至更多地区，建议分批次上线，优先覆盖订单完成率低或用户黏性差的区域。

- 迭代：对订单完成率提升效果差异较大的用户群体进行深度分析（如新用户 vs 常规用户），为功能优化提供依据。

② 细分用户群体分析。

- 按用户特征（如评分、历史订单数、城市）对数据进行进一步分组分析，评估新功能对不同用户群体的差异化影响。

- 在核心城市、新用户等关键群体中测试针对性的优惠或激励措施。

③ 长期观察与稳定性验证。

- 持续监测新功能上线后的数据变化，特别是订单完成率和人均订单金额，验证效果是否稳定。

- 设置长期 A/B 测试，以观测新功能对用户留存、平台总收入等指标的影响。

④ 优化定价策略。

- 基于订单金额和完成率的综合表现，进一步优化定价策略，使收益和用户体验达到平衡。

- 对实验组数据应用机器学习模型，预测新功能的最佳适用场景（如高峰期、特定城市等）。

⑤ 风险防控。

如果部分用户群体或地区的订单完成率未显著提升，需要重新设计相应的激励机制，避免功能推广带来的潜在风险。

⑥ 运营和市场推广。

- 结合实验结果制定具有针对性的运营策略，比如通过用户教育和营销手段推广新功能的优势。

- 结合实验数据设计用户奖励计划，进一步提升用户对新功能的接受度和黏性。

9.12 美团 DID 因果推断项目

1. 业务背景

美团计划在部分城市试点推出"商户会员积分计划"，允许顾客在指定商户消费后获得积分，用于抵扣未来的消费费用。试点城市的商户参与该计划后，可能会吸引更多消费者并提升顾客的消费频率。政策的核心目标是验证该计划对商户收入的实际影响，并评估推广的可行性。

2. 分析目标

① 评估"商户会员积分计划"是否对试点城市商户的总收入产生显著影响。

② 验证双重差分（Difference-in-Differences，DID）模型的适用性，剔除其他因素干扰。

③ 提供政策效应的量化结论，分析该计划对商户的潜在价值。

④ 提供异质性分析结果，如行业、商户规模对政策效果的不同反应。

3. 分析流程

① 数据清洗与探索。

检查并处理缺失值、异常值和重复值。

- 对缺失值进行填补或删除处理。

- 使用统计方法识别异常值并决定处理策略。

- 删除数据中的重复值。

② 数据探索新分析。

- 可视化并分析核心变量（收入、订单量、折扣率）的整体分布。

- 统计并展示在不同维度（city、category、size）上的商户数量分布。

③ 验证 DID 模型的前提假设。

- 平行趋势假设：验证在政策实施前，处理组与对照组在收入变化趋势上是否一致。
- 检查处理组和对照组的收入分布特性，确保数据分布合理。

④ 回归分析。

- 使用双重差分模型进行因果推断。
- 模型公式如下：

$$Y_{it} = \alpha + \beta_1 \cdot \text{Group}_i + \beta_2 \cdot \text{Time}_t + \beta_3 \cdot (\text{Group}_i \times \text{Time}_t) + \epsilon_{it} \qquad (9\text{-}2)$$

式中，Y_{it} 为商户收入；Group_i 用于是否为试点城市；Time_t 用于是否为政策实施后；β_3 为政策效应（核心关注点）。

⑤ 异质性分析。

分析政策对不同规模商户（小型 / 中型 / 大型）、不同行业（餐饮 / 零售 / 娱乐）的影响。

⑥ 结果解读、建议与优化。

- 量化政策对收入的提升（绝对值和相对变化）。
- 提供异质性分析的商业解读。
- 基于分析结果，为美团提供推广建议或调整试点政策的策略。

4. 字段信息

（1）商户信息

- merchant_id：商户 ID，唯一标识。
- city：商户所在城市。
- category：商户所属行业（如餐饮、零售、娱乐等）。
- size：商户规模（小型、中型、大型）。

（2）时间信息

- date：数据记录日期，格式为 YYYY-MM-DD。
- pre_policy：用于确认是否在政策实施前（0 为政策前，1 为政策后）。

（3）收入数据

- revenue：商户的每日收入（元）。
- transactions：每日订单量（单）。

（4）政策相关信息

- is_treated：用于确定是否为试点城市商户（1 为试点城市，0 为非试点城市）。

- policy_effect：政策效果，属于交互项（is_treated *pre_policy）。
  - ◆ 如果商户属于试点城市（is_treated = 1）且在政策实施后（pre_policy = 1），则 policy_effect = 1。
  - ◆ 对于其他情况（非试点城市或政策实施前），policy_effect = 0。
  - ◆ 该变量捕捉政策对试点城市商户收入的实际影响，是回归分析中的关键变量。

（5）控制变量

- holiday：用于确定是否为节假日（1 为节假日，0 为非节假日）。
- discount_rate：商户平均折扣率（小数形式，例如，0.15 表示 15% 的折扣）。

注：示例数据请到本章首页扫码获取。

5. 分析过程

（1）数据清洗与预处理

Prompt：检查并处理缺失值、异常值和重复值。

① 检查数据集中是否存在缺失值。

② 检查收入和订单量是否存在异常值（如显著偏离平均值的数据）。

③ 检查是否存在重复记录并删除。

生成的代码如下。

```Python
import pandas as pd
import numpy as np
import matplotlib.pyplot as plt
import seaborn as sns

df = pd.read_excel('meituan_did_data.xlsx',header=0)
# 检查缺失值
missing_values = df.isnull().sum()

# 去除重复值
df_cleaned = df.drop_duplicates()

# 检查并处理 'revenue' 和 'transactions' 字段的异常值
# 基于 interquartile range (IQR) 方法
def remove_outliers(data, column):
    Q1 = data[column].quantile(0.25)
    Q3 = data[column].quantile(0.75)
    IQR = Q3 - Q1
    lower_bound = Q1 - 1.5 * IQR
    upper_bound = Q3 + 1.5 * IQR
    return data[(data[column] >= lower_bound) & (data[column] <= upper_bound)]
```

```
df_cleaned = remove_outliers(df_cleaned, 'revenue')
df_cleaned = remove_outliers(df_cleaned, 'transactions')

# 数据清洗后的总结
print("Missing values per column:\n", missing_values)
print("\nData shape after removing duplicates and outliers:", df_cleaned.shape)

df_cleaned.head()
```

① 缺失值检查：数据集中不存在缺失值。

② 重复值处理：已删除所有重复记录。

③ 异常值处理：使用 IQR 方法去除了收入和订单量的异常值，数据规模从原始规模大幅减少（从全部条目到清理后的 295 527 条记录）。

（2）数据探索性分析

Prompt：探索核心变量的分布特征。

探索以下分布特征：

① 商户收入（revenue）。

② 订单量（transactions）。

③ 折扣率（discount_rate）。

④ 商户在不同维度（city、category、size）上的数量分布。

生成的代码如下。

```
Python
import matplotlib.pyplot as plt
import seaborn as sns
import matplotlib

# 解决中文乱码问题
plt.rcParams['font.sans-serif'] = ['SimHei']          # 设置简体中文字体
plt.rcParams['axes.unicode_minus'] = False            # 正常显示负号

# 创建 2 行 3 列的子图
fig, axes = plt.subplots(2, 3, figsize=(18, 12))
fig.suptitle(' 数据分布及统计 ', fontsize=16)

# 收入分布图
sns.histplot(df_cleaned['revenue'], kde=True, bins=50, ax=axes[0, 0])
axes[0, 0].set_title(' 收入分布 ')
axes[0, 0].set_xlabel(' 收入 ')
axes[0, 0].set_ylabel(' 频率 ')
```

```python
# 交易分布图
sns.histplot(df_cleaned['transactions'], kde=True, bins=50, ax=axes[0, 1])
axes[0, 1].set_title('交易分布')
axes[0, 1].set_xlabel('交易量')
axes[0, 1].set_ylabel('频率')

# 折扣率分布图
sns.histplot(df_cleaned['discount_rate'], kde=True, bins=50, ax=axes[0, 2])
axes[0, 2].set_title('折扣率分布')
axes[0, 2].set_xlabel('折扣率')
axes[0, 2].set_ylabel('频率')

# 按城市统计商户数量
city_counts = df_cleaned['city'].value_counts()
city_counts.plot(kind='bar', ax=axes[1, 0], title='按城市统计商户数量')
axes[1, 0].set_xlabel('城市')
axes[1, 0].set_ylabel('数量')

# 按类别统计商户数量
category_counts = df_cleaned['category'].value_counts()
category_counts.plot(kind='bar', ax=axes[1, 1], title='按类别统计商户数量')
axes[1, 1].set_xlabel('类别')
axes[1, 1].set_ylabel('数量')

# 按规模统计商户数量
size_counts = df_cleaned['size'].value_counts()
size_counts.plot(kind='bar', ax=axes[1, 2], title='按规模统计商户数量')
axes[1, 2].set_xlabel('规模')
axes[1, 2].set_ylabel('数量')

# 调整布局
plt.tight_layout(rect=[0, 0, 1, 0.95])

# 显示保存图表
plt.savefig('数据探索性分析.png')
plt.show()

# 打印统计结果
print("按城市统计商户数量:\n", city_counts)
print("\n按类别统计商户数量:\n", category_counts)
print("\n按规模统计商户数量:\n", size_counts)
```

各特征分布情况如下图所示。

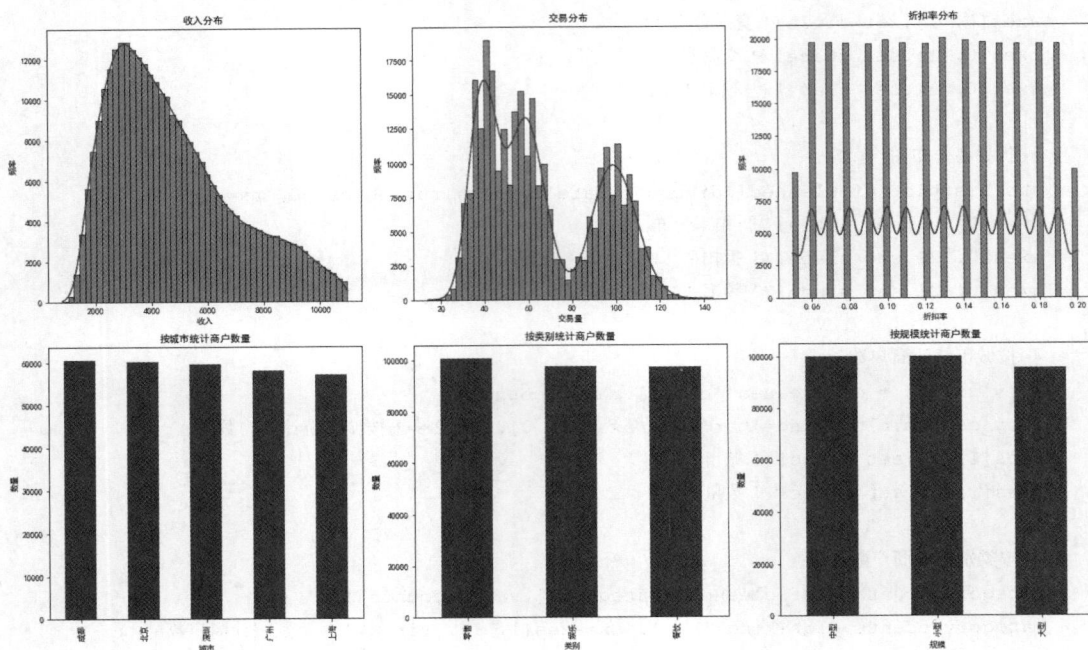

数据分布及统计

各特征分布总结如下。

① 变量分布。

- 收入（Revenue）：分布显示了多样性，可能存在右偏分布，符合真实商户收入的特点。

- 订单量（Transactions）：分布较为均匀，符合不同规模商户的订单特性。

- 折扣率（Discount Rate）：主要集中在 5% ～ 20%，分布合理。

② 商户数量分布。

- 按城市（City）：商户数量分布均匀，北京、成都的商户数量略高。

- 按行业（Category）：零售、娱乐和餐饮的商户数量接近，略有差异。

- 按规模（Size）：中型商户占比稍高，小型商户和大型商户比例相近。

（3）DID 前提假设验证

Prompt：验证平行趋势假设。

① 在政策实施前（pre_policy = 0），比较处理组（试点城市，is_treated = 1）和对照组（非试点城市，is_treated = 0）的收入随时间变化的趋势。

② 确保两组在政策实施前具有相似的趋势，以满足 DID 分析的平行趋势假设。

生成的代码如下。

```Python
# 筛选政策实施前的数据
pre_policy_data = df_cleaned[df_cleaned['pre_policy'] == 0]

# 对处理组和对照组计算每天的平均收入
pre_policy_trends = pre_policy_data.groupby(['date', 'is_treated'])['revenue'].
mean().reset_index()

# 对处理组和对照组绘制每天的平均收入趋势
plt.figure(figsize=(12, 6))
sns.lineplot(data=pre_policy_trends, x='date', y='revenue', hue='is_treated',
marker='o')
plt.title('Revenue Trends Before Policy Implementation')
plt.xlabel('Date')
plt.ylabel('Average Revenue')
plt.legend(title='Is Treated or Not', labels=['Control Group', 'Treatment
Group'])
plt.xticks(rotation=45)
plt.savefig('Revenue Trends Before Policy Implementation.png')
plt.show()
```

在政策实施前处理组和对照组的趋势如下图所示。

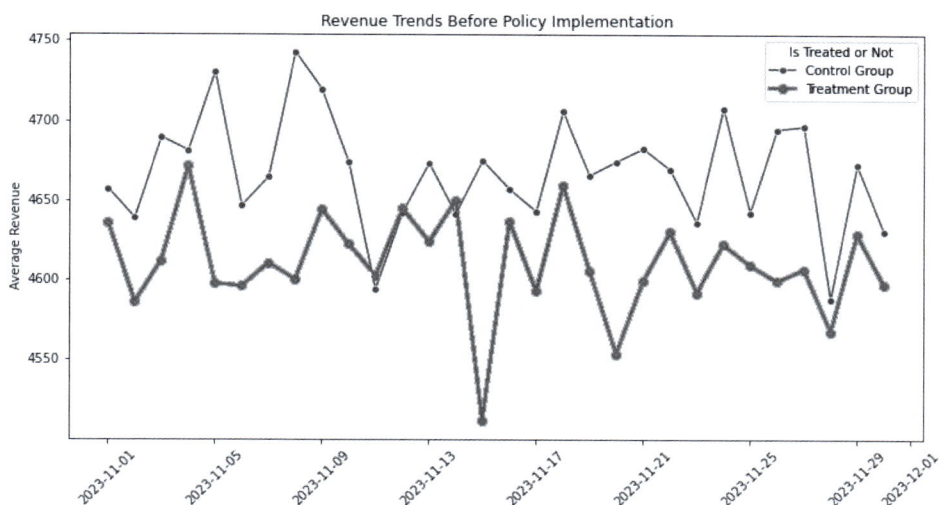

平行趋势假设验证结果如下。

① 图表观察：在政策实施前（pre_policy = 0），处理组和对照组的收入趋势基本保持一致，未出现显著分叉或异常波动。

② 结论：初步满足平行趋势假设，为后续的双重差分分析提供了基础。

（4）DID 回归分析

Prompt： 实施双重差分回归分析。

① 使用双重差分（Difference-in-Differences，DID）模型估计政策对商户收入的影响。

② 解释关键变量（尤其是交互项 policy_effect）系数的意义。

DID 模型公式如下。

$$Y_{it} = \alpha + \beta_1 \cdot \text{Group}_i + \beta_2 \cdot \text{Time}_t + \beta_3 \cdot (\text{Group}_i \times \text{Time}_t) + \epsilon_{it} \qquad (9\text{-}2)$$

生成的代码如下。

```Python
import statsmodels.api as sm
import statsmodels.formula.api as smf

# 为回归分析准备数据
df_cleaned['policy_effect'] = df_cleaned['pre_policy'] * df_cleaned['is_treated']

# 拟合 DID 回归模型
model = smf.ols(
    formula='revenue ~ is_treated + pre_policy + policy_effect + transactions + discount_rate + holiday',
    data=df_cleaned
).fit()

# 输出回归结果
print(model.summary())
```

回归结果：

```
                            OLS Regression Results
==============================================================================
Dep. Variable:                revenue   R-squared:                       0.679
Model:                            OLS   Adj. R-squared:                  0.679
Method:                 Least Squares   F-statistic:                 1.041e+05
Date:                Fri, 20 Dec 2024   Prob (F-statistic):               0.00
Time:                        10:28:59   Log-Likelihood:            -2.5279e+06
No. Observations:              295527   AIC:                         5.056e+06
Df Residuals:                  295520   BIC:                         5.056e+06
Df Model:                           6
Covariance Type:            nonrobust
==============================================================================
                   coef    std err          t      P>|t|      [0.025      0.975]
------------------------------------------------------------------------------
Intercept      -12.2927     10.110     -1.216      0.224     -32.109       7.524
is_treated       3.1989      6.498      0.492      0.623      -9.537      15.934
pre_policy      -2.1706      6.406     -0.339      0.735     -14.726      10.385
policy_effect  764.0360      9.245     82.641      0.000     745.916     782.156
transactions    69.9646      0.089    783.054      0.000      69.789      70.140
discount_rate  -10.7277     53.155     -0.202      0.840    -114.911      93.455
holiday          8.8121      5.128      1.719      0.086      -1.238      18.862
==============================================================================
```

回归结果解读如下。

① 关键变量解释。

- policy_effect（交互项）：
  - ◆ 系数：764.0361。
  - ◆ 解释：实施政策后，试点城市的商户收入平均提升了 764.04 元 / 天。
  - ◆ 显著性：p 值为 0.000，高度显著，表明政策对收入具有显著正向影响。
- is_treated 和 pre_policy：

单独变量的系数不显著，符合预期，因为 DID 主要关注交互项。

② 控制变量。

- transactions（订单量）：

系数：69.9646，显著正相关，说明订单量对收入的直接驱动作用。

- discount_rate 和 holiday：

系数不显著，表明折扣率和节假日对收入影响较小或其他变量解释了其大部分波动。

③ 模型整体表现。

- R^2：0.679，表示模型可以解释约 67.9% 的收入波动。
- F 检验 p 值为 0.00，表明整体模型显著。

（5）异质性影响分析

Prompt：分析政策对不同商户类别的异质性影响。

① 在不同商户规模（size）和行业（category），分析政策效应（policy_effect）是否存在显著差异。

② 增加交互项并重新拟合回归模型。

生成的代码如下。

```Python
# 为商家规模和类别添加交互项
df_cleaned['policy_size_effect'] = df_cleaned['policy_effect'] * pd.Categorical(df_cleaned['size']).codes
df_cleaned['policy_category_effect'] = df_cleaned['policy_effect'] * pd.Categorical(df_cleaned['category']).codes

# 拟合具有异质性的 DID 回归模型
heterogeneity_model = smf.ols(
    formula='revenue ~ is_treated + pre_policy + policy_effect + policy_size_effect + policy_category_effect + transactions + discount_rate + holiday',
    data=df_cleaned
```

```
).fit()

# 输出异质性的回归摘要
print(heterogeneity_model.summary())
```

异质性分析结果如下图所示。

```
                          OLS Regression Results
==============================================================================
Dep. Variable:                revenue   R-squared:                       0.680
Model:                            OLS   Adj. R-squared:                  0.680
Method:                 Least Squares   F-statistic:                 7.835e+04
Date:                Fri, 20 Dec 2024   Prob (F-statistic):               0.00
Time:                        10:33:03   Log-Likelihood:            -2.5276e+06
No. Observations:              295527   AIC:                         5.055e+06
Df Residuals:                  295518   BIC:                         5.055e+06
Df Model:                           8
Covariance Type:            nonrobust
==============================================================================
                          coef    std err          t      P>|t|      [0.025      0.975]
------------------------------------------------------------------------------
Intercept              11.5097     10.147      1.134      0.257      -8.377      31.397
is_treated              2.8934      6.491      0.446      0.656      -9.829      15.616
pre_policy             -2.1623      6.400     -0.338      0.735     -14.705      10.381
policy_effect         901.8957     12.326     73.169      0.000     877.737     926.055
policy_size_effect   -140.6845      5.724    -24.576      0.000    -151.904    -129.465
policy_category_effect  2.5265      5.869      0.430      0.667      -8.976      14.029
transactions           69.6116      0.090    769.987      0.000      69.434      69.789
discount_rate         -12.2744     53.101     -0.231      0.817    -116.352      91.803
holiday                 8.7981      5.123      1.718      0.086      -1.242      18.838
==============================================================================
```

异质性分析结果解读如下。

① 政策对不同商户规模的影响。

policy_size_effect（规模交互项）：

- 系数：−140.6845。

- 解释：政策对收入的正向影响在商户规模增加时有所减弱（小型商户受益更多）。

- 显著性：p 值为 0.000，表明商户规模对政策效应存在显著差异。

② 政策对不同行业的影响。

policy_category_effect（行业交互项）：

- 系数：2.5256。

- 解释：政策对不同行业的收入影响差异较小。

- 显著性：p 值为 0.667，表明行业类别对政策效应的影响不明显。

③ 核心政策效应。

policy_effect：系数增加到 901.8968，表明整体政策效应更为显著。

结论如下。

① 商户规模：政策对小型商户的影响更为显著，建议后续在推广中优先支持小型商户。

② 行业类别：政策对各行业的影响较为均匀，不需要针对行业进行过多区分。

6. 分析结论及业务建议

Prompt：基于分析结果，生成政策实施效果总结，并提供业务建议。

（1）分析结论

① 政策的总体效果。

- 政策对试点城市商户的收入具有显著的正向影响，每日收入平均增加 901.90 元。

- 此结果表明"商户会员积分计划"在试点城市取得了预期效果。

② 异质性分析。

- 商户规模。

  - 小型商户受政策的正向影响更显著。

  - 说明政策在提升小型商户的竞争力方面更具成效。

- 行业类别。

不同行业的政策效应差异较小，表明政策设计适用于多种行业。

③ 其他因素。

订单量（transactions）是收入变化的重要驱动因素，商户的营业规模与消费者活跃度直接影响政策效果。

（2）业务建议

① 政策推广策略。

- 优先支持小型商户：将政策推广至更多小型商户，可进一步发挥政策效应，帮助其提高收入和市场竞争力。

- 加强商户支持：为小型商户提供额外的运营支持（如技术培训、市场营销建议）。

② 扩大政策试点范围。

由于政策对行业影响均匀，可以优先选择中小型城市进行试点扩展，从而覆盖更多小型商户。

③ 精细化政策设计。

- 针对小型商户，设计额外的激励机制，例如提高积分折扣比例，吸引更多顾客。

- 对不同规模商户的收入增长情况进行长期跟踪分析，动态调整政策力度。

④ 数据驱动的持续优化。

- 持续监控积分计划的效果，通过后续数据分析进一步挖掘政策实施中的潜在问题。

- 引入消费者行为分析（如消费频率、平均订单金额），以优化积分规则。

9.13 在线教育 NLP 文本挖掘项目

1. 业务背景

在线教育行业正在快速发展，学员对课程的满意度、学习效果，以及推荐意愿是平台进行优化的重要指标。通过分析学员对课程的评价，可以发现课程内容、授课方式及互动效果中的不足，为课程设计和讲师培训提供优化方向。本次分析的数据包含来自不同课程的学员评价、评分、NPS（净推荐值）等信息，这些信息能够全面反映学员的真实感受。

2. 分析目标

① 情感分析：评估学员对课程的满意度，识别低满意度的课程和学员反馈。

② NPS 分析：测算学员对平台的忠诚度及推荐意愿，寻找提升课程吸引力的方法。

③ 文本挖掘：分析学员的具体建议，发现课程内容和授课方式中的改进点。

④ 综合洞察：提出具体的优化方案，帮助平台提升课程的互动性和实用性。

3. 分析流程

（1）数据预处理

- 清洗数据，检查缺失值和异常值。

- 对数值型字段进行缺失值和异常值检查。

- 对文本型字段进行预处理，包括去除特殊字符、分词及统一格式。

（2）情感分析

- 使用自然语言处理技术对学员评价文本进行情感分类（正面、中性、负面）。

- 根据评分和情感结果对每门课程分别进行满意度排名。

（3）NPS 分析

- 计算每门课程的 NPS。

- 比较不同课程的 NPS，识别高推荐和低推荐课程。

（4）文本挖掘

- 提取学员对课程内容、讲师及授课方式的关键意见。

- 生成词云和主题模型，发现常见问题和改进建议。

- 通过 LDA 挖掘学员反馈的主题，识别在哪些方面做得好，哪些方面做得不好。

- 对每门课程的文本数据单独进行分析，提取特定课程的主要主题和常见反馈。

（5）综合分析与建议

- 综合情感分析、NPS 和文本挖掘结果，提出针对每门课程优化的具体方向。

- 针对低满意度课程，提出改进措施，如增加案例分析、优化授课方式等。

4. 字段信息

- student_id：学员 ID（唯一标识符）。

- course_id：课程 ID（唯一标识符）。

- course_name：课程名称。

- instructor_name：授课老师的姓名。

- review_text：学员对课程评价的英文文本（英文评价情感分析更精准）。

- chinese_review_text：学员课程评价的中文文本（中文评价 LDA 主题挖掘更易懂）。

- rating：评分（1 到 5 的整数值，1 表示非常不满意，5 表示非常满意）。

- nps_score：NPS 评分（0 ～ 10，衡量推荐意愿）。

- review_date：评价日期。

- learning_time：学员学习课程所用时间（分钟）。

- suggestions：学员对课程改进的具体建议。

注：示例数据请到本章首页扫码获取。

5. 分析过程

（1）数据预处理

Prompt：请对以下数据进行预处理。

① 数值型字段的缺失值和异常值检查，并填补或处理异常值。

② 文本型字段的预处理，包括去除特殊字符、统一格式化。

生成的代码如下。

```Python
import pandas as pd
import numpy as np
import re
from sklearn.impute import SimpleImputer

# 读取数据
data = pd.read_excel("online_education_course_reviews.xlsx",header=0)

# 数值型字段预处理
numeric_cols = ['rating', 'nps_score', 'learning_time']
imputer = SimpleImputer(strategy='mean')          # 将缺失值填充为均值
data[numeric_cols] = imputer.fit_transform(data[numeric_cols])

# 检查并处理异常值（简单地以范围为例）
for col in numeric_cols:
    lower, upper = data[col].quantile([0.01, 0.99])
```

```
        data[col] = np.clip(data[col], lower, upper)

# 文本型字段预处理
def clean_text(text):
    # 去除特殊字符
    text = re.sub(r"[^\w\s]", "", text)
    # 统一格式
    return text.lower()

data['review_text'] = data['review_text'].apply(clean_text)
data['chinese_review_text'] = data['chinese_review_text'].apply(clean_text)
data['suggestions'] = data['suggestions'].apply(clean_text)

# 保存处理后的数据
data.to_excel("preprocessed_online_education_course_reviews.xlsx", index=False)
print("数据预处理完成，并保存至 preprocessed_online_education_reviews.xlsx")
```

（2）情感分析

Prompt：请使用情感分析模型对每门课程的评价进行分类（正面、中性、负面），并计算每门课程的正面、负面及中立评价比例。

生成的代码如下。

```Python
from textblob import TextBlob
import pandas as pd

# 基于 TextBlob 定义情感分析处理函数
def analyze_sentiment_textblob(text):
    blob = TextBlob(text)
    polarity = blob.sentiment.polarity  # Sentiment polarity score (-1 to 1)
    if polarity > 0.1:
        sentiment_label = "Positive"
    elif polarity < -0.1:
        sentiment_label = "Negative"
    else:
        sentiment_label = "Neutral"
    return polarity, sentiment_label

# 调用情感分析处理函数
data[['polarity', 'sentiment']] = data['review_text'].apply(
    lambda x: pd.Series(analyze_sentiment_textblob(x))
)
```

```
# 保存明细的情感计算结果
output_file = "sentiment_analysis_results.xlsx"
data.to_excel(output_file, index=False)

# 对每个课程计算情感比例
sentiment_distribution = data.groupby('course_name')['sentiment'].value_
counts(normalize=True).unstack()

# 保存结果
with pd.ExcelWriter(output_file, mode='a', engine='openpyxl') as writer:
    sentiment_distribution.to_excel(writer, sheet_name="Sentiment_Distribution")

sentiment_distribution
```

各课程情感分析结果如下图所示。

course_name	Negative	Neutral	Positive
Python基础	NaN	0.03	0.97
数据分析入门	0.01	0.02	0.98
机器学习实战	0	0.15	0.84
深度学习进阶	NaN	0.15	0.85
自然语言处理	0.01	0.21	0.78

（3）NPS 分析

Prompt：请计算每门课程的 NPS，并根据评分分组显示课程的推荐情况。

生成的代码如下。

```
Python
# NPS 计算函数
def calculate_nps(scores):
    promoters = (scores >= 9).sum()
    detractors = (scores <= 6).sum()
    total = len(scores)
    return (promoters - detractors) / total * 100

# 按课程计算 NPS
nps_scores = data.groupby('course_name')['nps_score'].apply(calculate_nps)
print(" 每门课程的 NPS: ")
print(nps_scores)
```

每门课程的 NPS 如下。

Python 基础   54.255319

数据分析入门	68.322981
机器学习实战	4.245283
深度学习进阶	−87.772926
自然语言处理	−52.709360

（4）主题挖掘

Prompt：请提取每门课程的反馈主题，使用词云图展示各课程的特点，并使用 LDA 模型识别学员主要关注点，包括优势和改进点。

```Python
from sklearn.feature_extraction.text import CountVectorizer
from sklearn.decomposition import LatentDirichletAllocation
from wordcloud import WordCloud
import jieba
import matplotlib.pyplot as plt
import requests
plt.rcParams['font.sans-serif']=['SimHei']        # 用来正常显示中文标签
plt.rcParams['axes.unicode_minus'] = False        # 用来正常显示负号

# 中文停用词表加载
stop_words_url = "https://raw.githubusercontent.com/goto456/stopwords/master/cn_
stopwords.txt"
stop_words = requests.get(stop_words_url).text.splitlines()

# 绘制词云图函数
def generate_wordcloud(text_data, course_name):
    all_text = " ".join(text_data)
    wordcloud = WordCloud(
        font_path="simhei.ttf",
        width=800,
        height=400,
        stopwords=stop_words,
        background_color="white"
    ).generate(" ".join(jieba.cut(all_text)))
    plt.figure(figsize=(10, 5))
    plt.imshow(wordcloud, interpolation="bilinear")
    plt.axis("off")
    plt.title(f" 课程：{course_name} - 词云图 ")
    plt.show()

# LDA 主题提取
for course in data['course_name'].unique():
    course_data = data[data['course_name'] == course]['chinese_review_text']
```

```
# 文本分词和向量化
segmented_text = [" ".join(jieba.cut(text)) for text in course_data]
vectorizer = CountVectorizer(max_df=0.9, min_df=2, stop_words=stop_words)
term_matrix = vectorizer.fit_transform(segmented_text)

# LDA 模型
lda = LatentDirichletAllocation(n_components=5, random_state=42)
lda.fit(term_matrix)

# 输出主题
print(f"课程 {course} 的主题：")
for idx, topic in enumerate(lda.components_):
    print(f"主题 {idx + 1}:")
    print([vectorizer.get_feature_names_out()[i] for i in topic.argsort()
[-5:]])  # 限制主题词数为 5

# 绘制词云
generate_wordcloud(course_data, course)
```

课程 Python 基础的主题如下。

主题 1：['帮助','练习','课程内容','增加','实践']

主题 2：['环节','答疑','结构','课程','清晰']

主题 3：['实际','例子','清晰','课程内容','丰富']

主题 4：['更好','全面','节奏','理解','课程']

主题 5：['清晰','结构','详细','全面','内容']

课程 Python 基础的词云图如下图所示。

课程数据分析入门的主题如下。

主题 1：['讲师','讲解','清晰','实际','例子']

主题 2：['讲师','讲解','课程内容','这门','全面']

主题 3：['结构','实践','课程内容','全面','增加']

主题 4：['内容','结构','讲师','讲解','清晰']

主题 5：['体验','互动性','丰富','全面','课程内容']

课程数据分析入门的词云图如下图所示。

课程自然语言处理的主题如下。

主题 1：['洞见','进度','稍快','讲师','这门']

主题 2：['增加','课程内容','答疑','环节','实时']

主题 3：['富有','增加','这门','全面','提高']

主题 4：['洞见','实践','这门','全面','课程内容']

主题 5：['洞见','富有','这门','全面','课程内容']

课程自然语言处理的词云图如下图所示。

课程机器学习实战的主题如下。

主题 1：['讲解','讲师','实际','案例','增加']

主题 2：[' 将会 ' , ' 增加 ' , ' 实时 ' , ' 环节 ' , ' 答疑 ']

主题 3：[' 扎实 ' , ' 基础 ' , ' 进度 ' , ' 数学 ' , ' 需要 ']

主题 4：[' 案例 ' , ' 有助于 ' , ' 增加 ' , ' 理解 ' , ' 更好 ']

主题 5：[' 困惑 ' , ' 过快 ' , ' 初学者 ' , ' 可能 ' , ' 节奏 ']

课程机器学习实战的词云图如下图所示。

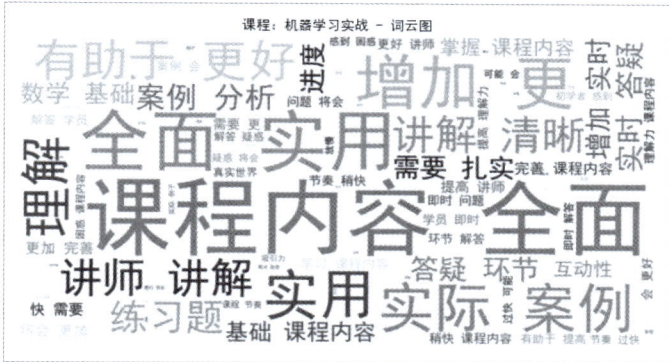

课程深度学习进阶的主题如下。

主题 1：[' 练习 ' , ' 实践 ' , ' 增加 ' , ' 富有 ' , ' 洞见 ']

主题 2：[' 提高 ' , ' 理解 ' , ' 清晰 ' , ' 讲解 ' , ' 讲师 ']

主题 3：[' 讲解 ' , ' 更好 ' , ' 节奏 ' , ' 富有 ' , ' 洞见 ']

主题 4：[' 将会 ' , ' 答疑 ' , ' 实时 ' , ' 环节 ' , ' 增加 ']

主题 5：[' 分析 ' , ' 案例 ' , ' 增加 ' , ' 富有 ' , ' 洞见 ']

课程深度学习进阶的词云图如下图所示。

6. 分析结论与业务建议

Prompt：请基于以上数据结果，给出对应的分析结论与业务建议。

（1）分析结论

① 每门课程的情感分析。

- 总体情况：从情感分析结果看，大多数课程的正面评价比例较高（超过 80%），但部分课程仍存在较高的中性或负面情感评价，尤其是"深度学习进阶"和"自然语言处理"课程。

- 课程分析。

  - Python 基础：正面情感比例最高（97.34%），显示课程内容较为基础且易于理解。但中性评价占比为 2.66%，可能表明仍有少数学员期待更高层次的学习内容。

  - 数据分析入门：正面情感比例为 97.52%，几乎没有负面评价，课程评价总体优秀，但中性评价（1.86%）可能提示互动性或实践案例稍显不足。

  - 自然语言处理：正面情感比例为 77.83%，中性情感占比 21.18%，部分学员反映课程难度较高或缺乏实践案例支持。

  - 机器学习实战：正面情感比例为 84.43%，中性情感占比为 15.09%，部分学员反映对节奏偏快或内容深度不够感到困惑。

  - 深度学习进阶：正面情感比例为 85.15%，负面和中性情感占比较高，学员对课程的实际操作性和案例支持的期待明显。

② NPS 分析。

- Python 基础和数据分析入门。

  - 拥有最高 NPS，分别为 54.26 和 68.32，表明学员愿意推荐这两门课程。

  - 建议继续保持课程基础性，同时提供更丰富的学习资料和互动机会，进一步提升推荐意愿。

- 自然语言处理和深度学习进阶。

NPS 为 -52.71 和 -87.77，表现较差，尤其是"深度学习进阶"，需要重点优化课程结构与讲师的讲解风格。

- 机器学习实战。

NPS 为 4.25，反映学员对课程的推荐意愿较低，可能由于课程节奏偏快，未能满足学员预期。

③ 主题挖掘。

通过 LDA 提取的主题发现以下问题。

- Python 基础：学员提到"清晰""详细""全面"，表明课程结构设计优秀。但"增加案例分析"和"加强互动"的需求较为突出。

- 数据分析入门：学员对"实际案例""清晰讲解"有较高评价，但互动性依然是改进方向。

- 自然语言处理：学员提到课程内容"洞见""富有"，但"增加实践""实时答疑"的需求明显，需要解决课程难度过高、案例不足等问题。

- 机器学习实战：学员对"实际案例""数学基础"关注较多，建议增加对初学者友好的内容，调整节奏，避免过快。

- 深度学习进阶：学员希望课程"增加案例""提供练习""节奏更好"，明确提出需要更多操作性内容支持。

（2）业务建议

① 课程设计优化。

- Python 基础和数据分析入门。

  ◆ 增加更多案例分析，提升学员的实践能力。

  ◆ 引入实时答疑环节，满足学员的即时学习需求。

  ◆ 针对少量中性评价，提供更高阶内容供有需求的学员选择。

- 自然语言处理和深度学习进阶。

  ◆ 增加课程的操作性和实用性，例如增加更多实际案例、分步教程及动手练习。

  ◆ 引入分层教学模块，降低课程难度，满足不同学习层次的学员需求。

  ◆ 提供实时答疑环节，帮助学员解决学习中的困难。

- 机器学习实战。

  ◆ 调整授课节奏，降低内容密度，让学员有充足的时间消化知识点。

  ◆ 针对初学者，提供数学基础补充内容或独立模块。

② 讲师培训。

- 提高讲师的互动教学能力，引导学员积极参与课程。

- 加强课程讲解中对复杂概念的详细解释，避免学员因为听不懂而失去兴趣。

- 针对反馈不佳的课程（如"深度学习进阶"），组织讲师参加专业教学能力提升培训。

③ 增强学习支持。

- 增加课程附加资源，例如笔记、课后练习题和参考文献。

- 针对高难度课程，提供额外的学习资料和分层练习。

- 入学员互助平台，促进学员之间的学习互动，提升学习体验。

第 10 章

求职助力：借助ChatGPT开启求职之路

求职是一个系统性任务，从简历优化、面试准备到后续谈判都需要细致规划和精准执行。ChatGPT 可以成为求职者的"智能助理"，通过提供具有针对性的指导和工具支持，让求职者在求职过程中高效准备，展现最佳的个人竞争力。本章将逐节展开详尽的内容，包括实际案例和 Prompt 示例，帮助读者更好地利用 ChatGPT。

10.1 第一阶段：简历准备

1. 精确匹配岗位要求

（1）深入解析岗位要求

针对岗位描述（JD），ChatGPT 可以帮助求职者快速提取关键技能要求，并明确其优先级，从而帮助求职者精准定位准备重点。

案例：职位描述解析

以下是一份数据分析师的 JD。

```
Markdown
岗位职责：
1．负责业务数据的提取、清洗和分析，支持公司核心业务决策。
2．参与 BI 工具的开发和维护，优化数据可视化报表。
3．设计和实施 A/B 测试，验证营销活动效果。
4．深入挖掘用户行为数据，为产品迭代提供数据支持。
技能要求：
1．精通 SQL 和 Python。
2．熟悉 Tableau、Power BI 或其他数据可视化工具。
3．掌握统计学和实验设计（如 A/B 测试）。
4．具备一定的业务理解能力，能够了解数据背后的商业价值。
```

Prompt 示例： "以下是某数据分析师岗位的 JD，请提取出核心技能、工具和业务能力要求，并按照重要性排序。"

ChatGPT 回复：

> 核心技能：
> - SQL 和 Python（高优先级，数据提取和建模的基础工具）。
> - 统计学和实验设计（中优先级，验证活动效果的基础技能）。
> - BI 工具（如 Tableau/Power BI，加分项）。
> 业务能力：
> - 用户行为分析。
> - 数据驱动的商业决策能力。

通过这样的解析，求职者可以清晰地了解目标岗位的核心需求，进而有针对性地调整自己的简历。

（2）优化简历中的关键词

将提取的 JD 关键词自然地嵌入到简历的技能和项目描述中，增强与岗位的匹配度，同时提高通过简历筛选系统（ATS）的成功率。

优化案例

优化前：

"完成数据分析工作，为团队提供支持。"

优化后：

"运用 SQL 和 Python 提取并清洗海量用户行为数据，通过 Tableau 创建动态可视化报表，识别用户流失的关键节点，支持产品迭代决策。"

2. 工作和项目经历优化

工作经历和项目经历虽然都需要优化，但二者的侧重点不同：工作经历更关注日常职责和对团队的价值贡献，而项目经历则强调特定任务的背景、技术实现和量化成果。下面分别展开优化策略，并结合实际案例说明。

（1）优化工作经历

工作经历优化的目标是：突出与目标岗位高度相关的职责，同时用数据和结果展示对团队或公司的直接贡献。

案例：原始描述

> 负责公司日常销售数据的整理和报表生成。
> 参与部门周例会，汇报数据分析结果。
> 负责支持销售部门的 KPI 分析需求。

通过 ChatGPT 的 Prompt 和优化建议，可以将上述内容转化为以下成果导向的描述。

Prompt 示例："将以下工作经历改写为突出个人贡献和成果的专业描述：'负责公司日常销售数据的整理和报表生成。'"

ChatGPT 回复：

```Markdown
- 优化并自动化公司销售数据报表的生成流程，将报表生成时间缩短 40%，为管理层实时决策提供参考。
- 分析并可视化销售数据趋势，定期汇报市场变化，助力部门制定精准的营销策略。
- 协助销售部门设计 KPI 监控系统，发现并解决潜在的问题，使团队业绩达标率提升 15%。
```

（2）优化项目经历

优化项目经历的目标是：用 **STAR** 法则（背景、任务、行动、结果）完整地描述项目过程，特别是突出技术细节和业务影响。

案例：原始描述

```Markdown
完成了一次客户分群项目，提升了营销效率。
参与公司 BI 系统的开发。
```

Prompt 示例："以下是我的项目描述，请用 **STAR** 法则优化，并量化成果：'完成了一次客户分群项目，提升了营销效率。'"

ChatGPT 回复：

```Markdown
- 背景：分析公司积累的 100 万条客户行为数据，目标是提高精准营销的转化率。
- 任务：设计一个高效的客户分群模型，支持营销团队的个性化推广策略。
- 行动：运用 K-means 聚类算法对客户数据进行分群，识别出 5 个高价值客户群；利用 Python 进行数据清洗和模型训练。
- 结果：实施个性化营销策略后，转化率提升 20%，月销售额增加 100 万元。
```

3. 格式和模板优化

简历的排版和模板是给人第一印象的重要组成部分。一个清晰、简洁的简历结构可以帮助招聘者快速获取关键信息，同时提升专业性。

（1）推荐的简历结构

Prompt 示例："设计一个简历模板，适合数据分析师岗位，突出技能和项目经历。"

ChatGPT 回复：

```Markdown
1. 个人信息
    - 姓名、手机、邮箱、LinkedIn、GitHub 链接。

2. 技能概览
    - 数据分析技能：SQL（高级）、Python（中级）、Tableau（高级）。
    - 数据科学技能：统计分析、A/B 测试、机器学习。
    - 软技能：团队协作、商业洞察。
```

3．工作经历
　- 公司名称 ｜ 职位 ｜ 起止时间
　　- 用量化数据展示主要职责和成果。

4．项目经历
　- 项目名称 ｜ 所用工具：SQL、Python
　　- 背景：描述问题或目标。
　　- 行动：列举具体的技术手段。
　　- 结果：展示量化成果。

5．教育背景
　- 学校名称 ｜ 学位 ｜ 相关课程。

（2）案例：完整的简历优化过程

原始内容

```
Markdown
工作经历：
1．负责公司销售数据的整理和报表生成。
2．每月更新部门 KPI 数据，支持团队决策。

项目经历：
1．开发了一个数据分析项目，改善了用户体验。
2．协助完成了 A/B 测试。

教育背景：
XX 大学，统计学学士，熟悉数据分析。
```

优化后的版本

经过 ChatGPT 优化后，完整简历内容如下。

Prompt 示例："以下是我的简历内容，请整体优化，使其更突出数据分析技能和量化成果。"

ChatGPT 回复：

```
Markdown
1．个人信息
　- 张三 ｜ 138-XXXX-XXXX ｜ zhangsan@example.com
　- LinkedIn: linkedin.com/in/zhangsan ｜ GitHub: github.com/zhangsan

2．技能概览
　- 数据分析：SQL（高级）、Python（熟练）、Power BI（熟练）。
　- 数据科学：统计分析、机器学习（线性回归、分类模型）。
```

- 软技能：跨部门协作、数据驱动的商业决策能力。

3．工作经历
- 公司 A ｜ 数据分析师 ｜ 2021.6—至今
  - 优化销售数据报表生成流程，将生成时间缩短 50%，为管理层提供实时决策支持。
  - 开发并维护 KPI 监控系统，使销售团队业绩达标率提升 20%。
  - 分析市场趋势并设计数据模型，帮助团队提升营销效率，增加月营收 80 万元。

4．项目经历
- 用户行为分析项目 ｜ Python、SQL
  - 背景：分析电商平台 100 万条用户数据，识别用户流失的原因。
  - 行动：通过 SQL 提取用户行为数据，使用 Python 建立时间序列模型，预测未来的用户活跃度。
  - 结果：用户流失率降低 25%，帮助业务团队挽回 50 万元潜在损失。

- A/B 测试项目 ｜ Tableau、Python
  - 背景：评估促销活动对转化率的影响。
  - 行动：设计实验组和对照组，采集并分析两组数据，使用 Python 进行假设检验。
  - 结果：优化后的促销策略使转化率提升 15%。

5．教育背景
- XX 大学 ｜ 统计学学士 ｜ 2016—2020 年
  - 相关课程：高级统计学、数据挖掘、机器学习。
  - 成就：GPA 3.8/4.0；数据分析竞赛一等奖。

10.2 第二阶段：面试前的准备

面试是求职中的关键环节，良好的准备能显著提升成功概率。ChatGPT 可以在面试前的多个阶段提供支持，从解读 JD 和技能对照到技术准备、项目细化和模拟面试，帮助求职者全方位提升竞争力。

1. 解读 JD 和背景研究

在面试前，全面解读职位描述（JD）和公司背景是基础。求职者需要对照自己的技能和经历，与目标岗位需求匹配，并了解公司所在行业和业务重点。

（1）解析 JD，明确准备重点

案例：职位描述解析与对照

下面是一份数据分析师的 JD。

```
Markdown
职责：
1. 分析公司销售数据，设计数据可视化报告，支持市场团队。
```

2．通过 SQL 和 Python 进行数据清洗和建模。

3．开展 A/B 测试，评估营销策略的有效性。

4．与产品团队合作，分析用户行为并提供优化建议。

技能要求：

1．熟悉 SQL 和 Python。

2．掌握数据可视化工具（如 Tableau）。

3．了解统计分析与 A/B 测试。

4．具备优秀的沟通能力。

Prompt 示例："以下是某数据分析师岗位的 JD 和我的背景，请分析技能匹配度，并建议需要重点准备的内容。"

我的背景：掌握 SQL 和 Python，熟悉基本数据分析方法；没有 Tableau 经验，但熟悉 Matplotlib；完成过用户行为分析项目。

ChatGPT 回复：

```
Markdown
匹配度分析：
1．SQL 和 Python 技能完全符合岗位需求。
2．数据可视化工具：Matplotlib 能部分替代，但建议学习 Tableau 的基本操作。
3．A/B 测试：需要准备一个案例，展示对实验设计和显著性检验的理解。
4．业务能力：通过以往项目展示业务理解能力。
建议准备重点：
1．快速学习 Tableau 的基本功能并完成一个可视化案例。
2．总结过往用户行为分析项目，准备清晰的 STAR 描述。
3．复习统计分析方法，特别是 A/B 测试的设计与结果分析。
```

（2）背景研究：行业与公司

了解目标公司和行业的背景，有助于在面试中展示深度理解。

案例：行业背景研究

目标公司是一家电商平台，ChatGPT 提供的行业分析可能包括以下内容。

电商行业的增长趋势。

用户购物行为的变化（如移动端占比）。

主要竞争对手分析。

Prompt 示例："请分析 XX 电商平台所在行业的趋势，并列举该公司可能面临的挑战。"

ChatGPT 回复：

```
Markdown
行业趋势：
1．移动电商持续增长，移动端流量占比超过 70%。
2．个性化推荐系统和精准营销成为竞争焦点。
```

可能面临的挑战：

1．市场竞争激烈，头部平台占据主要份额。

2．用户流失率高，对用户留存策略提出更高的要求。

通过背景研究，求职者可以准备有针对性的回答，如："我注意到使用个性化推荐系统是行业趋势之一，我在某项目中开发了一个用户分群模型，可以针对不同的群体优化推荐策略。"

2. 技术能力准备

技术能力是数据分析岗位面试的重点，通常包括 SQL、Python、统计分析和业务场景等方面的考查。

（1）SQL 面试题

Prompt 示例："生成一个 SQL 面试问题和答案，考查窗口函数的知识点。"

ChatGPT 回复：

问题：

某电商平台需要分析每位用户的订单情况，包括每个用户的总订单数、总消费金额，以及每一笔订单在用户消费总额中的占比。表结构如下图所示。

OrderID	UserID	OrderAmount	OrderDate
101	1	250	2023/1/1
102	1	300	2023/1/5
103	2	150	2023/1/2
104	3	500	2023/1/7
105	2	200	2023/1/9

任务：

为每个用户计算总订单数、总消费金额。

计算每笔订单的消费金额占用户总消费金额的比例。

答案：

```SQL
WITH UserSummary AS (SELECT          UserID,COUNT(OrderID) AS
TotalOrders, SUM(OrderAmount) AS TotalAmountFROM OrdersGROUP BY UserID
)
SELECT     o.UserID,
    o.OrderID,
    o.OrderAmount,
    u.TotalOrders,
    u.TotalAmount,
    ROUND((o.OrderAmount * 1.0 / u.TotalAmount) * 100, 2) AS OrderPercentage
FROM Orders o
JOIN UserSummary uON o.UserID = u.UserID;
```

解读：

UserSummary 子查询汇总了每位用户的总订单数和总消费金额。

主查询结合窗口函数计算了每笔订单占用户总消费的比例。

（2）Python 面试题

Prompt 示例："生成一个 Python 面试问题，并给出答案，考查数据分析中 Python 的知识点。"

ChatGPT 回复：

问题：给定一组用户登录记录，统计每位用户连续登录的最长天数。
数据：具体数据如下图所示。

UserID	LoginDate
1	2023/1/1
1	2023/1/2
1	2023/1/4
2	2023/1/1
2	2023/1/3

答案：
SQL

```
import pandas as pd

# 构造数据
data = {'UserID': [1, 1, 1, 2, 2],
        'LoginDate': ['2023-01-01', '2023-01-02', '2023-01-04', '2023-01-01', '2023-01-03']}
df = pd.DataFrame(data)
df['LoginDate'] = pd.to_datetime(df['LoginDate'])

# 计算连续登录
df.sort_values(by=['UserID', 'LoginDate'], inplace=True)
df['Diff'] = df.groupby('UserID')['LoginDate'].diff().dt.days.fillna(0)
df['Group'] = (df['Diff'] != 1).cumsum()

# 统计最长连续天数
result = df.groupby(['UserID', 'Group']).size().reset_index(name='Streak')
longest_streak = result.groupby('UserID')['Streak'].max()
print(longest_streak)
```

解读：
Diff 列计算每次登录日期的间隔天数。
根据间隔天数分组，每组代表连续登录的记录。
使用 groupby 找出每位用户连续登录的最长天数。

（3）统计分析题

Prompt 示例："设计一个 A/B 测试面试题，并提供参考回答。"

ChatGPT 回复：

> 问题：某电商平台推出新首页，设计 A/B 测试评估新首页是否提高了转化率。
> 参考回答：
> 定义指标：转化率（购买用户数／访问用户数）。
> 分组：随机分配用户到 A 组（旧首页）和 B 组（新首页）。
> 数据分析：收集两组数据，计算转化率并进行显著性检验（如 t 检验）。
> 结果解读：若新首页的转化率显著高于旧首页，则考虑上线新首页。

（4）业务场景题

Prompt 示例： "设计一个业务场景问题，要求候选人分析电商平台的转化率并提出优化建议。"

ChatGPT 回复：

> 问题：某电商平台的转化率下降，分析可能的原因并提出优化方案。
> 示例回答：
> 1. 数据收集与分析
>   – 分析用户路径：使用漏斗分析识别流失节点。
>   – 数据分组：按用户来源、设备类型和地理位置分组，寻找转化率低的群体。
> 2. 优化建议
>   – 针对高流失节点优化页面设计和加载速度。
>   – 为低转化用户群体定制个性化促销策略。

3. 简历内容的深挖

深入挖掘简历上的工作和项目经历，以及项目对业务的影响、技术实现的挑战和你的个人思考是准备面试的重要环节。求职者需要预判招聘者可能的提问，并准备详尽的回答。

（1）简历细节准备

案例：用户分群分析项目

简历描述：

"完成用户分群分析，通过精准营销提升 20% 的销售额。"

可能提问：

你为什么选择这个项目？

如何设计分群模型？

模型的实际效果如何评估？

Prompt 示例： "以下是一个项目描述，请生成面试中可能会遇到的问题，并给出示例回答：'完成用户分群分析，通过精准营销提升了 20% 的销售额。'"

ChatGPT 回复：

```
Markdown
```

> 问题 1：为什么选择这个项目？
> 回答：通过数据分析发现 80% 的销售额来自 20% 的核心用户，因此我们决定通过用户分群优化营销策略。
> 问题 2：如何设计分群模型？
> 回答：使用 K-means 聚类，将用户划分为高价值用户、普通用户和潜力用户 3 类。模型的输入特征包括购买频率、平均客单价和近期活跃度。
> 问题 3：如何评估模型的实际效果？
> 回答：通过 A/B 测试对比分群营销和全量营销的效果。精准营销组的转化率提升了 15%，整体销售额增加了 20%。

（2）简历内容发散

求职者需要展示对项目的深刻理解，并在此基础上准备一些可能的发散性问题，同时能提出改进方向。

Prompt 示例："请扩展以下项目描述，并说明如何改进：'完成时间序列预测模型，预测销售额，准确率达到 90%。'"

ChatGPT 回复：

```
Markdown
扩展描述：
通过分析过去 3 年的销售数据，构建 ARIMA 模型，捕捉销售趋势和季节性变化。部署模型后，成功预测未来 3 个月的销售额，平均准确率达到 90%，帮助团队优化库存策略。
改进建议：
1．引入更多外部数据（如天气、节假日），提高模型的预测精度。
2．部署实时更新机制，使预测结果更加动态化。
3．增加用户分群维度，为不同客户群提供更细化的销售预测。
```

4. 常见行为问题及准备

行为问题常见于数据分析师岗位的面试中，考察候选人的思维方式、应变能力和职业规划意识。下面提供 3 个行为问题的答案。

问题 1：你的短期和中长期职业规划是什么？

Prompt 示例："帮助设计并回答'你的短期和中长期职业规划是什么？'的面试问题。"

ChatGPT 回复：

```
Markdown
回答框架：
1．短期目标：聚焦岗位核心技能，快速适应团队和业务。
2．中长期目标：结合行业趋势，阐述自我成长的方向和对公司的贡献。
3．链接公司愿景：说明目标与公司发展的一致性。
示例回答：
- 短期目标："在接下来的 1～2 年内，我希望能在数据分析岗位上深入掌握公司业务，通过完成关键项目（如用户行为分析或营销优化），快速提升自己的技术能力和商业洞察力，成为团队的核心成员。"
```

– 中长期目标："在 3 ～ 5 年内，我计划逐步向数据科学方向发展，学习更先进的算法和建模方法，结合公司业务场景开发数据驱动的解决方案，推动公司产品或服务的创新。我的最终目标是成为一名能够连接技术与业务的资深数据分析师，帮助公司在行业内保持竞争力。"

问题 2：如果你的分析结论不被认可，如何处理？

Prompt 示例："请帮助我生成一个关于'分析结论不被认可时如何处理'的回答。"

ChatGPT 回复：

```
Markdown
回答框架：
1．表示理解：承认在数据分析中，结论可能因认知差异而受到质疑。
2．解释依据：清晰地阐述分析方法、数据来源和关键假设。
3．寻求协作：与团队讨论、验证结论或修正不足。
4．强调学习：展示开放的态度和对改进的重视。
示例回答：
```
"当我的分析结论不被认可时，我首先会冷静地倾听反馈，了解对方的担忧或质疑点。例如，是数据源的选择存在问题，还是方法论不被认同？

接下来我会清晰地解释我的分析依据，包括数据来源、方法和假设条件。如果在我的分析中确实存在这个问题，我会主动修正并进一步完善。如果是由于业务认知差异导致的问题，我会与团队深入讨论，寻找一个更适合实际场景的方案。

最后，我会将这次经验视为学习的机会，提升分析过程的透明度和方法的适用性。"

问题 3：你是如何在团队中展示你的价值的？

Prompt 示例："请帮助我准备关于'如何在团队中展示个人价值'的问题。"

ChatGPT 回复：

```
Markdown
回答框架：
1．团队中的角色：说明自己的职责和在团队中的定位。
2．解决的关键问题：通过具体的例子展示你解决了团队的哪些重大问题。
3．数据与结果：用量化结果说明你的贡献。
4．软技能：如跨部门协作能力或提升团队效率的能力。
示例回答：
```
"在用户行为分析项目中，我负责数据清洗和建模，通过 SQL 和 Python 提供高质量的数据支持。模型上线后帮助团队提升用户转化率 10%。此外，我通过建立可复用的 ETL 流程，将数据处理效率提升了 30%，为团队节省了大量时间。"

问题 4：如何组织行为类问题的回答？

（1）STAR 法则

Situation：描述场景或背景。

Task：说明目标或挑战。

Action：具体采取的行动。

Result：量化的成果或影响。

（2）逻辑清晰

用"首先、其次、最后"的结构组织语言。

（3）结合实际案例

每一个观点都用真实经历支撑。

5. 模拟面试

模拟面试的目的是让求职者熟悉面试形式、提高表达的流畅度，并学会快速反应。ChatGPT 可以帮助求职者进行一对一的问答练习。

类型 1：技术问题

案例：SQL 技术问题

Prompt 示例："模拟一个 SQL 面试问题，考查窗口函数和分组聚合。"

ChatGPT 模拟问题：

```
SQL
- 问题：为每位用户计算过去 7 天内的总消费额。
- 答案：
SELECT    UserID,
     OrderDate,SUM(OrderAmount) OVER (PARTITION BY UserID ORDER BY OrderDate ROWS
BETWEEN 6 PRECEDING AND CURRENT ROW
     ) AS Rolling7DayTotal
FROM Orders;
```

解读：

窗口函数 SUM 按用户和时间分组，计算滚动窗口内的消费额。

使用 ROWS BETWEEN 6 PRECEDING AND CURRENT ROW 定义滚动范围。

类型 2：业务问题

案例：用户留存率提升问题

Prompt 示例："模拟一个业务问题，考查用户留存率提升策略。"

ChatGPT 模拟问题：

```
Markdown
问题：如何设计分析策略以提升用户留存率？
示例回答：
1. 数据准备：提取用户登录、购买和互动记录，计算留存率。
2. 问题识别：通过分群分析，发现新用户的流失率较高。
3. 优化策略：
     - 为新用户设计个性化 onboarding 流程。
     - 增加关键时段的优惠活动，提高用户活跃度。
```

4．评估方法：使用 A/B 测试验证优化策略的有效性。

类型 3：情景问题

案例：在资源有限的情况下完成分析任务

Prompt 示例："设计一个情景问题，考查候选人如何在资源有限的情况下完成任务。"

ChatGPT 模拟问题：

```Markdown
问题：假设你的团队只有两名分析师，如何完成一个涉及多部门的大型数据分析任务？
示例回答：
1．优先级划分：明确分析的核心目标，与业务部门沟通优先级。
2．数据自动化：使用 Python 自动化重复性任务（如数据清洗）。
3．阶段性成果：分阶段交付初步结果，为决策提供实时支持。
4．高效协作：利用 ChatGPT 辅助完成数据报告撰写，提高效率。
```

如何有效利用 ChatGPT 进行模拟面试

真实环境模拟：将 ChatGPT 的问题和回答与实际情况结合，在独立的环境中练习回答。

自我复盘：记录自己的回答并进行分析，找到不流畅或逻辑不清的地方。

不断调整：根据模拟结果优化表达，确保回答清晰、完整且具有深度。

10.3 第三阶段：面试后复盘

在面试过程中，回答不好的问题可能源于技术知识不足、对业务场景理解不透彻，或者逻辑表达不够清晰。下面通过具体的技术问题和业务问题，展示如何使用 ChatGPT 进行复盘和改进。

1. 技术问题复盘

问题描述：面试官要求候选人编写一个 SQL 查询，统计每个用户过去 7 天内的订单总金额，但候选人未能正确使用窗口函数。

候选人回答（不完整只作展示）：

```SQL
SELECT UserID, SUM(OrderAmount)
FROM Orders
WHERE OrderDate >= DATEADD(DAY, -7, GETDATE())
GROUP BY UserID;
```

面试官反馈：

查询结果只能计算过去 7 天内的总金额，而非每个用户在每一天的滚动 7 天总金额。

未能正确应用窗口函数。

使用 ChatGPT 复盘与改进

Prompt 示例："复盘以下 SQL 面试问题，并提供完整解答：'编写查询，统计每个用户过去 7 天内每天的订单总金额。'"

ChatGPT 回复：

```SQL
WITH OrderWindow AS (SELECT          UserID,
          OrderDate,SUM(OrderAmount) OVER (PARTITION BY UserID ORDER BY OrderDate
ROWS BETWEEN 6 PRECEDING AND CURRENT ROW
          ) AS Rolling7DayTotalFROM Orders
)
SELECT UserID, OrderDate, Rolling7DayTotal
FROM OrderWindow;
```

解读：

使用窗口函数 SUM 按用户和时间分组，计算滚动窗口内的总金额。

ROWS BETWEEN 6 PRECEDING AND CURRENT ROW 定义了滚动的时间范围。

2. 业务问题复盘

问题描述：面试官问："假设用户留存率下降，你会如何分析原因？"

候选人回答（逻辑混乱）：

"可能是用户对产品兴趣降低了，我会看用户的行为数据；也可能是外部竞争影响了留存率，我会看看有没有新的促销活动或者运营策略。"

面试官反馈：

分析缺乏清晰的步骤，未提到具体数据指标或方法。

对外部竞争的影响未能提出验证假设的思路。

使用 ChatGPT 复盘与改进

Prompt 示例："复盘以下业务问题，并提供更清晰的回答框架：'假设用户留存率下降，你会如何分析原因？'"

ChatGPT 优化回答：

```Markdown
回答框架：
1. 确认数据的真实性：
    - 检查埋点和数据源，确保留存率的下降是真实现象。
```

2．定义留存率计算公式：
   – 次日留存率 = 次日活跃用户数 ／ 新增用户数。

3．拆解问题：
   – 使用漏斗分析，分解用户的行为路径，找到流失的关键节点。
   – 按用户群体（年龄、地区、使用设备）分组，分析留存差异。

4．验证外部影响：
   – 调研行业趋势和竞争对手的活动，排除外部影响。

5．提出优化方案：
   – 针对关键节点设计优化策略（如改进 onboarding 流程、推送定制化消息）。

6．使用 A/B 测试评估优化效果。

3. 综合技术与业务问题

问题描述：面试官要求候选人解释一个指标的可视化结果——用户活跃度有明显波动，但候选人无法给出明确的业务解释。

候选人回答（缺乏深度）：

"可能是某个活动导致了波动，也可能是用户行为发生了变化，但我需要进一步分析。"

面试官反馈：

回答缺乏业务背景支持。

未能提供具体的分析方法或验证思路。

使用 ChatGPT 复盘与改进

Prompt 示例："复盘以下面试问题，并优化回答：'如何解释用户活跃度波动的可视化结果？'"

ChatGPT 优化回答：

```
Markdown
回答框架：
1．数据背景：
   – 用户活跃度的定义：每日活跃用户数（DAU）。
   – 可视化结果显示：活跃度在某一天达到峰值，随后下降。
2．可能原因分析：
   – 内部因素：是否有促销活动、产品功能更新或推送异常。
   – 外部因素：行业事件、季节性变化、竞争对手活动。
3．验证假设：
   – 提取活动时间与活跃度数据进行对比，评估相关性。
   – 结合用户行为数据，分析流量来源和用户路径。
4．优化建议：
   – 如果波动由内部促销活动引起，可设计长期用户留存计划。
   – 如果波动由外部竞争引起，可提升营销差异化策略。
```

具体操作：

提取特定日期的活跃用户数据，分来源渠道分析波动的关键驱动因素。

使用 ChatGPT 辅助撰写更具体的分析报告。

10.4　第四阶段：Offer 谈判与选择

1. Offer 谈判与选择

在求职过程中，获得 Offer 是一个重要的里程碑，但谈判薪资和选择最佳 Offer 是更关键的环节。本节将从薪资谈判技巧、附加福利协商、Offer 比较方法 3 个方面详细展开，帮助求职者争取最大利益并做出明智选择。

（1）谈薪技巧

调研市场薪资水平

了解行业和职位的薪资范围是谈判的基础，可以通过以下方式收集信息。

在线工具：Glassdoor、LinkedIn 等薪资分析工具。

同职位招聘信息：获取相似岗位的薪资范围。

Prompt 示例："帮我分析某城市数据分析师岗位的薪资范围。"

ChatGPT 回复：

```
Markdown
城市：上海
岗位：数据分析师
薪资范围：
初级（0 ～ 2 年经验）：10 ～ 15 万元年薪；中级（2 ～ 5 年经验）：15 ～ 25 万元年薪；高级（5 年以上经验）：25 万元以上年薪。
```

确定期望薪资区间

在了解市场行情后，明确自己的最低接受标准和期望薪资范围。例如：最低薪资：18 万年薪（确保覆盖生活开支）；期望薪资：22 万年薪（符合技能和经验）。

表达期望并谈判

案例：谈判策略

Scenario：公司提供的年薪为 20 万元，你希望争取拿到 22 万元。

回答示例："感谢贵公司对我的认可，20 万元的薪资已经体现了我的价值。但根据我的经验和在类似项目中的贡献，我希望薪资能调整至 22 万元。此外，我也非常期待能在贵公司长期发展，愿意共同探讨更多的合作可能性。"

（2）谈薪注意事项

表达感激：谈判时不要过于强硬，要表现出对机会的重视。

突出价值：通过量化的项目成果证明你的薪资要求是合理的。

兼顾福利：如果薪资无法调整，可以商讨其他福利，如：更高比例的绩效奖金；远程办公或弹性工作时间；专业培训或额外假期。

案例：完整的谈判过程

初始 Offer：年薪 18 万元，绩效奖金 10%。

谈判目标：提升基本年薪至 20 万元，增加一项福利（如年度培训）。

Prompt 示例："设计一个谈判对话模板，争取提高年薪并增加福利。"

ChatGPT 回复：

```
Markdown
求职者："感谢公司对我的认可和提供的机会。18 万元的年薪很有吸引力，但基于我的经验和在相关项目中的
表现，我希望能调整至 20 万元。此外，能否在年度培训方面提供一些支持？我认为这些投入将帮助我更好地为公司
创造价值。"
面试官："我们目前的薪资预算较为紧张，但可以考虑将绩效奖金调整至 12%。"
求职者："非常感谢您的灵活性。这个调整非常有意义。如果可能的话，我仍希望基本年薪能增加至 20 万元，
同时保持绩效奖金的调整。"
```

（3）Offer 比较选择

在收到多个 Offer 时，需要结合发展前景、个人成长和薪资待遇等因素进行全面比较。

案例：构建 Offer 比较表

通过构建表格对比核心指标，直观地评估各 Offer 的优 / 劣势。

Offer 对比表如下表所示。

指　　标	Offer A	Offer B	Offer C
基本薪资	20 万元年薪	22 万元年薪	18 万元年薪
奖金	10%	15%	无
工作强度	偶尔加班	加班较多	无加班
培训机会	丰富的内外部培训	内部培训	无培训支持
远程办公	无	每周 1 天	可全远程
职业发展	明确晋升路径	晋升机会有限	晋升不透明

关键指标解读

发展前景：是否有明确的晋升路径或领导力发展计划；公司在行业内的竞争力和成长性。

个人成长：提供的学习资源、跨部门项目机会等。

薪资待遇：除基本薪资外，还应考虑奖金、福利及长期激励（如股票期权）。

ChatGPT 辅助选择

Prompt 示例："帮我分析以下 Offer 的优劣，并推荐最适合的选择。

Offer A：20 万元年薪，10% 奖金，内部培训，偶尔加班。

Offer B：22 万元年薪，15% 奖金，每周 1 天远程，工作强度较高。

Offer C：18 万元年薪，无奖金，全远程，晋升机会少。"

ChatGPT 回复：

```
Markdown
推荐：
    如果你更看重薪资，选择 Offer B。如果你更关注工作与生活的平衡，选择 Offer C。如果你看重职业发展和学
习机会，选择 Offer A。
分析：
Offer A 的优势在于明确的职业发展路径和培训资源，有助于长期成长。Offer B 提供了最高的薪资和奖
金，但工作强度较高，需要权衡健康和效率。Offer C 提供全远程的灵活性，但缺乏成长机会，适合追求稳定的
求职者。
```

2. 总结

（1）谈薪技巧核心

用数据证明价值：展示过往成果，如提升效率或节省成本。

以市场调研为基础：结合行业薪资水平提出合理要求。

灵活处理福利：以附加福利弥补薪资不足。

（2）Offer 的选择方法

构建对比表：从薪资、福利、成长性等多维度进行综合评估。

明确优先级：根据个人职业规划选择最契合的 Offer。

借助 ChatGPT：通过模拟决策分析，清晰展现不同 Offer 的利弊

第 11 章

未来可期：AIGC时代数据分析师的转型与突破

11.1　数据分析师的角色转变

1. 从数据分析师到"数据 +AI 工程师"的进阶

随着 AI 技术的兴起，数据分析师的角色正发生深刻的变化。从传统的以数据收集、清洗、分析为核心的数据分析师逐步转型为具备更多 AI 技术能力的综合性人才，即"数据+AI 工程师"。这种转变不仅源自于技术发展的推动，也与企业对数据价值的认知逐渐深化密不可分。

此外，AIGC 的应用让数据分析师的职责范围得以拓展，不再局限于被动地处理数据，而是能够更加主动地参与到业务流程的设计和优化中。例如，数据分析师可以通过 AIGC 工具设计动态的市场分析模型，帮助企业及时调整战略决策。

这一角色的进阶还需要数据分析师具备在团队中协作的能力。未来的数据分析师不再是孤立地完成任务，而是需要与 AI 工程师、产品经理及其他相关人员一起协作，确保 AI 生成的内容符合企业目标。

2. 数据分析师核心技能需求的变化

（1）从技术工具到 AI 模型的理解

数据分析师从业者一直以来以熟练掌握分析工具而闻名，例如 Excel、Tableau、SQL、R 和 Python 等。然而，在 AIGC 的技术浪潮中，单纯的工具使用能力已无法满足日益变化的职业需求。数据分析师必须扩展其技术视野，深入了解 AI 生成模型的工作原理，掌握诸如 Transformer 架构、生成对抗网络（GAN）以及深度学习等核心知识。这种转变不仅是技术层面的升级，更是思维方式的转变。

例如，在使用一个 AI 模型生成数据洞察时，数据分析师需要了解模型是如何从海量数据中提取结果的，以便更好地解释结果的可靠性和局限性。数据分析师不再仅仅是数据的使用者，而是数据智能的赋能者和验证者。这意味着数据分析师不仅需要技术能力，还需要清晰地知道如何评价模型的适用性，以及何时调整参数或改用其他模型。

（2）助力拓展机器学习和数据科学

AIGC 工具的出现加速了数据分析师向数据科学方向转型的步伐。通过这些工具，数据分析师可以更加高效地学习和应用机器学习技术。例如，一个初级数据分析师可以通过 AutoML 工具快速生成一个分类模型，并利用 AIGC 提供的优化建议来调整模型参数。这种能力的拓展不仅缩短了学习周期，还提高了数据分析师的职业竞争力。

此外，AIGC 在自动化处理复杂任务方面表现出色。例如，在面对海量未进行结构化处理的数据时，数据分析师可以借助 AIGC 工具快速将其整理为结构化数据，进而进行建模分析。通过这些方式，AIGC 极大地扩展了数据分析师在数据科学领域的潜在应用场景。

（3）提升业务和行业的理解和思考

随着技术能力的提升，数据分析师需要更深层地了解其所服务的行业的业务逻辑。仅仅停留在数据层面已无法满足当今企业的需求，分析师需要通过数据发现业务问题，并提出具有可操作性的解决方案。例如，在零售行业，分析师需要利用 AI 工具生成的消费者行为报告，提出促销策略优化的具体建议，而不仅仅是描述数据的变化趋势。

AIGC 的引入使得数据分析师能够快速获取更多维度的信息，这进一步推动了其对业务的深入了解。例如，通过对客户反馈数据的文本分析，AIGC 可以提取出潜在的消费者需求，这对企业调整产品线具有重要意义。同时，这种了解可以帮助数据分析师更好地将数据和业务结合起来，为企业提供更加精准和可执行的建议。

（4）数据分析师与 AIGC 的协同工作模式

数据分析师与 AIGC 的协同工作模式将决定其未来职业发展的深度和广度。AIGC 是一种强大的助手，但它并不能完全替代数据分析师的专业判断能力。高效的协同工作需要数据分析师明确分工：让 AIGC 完成重复性和高计算量的任务，而数据分析师则专注于策略性和创新性工作。

例如，在生成数据报告的过程中，AIGC 可以快速总结数据中的关键指标，而分析师则需要结合业务背景进行深度解释。此外，在进行数据建模时，AIGC 可以帮助生成初始模型，但模型的验证和优化仍然需要依赖数据分析师的专业知识。这种人机协同的工作模式不仅提高了工作效率，也让数据分析师能够以更广的视野去思考和创新。

高效的协作还需要建立一套清晰的工作流程。例如，数据分析师可以在 AI 生成的内容上标注需要修改或调整的地方，并与团队讨论优化方案。这种透明的沟通方式有助于团队更快地达成目标。

11.2 数据分析师如何应对未来

1. 培养跨学科能力

（1）学习 AI 模型开发与应用

例如，分析师可以通过 ChatGPT 生成数据洞察报告的初稿，分析历史数据趋势或预测未来的变化。同时，通过提供具体的输入提示（如数据表的结构和关键问题），数据分析师能够快速获取定制化的分析内容。这种应用大大缩短了分析报告的生成时间。

此外，分析师还应学习如何整合 AIGC 工具和现有的分析平台。例如，使用 ChatGPT API 可以帮助人们自动化定期生成报告的任务，或者通过调用 AIGC 工具完成重复性分析任务，如数据验证和异常值检测。这不仅提升了工作效率，还扩展了数据分析师的工具箱，使其能够在日常工作中更加灵活地应对复杂的问题。

（2）加强对业务逻辑与行业知识的理解

尽管 AIGC 工具能够显著简化分析流程，但其生成的内容往往需要结合具体业务场景进行解释和应用。因此，数据分析师需要在熟练使用 AIGC 工具的基础上，深刻理解所处行业的业务逻辑。例如，在电商行业，数据分析师可以借助 ChatGPT 生成的客户行为洞察，进一步分析其对促销策略的影响；在金融行业，数据分析师可以利用工具自动生成的风险分析模型，对潜在的市场波动进行解释。

具体来说，分析师可以通过以下方式加强业务理解。

场景化提问：在使用 AIGC 工具时，尽量通过与业务相关的问题生成内容。例如，"基于最近 6 个月的数据，如何优化我们的库存管理策略？"

与业务部门协作：将 AI 生成的初步结果与业务部门沟通，共同验证其可行性。

建立行业知识库：通过定期记录分析经验，将 AI 生成的内容与行业洞察相结合，为未来的分析任务提供参考。

2. 拥抱 AIGC 工具并灵活运用

（1）利用 ChatGPT 提升数据分析效率

ChatGPT 等 AIGC 工具为数据分析师提供了高效的协助。例如，在分析复杂的数据集时，数据分析师可以通过自然语言提问快速获取总结性信息。以下是一些实际应用场景。

快速生成报告：将已整理的数据作为输入，使用 ChatGPT 生成包括趋势分析、数据亮点和改进建议的完整报告。例如，"根据这组销售数据，生成一份季度总结，并提出下一步建议。"

数据清洗辅助：ChatGPT 可以帮助人们生成数据清洗的代码片段，例如处理缺失值或标准化数据格式。数据分析师只需简单地描述任务，例如"写一段 Python 代码，将以下数据中的日期格式统一为 YYYY-MM-DD。"

异常值检测：借助 AIGC 工具，快速分析数据集中的异常点，并提供潜在的解释。例如，"分析这组数据中的异常值，并推测可能的原因。"

（2）将 AIGC 与现有工具整合

在实际工作中，分析师可以通过将 ChatGPT 与常用工具整合来优化分析流程。

与 Excel 结合：通过 ChatGPT 生成公式或宏代码，以便快速处理大批量数据。例如，"生成一个公式，用于计算每个客户的年增长率。"

与 Python 脚本结合：使用 ChatGPT 生成 Python 脚本，自动化数据处理任务。例如，"写一个脚本，将以下 CSV 文件中的空白单元格填充为均值。"

与 SQL 数据库结合：利用 ChatGPT 生成高效的 SQL 查询语句。例如，"写一个查询语句，计算过去 12 个月中每个月的销售额总和。"

这种整合方式可以显著提高分析效率，特别是在处理重复性任务时。数据分析师只需描述需求，便能快速获得可用的代码或公式，避免从零开始编写。

3. 强化人类不可替代的软技能

（1）批判性思维的价值

尽管 AIGC 工具生成的内容通常可以节省大量时间，但数据分析师需要对这些结果进行审查。例如，在一份由 ChatGPT 生成的市场分析报告中，某些趋势可能因模型对特殊事件的考虑不足而被误解。数据分析师需要结合自身经验，进一步验证生成内容的合理性。

批判性思维还体现在对生成内容的定制化调整中。例如，若 AIGC 工具提供的分析模型忽略了某些关键变量（如季节性影响），数据分析师需要主动调整模型输入或补充数据，以确保结果的准确性。

（2）数据故事讲述能力

分析师需要通过良好的数据故事讲述能力，将 AI 生成的内容转化为决策支持。例如，ChatGPT 生成的销售数据趋势分析可能包含多个数据点，但管理层更关注整体趋势和关键驱动因素。数据分析师可以提炼生成内容中的亮点，通过清晰的可视化和简洁的语言进行呈现。

实际案例：某数据分析师使用 ChatGPT 生成了一份季度销售总结，并通过图表展示"增长主要来自北美市场的新品销售"，最终帮助团队明确了未来的重点发展方向。

4. 关注行业趋势与持续学习

AI 技术发展迅速，数据分析师需要保持对最新工具和功能的敏感度。例如：

学习新版本功能：通过官方文档和示例项目，快速掌握工具的新特性。

参与专业社区：例如，加入 Reddit 或专注于数据分析的论坛，获取其他从业者的经验和实践案例。

实践驱动学习：将工作中的实际问题与 AIGC 工具结合，不断探索新的解决方案。